普通高等院校化学化工类系列教材

任飞 夏鸣 宫葵 冯东阳 沈德芬 编

普通化学教程

General Chemistry

清华大学出版社

北京

图书在版编目(CIP)数据

普通化学教程/任飞等编. —北京：清华大学出版社，2021.12
普通高等院校化学化工类系列教材
ISBN 978-7-302-59765-0

Ⅰ．①普… Ⅱ．①任… Ⅲ．①普通化学－高等学校－教材 Ⅳ．①O6

中国版本图书馆 CIP 数据核字(2021)第 273506 号

责任编辑：冯　昕
封面设计：常雪影
责任校对：赵丽敏
责任印制：宋　林

出版发行：清华大学出版社
　　　　　网　　址：http://www.tup.com.cn，http://www.wqbook.com
　　　　　地　　址：北京清华大学学研大厦 A 座　　　　邮　　编：100084
　　　　　社 总 机：010-62770175　　　　　　　　　　邮　　购：010-62786544
　　　　　投稿与读者服务：010-62776969，c-service@tup.tsinghua.edu.cn
　　　　　质量反馈：010-62772015，zhiliang@tup.tsinghua.edu.cn
印　装　者：三河市天利华印刷装订有限公司
经　　销：全国新华书店
开　　本：185mm×260mm　　印　张：13.75　　　　字　　数：331 千字
版　　次：2021 年 12 月第 1 版　　　　　　　　　印　　次：2021 年 12 月第 1 次印刷
定　　价：39.00 元

产品编号：093586-01

前言

    "普通化学"是工科及与化学关系密切的各类专业本科生的一门基础课。它是学生实现从中学到大学学习方法和思维方式过渡和转变的桥梁,同时也是培养学生科学素质、提高创新能力的关键。由于工科院校的普通化学课程学时少,课程的讲解不可能面面俱到,一本详略得当的教材显得尤为重要。基于这样的出发点,本教材的编写力求做到内容由浅入深,循序渐进,注重基础,突出重点,便于学生的自学和创新能力的培养。

    本书依据编者多年的教学体会,同时借鉴其他院校的宝贵经验,整合知识点,形成了新的知识体系。

    整本教材的框架由理论篇和实验篇两部分组成。理论篇包括酸碱反应、沉淀反应、电化学基础、配位化合物与配位平衡共 4 章。酸碱反应(第 1 章)介绍酸碱理论和缓冲溶液;沉淀反应(第 2 章)介绍溶度积、溶解度、沉淀的生成和溶解及分步沉淀、沉淀的影响因素;电化学基础(第 3 章)介绍氧化还原反应的基本概念、化学电池、电极电势及其应用;配位化合物与配位平衡(第 4 章)主要介绍配位化合物、配位平衡及其影响因素。每章都设有基础知识的延伸与应用,有利于学生知识面的扩展和思路的拓宽。实验篇包括普通化学实验基础知识和常用仪器、普通化学实验。

    各章安排了适量的习题,帮助学生了解并掌握基本概念、基本原理、基本知识等内容。

    参与本书编写的有沈阳航空航天大学化学教研室宫葵(第 1 章)、夏鸣(第 2 章)、冯东阳(第 3 章)、任飞(第 4 章)、沈德芬(实验部分),全书由任飞统稿、夏鸣审核完成。

    本书在编写过程中参考了其他高等院校的教材和有关著作,从中借鉴了许多有益的内容,再次向有关作者表示感谢。

    由于编者水平有限,书中内容难免有疏漏和不当之处,恳请使用本书的教师和学生提出宝贵意见。

编　者

2021 年 4 月

目 录

理 论 篇

理 论 篇

第1章

酸 碱 反 应

1.1 酸碱的理论

酸碱物质和酸碱反应是化学研究的重要内容,在科学实验和生产实际中有着广泛的应用,人们对酸碱物质的认识不断深入。水溶液的酸碱性常用 pH 表示,酸性溶液的 pH<7,碱性溶液的 pH>7。

1. 酸碱电离理论

1887 年由阿累尼乌斯(S. A. Arrhenius)提出的酸碱电离理论认为:在水溶液中电离时产生的阳离子全部是 H^+ 的化合物叫做酸;在水溶液中电离时产生的阴离子全部是 OH^- 的化合物叫做碱。他指出酸碱反应的实质是 H^+ 和 OH^- 结合生成 H_2O。酸碱的相对强弱可以根据它们在水溶液中解离出的 H^+ 或 OH^- 浓度的大小来衡量。这一酸碱电离理论对化学,尤其是酸碱理论的发展起了积极作用,至今仍在广泛应用。

随着生产和科学技术的发展和进步,酸碱的电离理论出现了局限性。氨是碱、盐酸是酸,这是大家所熟知的。然而它们在苯中并不电离,它们之间却能相互反应生成氯化铵。这样的一些事实电离理论解释不了,于是先后又提出多种酸碱理论,其中比较重要的有酸碱质子理论和酸碱电子理论。

2. 酸碱质子理论

根据酸碱的电离理论,在水溶液中许多酸碱反应都有质子参与,也就是说酸碱反应是涉及质子的传递反应。1923 年,丹麦化学家布朗斯特(J. N. Brönsted)和英国化学家劳里(T. M. Lowry)各自独立提出酸碱的质子理论。

酸碱质子理论(又称为质子传递理论):凡能给出质子的物质(分子或离子)都是酸;凡能接受质子的物质(分子或离子)称为碱。简单地说,酸是质子的给予体,而碱是质子的接受体。这个定义不像电离理论那样只限于水溶液中。

例如:$HCl \longrightarrow H^+ + Cl^-$
　　　(酸)　　　　　(碱)
$NH_4^+ \Longrightarrow H^+ + NH_3$
　(酸)　　　　　　(碱)
$[Fe(H_2O)_6]^{3+} \Longrightarrow H^+ + [Fe(OH)(H_2O)_5]^{2+}$
　(酸)　　　　　　　　　　(碱)

$$HSO_4^- \rightleftharpoons H^+ + SO_4^{2-}$$
（酸）　　　　（碱）

$$H_3^+O \rightleftharpoons H^+ + H_2O$$
（酸）　　　　（碱）

$$H_2O \rightleftharpoons H^+ + OH^-$$
（酸）　　　　（碱）

按照酸碱质子理论，可从以下几方面加深理解酸碱概念。

（1）HCl、NH_4^+、$[Fe(H_2O)_6]^{3+}$、HSO_4^-、H_3O^+、H_2O 都能给出质子，它们都是酸。酸可以是分子、阴离子或阳离子。碱也可以是分子、阴离子或阳离子，例如上述酸水溶液中，Cl^-、NH_3、$[Fe(OH)(H_2O)_5]^{2+}$、SO_4^{2-}、H_2O、OH^- 是碱。酸碱可以是阳离子、阴离子、中性分子及两性物质。HSO_4^-、H_2O 等物质既可作为酸，也可作为碱，即两性物质。

（2）酸和碱不是孤立存在的，而是相互联系的，酸碱之间的这种依赖关系称为共轭关系。

可表示为，酸 $\rightleftharpoons H^+ +$ 碱

共轭关系：按质子酸碱理论，质子酸给出质子变为相应的质子碱，质子碱接受质子后成为相应的质子酸。质子酸碱的这种相互依存、相互转化的关系称为共轭关系。质子酸失去一个质子而形成的质子碱称为该酸的共轭质子碱，而质子碱获得一个质子后就成为该碱的共轭质子酸。

（3）质子酸酸性越强，共轭碱碱性越弱。

当质子酸碱反应达到平衡时，共轭质子酸碱对必定同时存在。盐酸的酸性强于乙酸，因此 Cl^- 的碱性弱于 Ac^-。

酸碱质子理论扩大了酸和碱的范畴，使人们加深了对酸碱的认识。但是，质子理论也有局限性，它只限于质子的给予和接受，对于无质子的反应就无能为力了。1923 年路易斯（G. N. Lewis）提出了电子理论。

3. 酸碱电子理论

酸碱电子理论：凡具有可供利用的孤对电子的物质都称为碱，如 NH_3；能与这孤对电子结合的物质称为酸。显然酸碱电子理论的基础是孤对电子的给予和接受。路易斯酸碱理论在有机化学中的应用更为普遍，常用亲电试剂和亲核试剂来代替酸和碱的概念。

1.2　电解质溶液的解离平衡

人们按物质在水溶液中或熔融状态下能否导电而将其分为电解质和非电解质。通常还根据导电能力的强弱把电解质分为强电解质和弱电解质。

1.2.1　水的解离平衡

1. 水的解离

弱电解质解离后形成带电离子，带电离子又重新组合成分子，因此弱电解质解离过程是个可逆过程。当温度一定时，会达到一个动态平衡，称作弱电解质的解离平衡。解离平衡也

是化学平衡,可用化学平衡表达式来表示。

纯水是极弱的电解质,它微弱的解离可表示为:

$$H_2O \Longrightarrow H^+ + OH^-$$

2. 水的解离平衡常数

在一定温度下,达到解离平衡时,纯水的平衡常数表示为:

$$K_w = [H^+][OH^-]$$

$[OH^-]$和$[H^+]$的乘积为一常数,这个常数 K_w 称为水的离子积常数。

水的离子积常数随温度的升高而增大。但在无机及分析化学中常温下作一般计算时可认为 OH^- 和 H^+ 浓度都为 $1.0 \times 10^{-7} mol \cdot L^{-1}$,即 $K_w = 1.0 \times 10^{-14}$。

K_w 是指在一定温度下,水中的氢离子浓度与氢氧根离子浓度乘积为一常数,25℃时为 1.0×10^{-14}。

K_w 与其他平衡常数一样,是温度的函数。

1.2.2　弱酸、弱碱的解离平衡

1. 解离平衡和平衡常数

1) 解离平衡

弱电解质在水溶液中是部分解离的,在水溶液中存在着已解离的弱电解质的组分离子和未解离的弱电解质分子之间的平衡,即解离平衡。

一元弱酸 HA 在水溶液中存在下列解离平衡:

$$HA \Longrightarrow H^+ + A^-$$

2) 弱酸解离平衡常数

$$K_{a(HA)} = \frac{[H^+][A^-]}{[HA]}$$

$[H^+]$、$[A^-]$和$[HA]$分别表示平衡时,H^+、A^- 和 HA 的平衡浓度。

(1) 以 K_a 表示弱酸的解离常数,以 K_b 表示弱碱的解离常数。一些弱酸、弱碱的解离常数见附录 A。

弱碱 NH_3 在水溶液中存在下列解离平衡:

$$NH_3 + H_2O \Longrightarrow NH_4^+ + OH^-$$

$$K_{b(NH_3)} = \frac{[NH_4^+][OH^-]}{[NH_3]}$$

(2) K_a 和 K_b 是衡量弱电解质解离程度大小的特性常数,其值越小,表示解离程度越小,电解质越弱。在温度相同时,可用解离常数比较同类型电解质的强弱,即 K_a 和 K_b 值越大,酸或碱的强度就越强。例如,通常人们根据 K_a 的相对大小对酸进行分类:

K_a	$\geqslant 10^{-1}$	$10^{-3} \sim 10^{-2}$	$\leqslant 10^{-4}$	$< 10^{-7}$
酸强度	强酸	中强酸	弱酸	极弱酸

(3) 弱酸、弱碱的解离常数与其他平衡常数一样,不随浓度的改变而改变。温度的改变

对解离常数有一定的影响,但在一定范围内,影响不太大。因此,在常温范围内可认为温度对解离常数没有影响。

2. 酸碱反应

1) 酸碱反应的实质

根据酸碱的质子理论,实际上的酸碱反应是两个共轭酸碱对共同作用的结果,也就是说共轭酸碱对中质子的得失,只有在另一种能接受质子的碱性物质或能给出质子的酸性物质同时存在时才能实现,因而酸碱反应的实质是质子传递反应,反应达平衡后,得失质子的物质的量应该相等。

即质子酸$_1$把质子传递给质子碱$_2$,然后各自转变成其共轭物质。

通式为:质子酸$_1$+质子碱$_2$ $\Longleftrightarrow$ 质子碱$_1$+质子酸$_2$

$$\overset{\displaystyle H^+}{\underset{\text{酸}_1 \quad\quad \text{碱}_2 \quad\quad\quad \text{酸}_2 \quad\quad \text{碱}_1}{HAc + NH_3 \Longleftrightarrow NH_4^+ + Ac^-}}$$

在酸碱反应中至少存在两对共轭酸碱,质子传递的方向是从给出质子能力强的酸传递给接受质子能力强的碱,酸碱反应的生成物是另一种弱酸和另一种弱碱。反应方向总是从较强酸、较强碱向较弱酸、较弱碱方向进行。

$$\underset{\text{酸}_1 \quad\quad \text{碱}_2 \quad\quad \text{酸}_2 \quad\quad \text{碱}_1}{HCl + NH_3 \Longleftrightarrow NH_4^+ + Cl^-}$$

酸性:$HCl > NH_4^+$, 碱性:$NH_3 > Cl^-$,所以反应向右进行。

2) 各类酸碱反应

(1) 中和反应

$$\underset{\text{酸}_1 \quad\quad \text{碱}_2 \quad\quad \text{酸}_2 \quad\quad \text{碱}_1}{HAc + NH_3 \Longleftrightarrow NH_4^+ + Ac^-}$$

质子从 HAc 转移到 NH_3 上。

(2) 酸碱解离反应

在水溶液中,酸、碱的解离也是质子的转移反应。

$$\underset{\text{酸}_1 \quad\quad \text{碱}_2 \quad\quad\quad \text{酸}_2 \quad\quad \text{碱}_1}{HAc + H_2O \Longleftrightarrow H_3O^+ + Ac^-}$$

HAc 水溶液能表现出酸性,是由于 HAc 与溶剂水发生了质子转移反应的结果,质子从 HAc 转移到 H_2O 上。

$$\underset{\text{碱}_1 \quad\quad \text{酸}_2 \quad\quad\quad \text{酸}_1 \quad\quad \text{碱}_2}{NH_3 + H_2O \Longleftrightarrow NH_4^+ + OH^-}$$

NH_3 的水溶液能表现出碱性,是由于 NH_3 与溶剂水之间发生了质子转移,质子从 H_2O 转移到 NH_3 上。

水在此体现两性,提供或接受质子。

（3）盐的水解

$$Ac^- + H_2O \Longleftrightarrow HAc + OH^- \qquad 水在此作为酸,提供质子。$$

碱$_1$　　酸$_2$　　酸$_1$　　碱$_2$

$$NH_4^+ + H_2O \Longleftrightarrow NH_3 + H_3O^+ \qquad 水在此作为碱,接受质子。$$

酸$_1$　　碱$_2$　　碱$_1$　　酸$_2$

酸碱质子理论扩大了酸碱物质和酸碱反应的范围,把中和、解离、水解等反应都概括为质子传递反应,也还适用于非水溶液和无溶剂体系,这是该理论的优点。但酸碱的质子理论不能讨论不含质子的物质,对无质子转移的酸碱反应也不能进行研究,这是它的不足之处。

3. 共轭酸碱对与平衡常数间的密切关系

$$HAc \Longleftrightarrow H^+ + Ac^- \qquad\qquad K_a = \frac{[H^+][Ac^-]}{[HAc]}$$

$$Ac^- + H_2O \Longleftrightarrow HAc + OH^- \qquad\qquad K_b = \frac{[HAc][OH^-]}{[Ac^-]}$$

$$K_a K_b = [H^+][OH^-] = K_w$$

对于多元酸碱则对应关系如下：

多元酸的解离：第一步　$H_2CO_3 \Longleftrightarrow HCO_3^- + H^+$

$$K_{a_1} = \frac{[HCO_3^-][H^+]}{[H_2CO_3]}$$

第二步　$HCO_3^- \Longleftrightarrow CO_3^{2-} + H^+$

$$K_{a_2} = \frac{[CO_3^{2-}][H^+]}{[HCO_3^-]}$$

对应碱的解离：第一步　$CO_3^{2-} + H_2O \Longleftrightarrow HCO_3^- + OH^-$

$$K_{b_1} = \frac{[HCO_3^-][OH^-]}{[CO_3^{2-}]}$$

第二步　$HCO_3^- + H_2O \Longleftrightarrow H_2CO_3 + OH^-$

$$K_{b_2} = \frac{[H_2CO_3][OH^-]}{[HCO_3^-]}$$

$$K_{a_1} K_{b_2} = K_{a_2} K_{b_1} = [H^+][OH^-] = K_w$$

因此共轭酸碱对可从已知 K_a 求 K_b,或从已知 K_b 求 K_a。

酸碱的质子理论,酸碱的强弱取决于酸碱物质给出质子或接受质子能力的强弱。给出质子的能力越弱,酸越弱;反之就越强。同样,接受质子的能力越弱,碱越弱;反之就越强。

在共轭酸碱对中,若共轭酸越易给出质子,则其酸越强,而其共轭碱夺取质子的能力就越弱,碱就越弱。例如,HCl 在水溶液中给出质子的能力很强,是强酸,而 Cl$^-$ 几乎没有夺取质子的能力,是很弱的碱。

已知共轭酸碱对的 K_a 和 K_b 值的关系为：

$$K_{a_1} K_{b_2} = K_{a_2} K_{b_1} = [H^+][OH^-] = K_w$$

可排出四种酸、碱强度相对大小的顺序。

酸性：$HAc > H_2PO_4^- > NH_4^+ > HS^-$

碱性：$Ac^- < HPO_4^{2-} < NH_3 < S^{2-}$

【例 1-1】 求 $H_2PO_4^-$ 的 K_{b_3} 及 pK_{b_3}，并判断 NaH_2PO_4 水溶液是呈酸性还是碱性。

解：$H_2PO_4^-$ 是 H_3PO_4 的共轭碱，H_3PO_4 又是一种三元酸。根据三元酸及其共轭碱解离常数之间的关系：

$$K_{a_1}K_{b_3} = K_{a_2}K_{b_2} = K_{a_3}K_{b_1} = [H^+][OH^-] = K_w$$

$$K_{b_3} = \frac{K_w}{K_{a_1}}$$

查表得 H_3PO_4 的 $K_{a_1} = 7.1 \times 10^{-3}$，所以：

$$K_{b_3} = \frac{1.0 \times 10^{-14}}{7.1 \times 10^{-3}} = 1.4 \times 10^{-12}$$

$$pK_{b_3} = 11.84$$

对于 NaH_2PO_4 来说，它在水溶液中的解离情况较为复杂，主要有以下两个解离平衡存在。

酸式解离，即给出质子的解离反应：$H_2PO_4^- \Longrightarrow H^+ + HPO_4^{2-}$ K_{a_2}

碱式解离，即接受质子的解离反应：$H_2PO_4^- + H_2O \Longrightarrow H_3PO_4 + OH^-$ K_{b_3}

这种在水溶液中既能给出质子，又能接受质子的物质就称为两性物质。除 NaH_2PO_4 外，还有 $NaHCO_3$、$(NH_4)_2CO_3$ 以及邻苯二甲酸氢钾等物质。对于这类物质，其水溶液是呈酸性还是碱性，可以根据不同解离过程相应的解离常数的相对大小来判断。对于本例，$H_2PO_4^-$ 的酸式解离相应的 $K_{a_2} = 7.1 \times 10^{-8}$，碱式解离已求得 $K_{b_3} = 1.4 \times 10^{-12}$。显然，$K_{a_2} > K_{b_3}$，说明 $H_2PO_4^-$ 在水溶液中的酸式解离能力要比其碱式解离能力强。因此，NaH_2PO_4 溶液将以酸式解离为主，从而使溶液呈现弱酸性。

4. 解离度和稀释定律

1）解离度

电解质导电能力的差异在于它们解离程度的差异，解离程度用解离度 α 来表示。

解离度：弱电解质在溶液中解离达平衡后，已解离的弱电解质的分子百分数称为解离度。实际应用中常以已解离的那部分弱电解质浓度百分数表示。

$$解离度\ \alpha = \frac{已解离的弱电解质分子数（浓度）}{溶液中原电解质分子数（浓度）} \times 100\%$$

强电解质 $\alpha = 1$，弱电解质 $\alpha \ll 1$。

注意：

（1）电解质强弱分类是针对某种溶剂而言，如乙酸在水中为弱电解质，在液氨中为强电解质。我们通常所说的电解质强弱，是针对水溶液而言的。

（2）解离度 α 和解离常数 K_a 和 K_b 都可用来表示酸碱强弱，但解离度随溶液浓度 c 变化而变化，K_a 和 K_b 为常数，不随浓度变化。所以用解离度比较电解质相对强弱时，需指明电解质浓度。

2）稀释定律

解离度 α 与解离常数 K_a 和 K_b 之间有一定的关系。设 c 为弱酸 HA 的初始浓度，α 为其解离度，则对于一元弱酸而言存在下列解离平衡：

如一元弱酸 　　　　　　　　　　　$HA \rightleftharpoons H^+ + A^-$

起始浓度/(mol·L^{-1}) 　　　　　　　c　　　0　　0

平衡浓度/(mol·L^{-1}) 　　　　　　$c-c\alpha$　$c\alpha$　$c\alpha$

代入平衡常数表达式

$$K_a = \frac{[H^+][A^-]}{[HA]} = \frac{(c\alpha)^2}{c-c\alpha} = \frac{c\alpha^2}{1-\alpha}$$

当满足 $c/K_a > 500$，则有 $1-\alpha \approx 1$，所以

$$\alpha = \sqrt{\frac{K_a}{c}}$$

上式表明，溶液的解离度与其浓度二次方根成反比，即浓度越稀，解离度越大，这就是稀释定律。稀释定律是表示弱电解质解离度、解离常数和溶液浓度之间的定量关系的。

【例 1-2】　HAc 在 25℃时，$K_a = 1.8 \times 10^{-5}$。求 0.20mol·L^{-1}HAc 的解离度。

解：　　　　　　　　　　$HAc \rightleftharpoons H^+ + Ac^-$

平衡浓度 　　　　　　$0.20(1-\alpha)$　0.20α　0.20α

$$K_{a(HAc)} = \frac{[H^+][Ac^-]}{[HAc]}$$

$$1.8 \times 10^{-5} = \frac{(0.20\alpha)^2}{0.20(1-\alpha)}$$

$$\alpha = 0.95\%$$

注意：α 随着溶液稀释而增大，但这并不意味着溶液中离子浓度也增大。

5. 弱酸、弱碱溶液 pH 的计算

再通过氢离子浓度或氢氧根浓度计算弱酸或弱碱溶液的 pH，也可以通过以下公式直接计算得到相应的结果。

$$pH = \frac{1}{2}(pc + pK_a)$$

$$pOH = \frac{1}{2}(pc + pK_b)$$

$$pH = 14 - pOH$$

因为 $[H^+] = [A^-] = c\alpha$，即 $[H^+]$ 和 $[A^-]$ 不但与解离度 α 有关，还与溶液浓度 c 有关，从而得到离子浓度与溶液浓度关系：

对于一元弱酸（采用最简式）有 $[H^+] = c\alpha = \sqrt{cK_a}$

同理，一元弱碱（采用最简式）有 $[OH^-] = \sqrt{cK_b}$

即由已知的弱酸、弱碱的解离常数，就可以计算已知浓度弱酸、弱碱溶液中的平衡组成。

【例 1-3】　已知 HAc 的 $pK_a = 4.75$，求 0.30mol·L^{-1}HAc 溶液的 pH。

解：$c/K_a = 0.30/10^{-4.75} > 500$

可采用最简式计算：

$$[H^+] = \sqrt{cK_a} = \sqrt{0.30 \times 10^{-4.75}} \, \text{mol} \cdot \text{L}^{-1} = 2.3 \times 10^{-3} \, \text{mol} \cdot \text{L}^{-1}$$

$$pH = 2.64$$

6. 多元弱酸的分步解离

多元弱酸或弱碱的解离是分步进行的，每一级解离都有一个解离常数。前面所讨论的一元弱酸（弱碱）的解离平衡原理也适用于多元弱酸的解离平衡。现以碳酸为例说明，碳酸为二元弱酸，它的解离反应分两步进行：

第一步： $\qquad H_2CO_3 \rightleftharpoons HCO_3^- + H^+$

$$K_{a_1} = \frac{[HCO_3^-][H^+]}{[H_2CO_3]} = 4.5 \times 10^{-7}$$

第二步： $\qquad HCO_3^- \rightleftharpoons CO_3^{2-} + H^+$

$$K_{a_2} = \frac{[CO_3^{2-}][H^+]}{[HCO_3^-]} = 4.7 \times 10^{-11}$$

K_{a_1} 和 K_{a_2} 分别表示 H_2CO_3 的一级和二级解离常数。从它们数值的大小可以看出，二级解离比一级解离困难得多。因此，H^+ 主要来自 H_2CO_3 的一级解离。近似计算 H_2CO_3 水溶液中 H^+ 的浓度时，可忽略二级解离产生的 H^+。

【例 1-4】 已知 H_2S 的 $K_{a_1} = 1.1 \times 10^{-7}$，$K_{a_2} = 1.3 \times 10^{-13}$。计算 $0.10 \text{mol} \cdot \text{L}^{-1} H_2S$ 溶液中的 $[H^+]$ 和 pH。

解：采用最简式计算：

$$[H^+] = \sqrt{cK_{a_1}} = \sqrt{0.10 \times 1.1 \times 10^{-7}} \, \text{mol} \cdot \text{L}^{-1} = 1.05 \times 10^{-4} \, \text{mol} \cdot \text{L}^{-1}$$

$$pH = 3.98$$

1.3　缓冲溶液

1.3.1　同离子效应和缓冲溶液

1. 同离子效应

解离平衡与所有的化学平衡一样，会随外界条件的改变而发生移动。

同离子效应：在弱电解质溶液的平衡体系中，加入与弱电解质含有相同离子的、易溶的强电解质时，使解离平衡发生移动，降低弱电解质解离作用，这种现象称为同离子效应。

例如，向 HAc 溶液中加入与 HAc 含有相同离子的强电解质 NaAc 固体，由于溶液中 Ac^- 浓度的增大，会导致 HAc 电离平衡逆向移动。

$$HAc \rightleftharpoons H^+ + Ac^-$$

$$NaAc \Longrightarrow Na^+ + Ac^-$$

若用甲基橙作指示剂，则溶液先呈现红色。加入 NaAc 之后，溶液则呈现黄色（甲基橙在微酸性和碱性环境中呈黄色),即溶液中氢离子浓度降低了,说明 HAc 的解离度降低。同样,在氨水溶液中加入 NH_4Cl,会使溶液中 OH^- 浓度降低,则 NH_3 在水中的解离度降低。

【例 1-5】　在 $0.100mol \cdot L^{-1}$ HAc 溶液中,加入固体 NaAc 使其浓度为 $0.100mol \cdot L^{-1}$,求此混合溶液中 $[H^+]$ 和 HAc 的解离度。

解:NaAc 为强电解质,在水溶液中完全解离。

由 NaAc 解离提供的 $[Ac^-] = 0.100mol \cdot L^{-1}$

设由 HAc 解离的 $[H^+] = x \, mol \cdot L^{-1}$

$$HAc \rightleftharpoons H^+ + Ac^-$$

平衡浓度 $/(mol \cdot L^{-1})$ 　　　$0.100-x$　　x　　$0.100+x$

代入解离平衡常数定义式　　$K_a = \dfrac{[H^+][Ac^-]}{[HAc]}$

$$1.8 \times 10^{-5} = \frac{x(0.100+x)}{0.100-x}$$

因为 HAc 的解离度很小,$0.100-x \approx 0.100$,$0.100+x \approx 0.100$

所以 $x \approx 1.8 \times 10^{-5} mol \cdot L^{-1}$

此时 HAc 解离度 $\alpha_1 = \dfrac{1.8 \times 10^{-5}}{0.100} \times 100\% = 0.018\%$

在没加 NaAc 时,在 $0.100mol \cdot L^{-1}$ HAc 溶液中:

$$[H^+] = \sqrt{cK_a} = \sqrt{0.100 \times 1.8 \times 10^{-5}} \, mol \cdot L^{-1} = 1.34 \times 10^{-3} mol \cdot L^{-1}$$

此时 HAc 解离度 $\alpha_2 = \dfrac{1.34 \times 10^{-3}}{0.100} \times 100\% = 1.34\%$

$$\alpha_1 : \alpha_2 = 1 : 74.4$$

所以加入 NaAc 使 $[H^+]$ 和 α 均降低。

在实际应用中,可利用同离子效应调节溶液酸碱性;也可控制酸根离子浓度,使某种金属离子沉淀析出,而另一些金属离子不沉淀,进行分离提纯。

2. 缓冲溶液

1)缓冲作用

如果在 100mL 含 $0.1mol \cdot L^{-1}$ HAc 和 $0.1mol \cdot L^{-1}$ NaAc 的混合溶液中,加入少量的 HCl 或 NaOH,或稍加稀释时,溶液的 pH 会稳定在 4.7 左右,几乎无变化。溶液的这种能抵抗外加少量强酸、强碱或稀释的影响,使 pH 保持稳定的现象称为缓冲作用。具有缓冲作用的溶液称作缓冲溶液。

而如果在 100mL 纯水中,加入 0.1mL 的 $1mol \cdot L^{-1}$ 的 HCl 溶液(或 NaOH 溶液),就会使水的 pH 由 7 降至 3(或由 7 升至 11),说明水不能抵抗外来酸、碱的影响。

2)缓冲原理

现以 HAc-NaAc 组成的缓冲溶液为例说明缓冲作用的原理。

在 HAc-NaAc 溶液中,NaAc 完全解离成 Na^+ 和 Ac^-,由于同离子效应,使得 HAc 解离程度降低。该溶液的特点是溶液中存在大量的 HAc 和 Ac^-,即 HAc 和 Ac^- 的浓度都比较大,也即弱酸和它的弱酸盐浓度都比较大。溶液中存在如下平衡:

$$HAc \rightleftharpoons H^+ + Ac^-$$

$$NaAc \rightleftharpoons Na^+ + Ac^-$$

根据平衡移动原理,可解释为什么外加少量强酸、强碱或稀释时,缓冲溶液的 pH 能基本保持稳定。

如果向该缓冲溶液中加入少量强酸,强酸解离出的 H^+ 与大量存在的 Ac^- 结合生成 HAc,平衡向着生成 HAc 方向移动,$[H^+]$ 几乎没有增加,pH 几乎没有降低,保持了 pH 的相对稳定。因为加入的 H^+ 是少量的,而 Ac^- 浓度则要大得多,使得溶液中 $[Ac^-]$ 仅略有减小而 $[HAc]$ 略有增加。Ac^- 充当缓冲溶液抗酸成分。

如果向该缓冲溶液中加入少量强碱,溶液中的 H^+ 和强碱解离出来的 OH^- 结合生成弱电解质 H_2O。由于溶液中存在着大量的 HAc 分子,这时,HAc 进一步解离以补充被少量 OH^- 中和的 H^+,使平衡向着 HAc 解离的方向移动。达到新的平衡时,只是 HAc 浓度略有减小,Ac^- 浓度略有增加,溶液中 $[H^+]$ 保持稳定,维持 pH 几乎不变。HAc 充当缓冲溶液抗碱成分。

如果向该缓冲溶液中加入少量水稀释,由于 HAc 和 Ac^- 浓度同时以相同倍数稀释,HAc 和 Ac^- 浓度均减小,同离子效应减弱,促使 HAc 解离度增加,产生的 $[H^+]$ 可维持溶液的 pH 几乎不变。

以上是弱酸和它的弱酸盐组成的缓冲溶液具有缓冲作用的原理。用同样方法可说明弱碱及其弱碱盐(如 NH_3-NH_4^+)、多元弱酸所组成的两种不同酸度的盐(如 HCO_3^--CO_3^{2-}、$H_2PO_4^-$-HPO_4^{2-})组成的缓冲溶液的缓冲作用,其中 HCO_3^-、$H_2PO_4^-$ 起着弱酸的作用。

1.3.2 缓冲溶液 pH 的计算

利用同离子效应和弱电解质的解离平衡原理,很容易得出计算缓冲溶液 pH 的方法。

1. 弱酸-弱酸盐类缓冲溶液 pH 的计算

如在弱酸-弱酸盐类溶液 HA-A^- 体系中,以 $c_{(HA)}$ 和 $c_{(A^-)}$ 分别表示弱酸及其弱酸盐的初始浓度,达到平衡后,设体系中的 $[H^+] = x$ mol·L^{-1},则

$$HA \rightleftharpoons H^+ + A^-$$

起始浓度/(mol·L^{-1}) $c_{(HA)}$ 0 $c_{(A^-)}$

平衡浓度/(mol·L^{-1}) $c_{(HA)} - x$ x $c_{(A^-)} + x$

$$K_a = \frac{[H^+][A^-]}{[HA]} = \frac{x(c_{(A^-)} + x)}{c_{(HA)} - x}$$

由于 x 很小,所以 $c_{(HA)} - x \approx c_{(HA)}$,$c_{(A^-)} + x \approx c_{(A^-)}$

$$K_a = \frac{x c_{(A^-)}}{c_{(HA)}}, \quad [H^+] = x = K_a \times \frac{c_{(HA)}}{c_{(A^-)}}$$

$$pH = pK_{a(HA)} - \lg \frac{c_{(HA)}}{c_{(A^-)}}$$

写成通式:

$$pH = pK_a - \lg \frac{c_{(弱酸)}}{c_{(弱酸盐)}} \quad 或\ pH = pK_a - \lg \frac{c_{(a)}}{c_{(b)}}$$

由上述公式可知,在一定的缓冲溶液中,K_a 一定,溶液 pH 的大小取决于[HA]/[A$^-$]的比值(称为缓冲对)。

2. 弱碱-弱碱盐类缓冲溶液 pH 的计算

同理,由弱碱-弱碱盐($NH_3 \cdot H_2O$-NH_4^+)组成的缓冲溶液体系 pH 计算公式如下:

$$[OH^-] = K_b \times \frac{c_{(弱碱)}}{c_{(弱碱盐)}}, \quad pOH = pK_b - \lg \frac{c_{(弱碱)}}{c_{(弱碱盐)}}$$

或

$$pH = pK_w - pK_b - \lg \frac{c_{(弱碱盐)}}{c_{(弱碱)}}$$

【例 1-6】 $0.800mol \cdot L^{-1}$ HAc 及 $0.400mol \cdot L^{-1}$ NaAc 组成缓冲溶液,计算其 pH。当向 1L 上述缓冲溶液中加入 $0.800mol \cdot L^{-1}$ HCl 10mL 时,计算 pH 的变化。

	HAc $\rightleftharpoons$	H$^+$ +	Ac$^-$
起始浓度/(mol·L^{-1})	0.8	0	0.4
平衡浓度/(mol·L^{-1})	0.8-x	x	0.4+x

$$K_a = \frac{[H^+][Ac^-]}{[HAc]} = \frac{x(c_{(Ac^-)} + x)}{c_{(HAc)} - x}$$

由于 x 很小,所以 $c_{(HAc)} - x \approx c_{(HAc)}$,$c_{(Ac^-)} + x \approx c_{(Ac^-)}$

$$K_a = \frac{xc_{(Ac^-)}}{c_{(HAc)}} \quad [H^+] = x = K_a \times \frac{c_{(HAc)}}{c_{(Ac^-)}}$$

$$pH = pK_{a(HAc)} - \lg \frac{c_{(HAc)}}{c_{(Ac^-)}} = 4.75 - \lg 2 = 4.45$$

向 1L 上述缓冲溶液中加入 $0.800mol \cdot L^{-1}$ HCl 10mL 时,HCl 中氢离子浓度为 $0.008mol \cdot L^{-1}$,与缓冲溶液中的抗酸成分反应,因此:

	HAc $\rightleftharpoons$	H$^+$ +	Ac$^-$
起始浓度/(mol·L^{-1})	0.8	0	0.4
平衡浓度/(mol·L^{-1})	0.8-x+0.008	x	0.4+x-0.008

$$K_a = \frac{[H^+][Ac^-]}{[HAc]} = \frac{x(c_{(Ac^-)} + x - 0.008)}{c_{(HAc)} - x + 0.008}$$

$$pH = pK_{a(HAc)} - \lg \frac{c_{(HAc)}}{c_{(Ac^-)}} = 4.75 - \lg 2.06 = 4.44$$

1.3.3 缓冲溶液的选择和应用

1. 酸碱缓冲溶液的分类及选择

酸碱缓冲溶液根据用途的不同可以分成两大类,即普通酸碱缓冲溶液和标准酸碱缓冲溶液。标准酸碱缓冲溶液简称标准缓冲溶液,主要用于校正酸度计,它们的 pH 一般都是严格通过实验测得。普通酸碱缓冲溶液主要用于化学反应或生产过程中酸度的控制,在实际工作中应用很广,在生物学上也有重要意义。例如人体血液的 pH 能维持在 $7.35 \sim 7.45$,就是靠血液中所含有的 H_2CO_3-$NaHCO_3$ 以及 NaH_2PO_4-Na_2HPO_4 等缓冲体系,才能保证细胞的正常代谢以及整个机体的生存。

选择酸碱缓冲溶液时主要考虑以下三点:

(1) 对正常的化学反应或生产过程不构成干扰。也就是说,除维持酸度外,不能发生副反应。

(2) 应具有较强的缓冲能力。为了达到这一要求,所选择体系中两组分的浓度比应尽量接近 1,且浓度适当大些为好。

(3) 所需控制的 pH 应在缓冲溶液的缓冲范围内。若酸性缓冲溶液是由弱酸及其弱酸盐组成,则 pK_a 应尽量与所需控制的 pH 一致。

另外,在实际工作中,有时只需要对 H^+ 或对 OH^- 有抵消作用即可,这时可以选择合适的弱碱或弱酸作为酸或碱的缓冲剂,加入体系后与酸或碱作用产生弱碱盐或弱酸盐与之组成缓冲体系。

表 1-1 列举了一些常见的酸碱缓冲体系,可供选择时参考。

表 1-1　一些常见的酸碱缓冲体系

缓冲体系	pK_a	缓冲范围(pH)
HCOOH-HCOONa	3.75	$2.6 \sim 4.6$
HAc-NaAc	4.75	$3.6 \sim 5.6$
NH_3-NH_4Cl	*4.75	$8.3 \sim 10.3$
$NaHCO_3$-Na_2CO_3	10.33	$9.2 \sim 11.0$
KH_2PO_4-K_2HPO_4	7.20	$5.9 \sim 8.0$
H_3BO_3-$Na_2B_4O_7$	9.24	$7.2 \sim 9.2$

注: * 表示 pK_b

2. 缓冲溶液的配制与应用

对于标准缓冲溶液,如果要进行理论计算则必须考虑离子强度的影响。而普通酸碱缓冲溶液的计算较为简单,一般都可以采用最简式。

【例 1-7】 对于 HAc-NaAc 以及 HCOOH-HCOONa 两种缓冲体系,若要配制 pH 为 4.8 的酸碱缓冲溶液,应选择何种体系为好? 现有 $c_{(HAc)} = 6.0 \, mol \cdot L^{-1}$ HAc 溶液 12mL,要配成 250mL pH $= 4.8$ 的酸碱缓冲溶液,应称取固体 $NaAc \cdot 3H_2O$ 多少克?

解:据 $pH = pK_a - \lg \dfrac{c_{(弱酸)}}{c_{(弱酸盐)}}$

若选用 HAc-NaAc 体系,$\lg \dfrac{c_{(弱酸)}}{c_{(弱酸盐)}} = pK_a - pH = 4.75 - 4.8 = -0.05$

$$\dfrac{c_{(弱酸盐)}}{c_{(弱酸)}} = 1.12$$

若选用 HCOOH-HCOONa 体系，$\lg \dfrac{c_{(弱酸)}}{c_{(弱酸盐)}}=pK_a-pH=3.75-4.8=-1.05$

$$\dfrac{c_{(弱酸盐)}}{c_{(弱酸)}}=11.2$$

显然，对于本例，由于 HAc-NaAc 体系的 pK_a 与所需控制的 pH 接近，两组分的浓度比值也接近 1，它的缓冲能力就比 HCOOH-HCOONa 体系强。因而应选择 HAc-NaAc 缓冲体系。

根据以上计算及选择，若要配制 250mL pH＝4.8 的酸碱缓冲溶液，

由 $c_{(HAc)}=\dfrac{12mL\times6.0mol\cdot L^{-1}}{250mL}=0.288mol\cdot L^{-1}$，以及 $\dfrac{c_{(弱酸盐)}}{c_{(弱酸)}}=1.12$，得：

$$c_{(弱酸盐)}=1.12\times0.288mol\cdot L^{-1}=0.323mol\cdot L^{-1}$$

所以称取 $NaAc\cdot 3H_2O$ 的质量

$$m_{NaAc\cdot3H_2O}=c_{(弱酸盐)}\times M_{NaAc\cdot3H_2O}\times\dfrac{250}{1000}=0.323mol\cdot L^{-1}\times136g/mol\times\dfrac{250mL}{1000mL/L}=11g$$

【例 1-8】　将 pH＝2.53 的 HAc 溶液与 pH＝13.00 的 NaOH 溶液等体积混合后，溶液的 pH 是多少？

解：pH＝2.53 的 HAc 溶液浓度为

$$[H^+]=\sqrt{cK_a}$$

所以

$$pH=\dfrac{1}{2}(pc+pK_a),\quad 2.53=\dfrac{1}{2}(pc+4.75)$$

$$pc=0.31,\quad c=0.5mol\cdot L^{-1}$$

而 pH＝13.00 的 NaOH 溶液的浓度为 $c_{(OH^-)}=0.1mol\cdot L^{-1}$

所以混合后 HAc 过量，形成 HAc-NaAc 缓冲溶液，体系中生成的 NaAc 浓度为 $0.05mol\cdot L^{-1}$，剩余的 HAc 浓度为 $(0.5-0.1)mol\cdot L^{-1}/2=0.2mol\cdot L^{-1}$

所以该缓冲溶液体系 pH 为

$$pH=pK_a-\lg\dfrac{c_{(弱酸)}}{c_{(弱酸盐)}}=4.75-\lg\dfrac{0.2}{0.05}=4.15$$

【例 1-9】　烧杯盛有 20.00mL 的 0.100 $mol\cdot L^{-1}$ 的 $NH_3\cdot H_2O$ 水溶液。

(1) 加入 10.00mL 的 0.100 $mol\cdot L^{-1}$ 的 HCl 后溶液的 pH 为多少？

(2) 加入 20.00mL 的 0.100 $mol\cdot L^{-1}$ 的 HCl 后溶液的 pH 为多少？

解：$NH_3\cdot H_2O+HCl=\!=\!=NH_4Cl+H_2O$

(1) 反应前 $NH_3\cdot H_2O$ 的物质的量为

$n_{NH_3\cdot H_2O}=20.00mL\times10^{-3}L/mL\times0.100mol\cdot L^{-1}=2\times10^{-3}mol$

反应前 HCl 的物质的量为

$n_{HCl}=10.00mL\times10^{-3}L/mL\times0.100mol\cdot L^{-1}=1\times10^{-3}mol$

所以 $NH_3\cdot H_2O$ 过量 $1\times10^{-3}mol$，而生成 NH_4Cl 的物质的量为 $1\times10^{-3}mol$，在体系中形成 $NH_3\cdot H_2O$-NH_4Cl 缓冲溶液，且体系中 $NH_3\cdot H_2O$ 和 NH_4Cl 的浓度相等。按

照缓冲体系 pH 计算公式则有：

$$pH = pK_a - \lg \frac{c_{(弱酸)}}{c_{(弱酸盐)}}$$

$$= 14 - pK_b - \lg \frac{c_{(NH_4^+)}}{c_{(NH_3 \cdot H_2O)}}$$

$$= 14 - 4.75 - 0 = 9.25$$

（2）20.00mL 的 $0.100mol \cdot L^{-1}$ 的 HCl 与 20.00mL 的 $0.100mol \cdot L^{-1}$ 的 $NH_3 \cdot H_2O$ 反应后，生成 NH_4Cl 的溶液，体系为强酸弱碱盐体系。

$$[H^+] = \sqrt{cK_a} = \sqrt{c \frac{K_w}{K_b}} = \sqrt{\frac{0.1}{2} \times \frac{10^{-14}}{10^{-4.75}}}$$

或

$$pH = \frac{1}{2}(pc + pK_a) = \frac{1}{2}\left(-\lg \frac{0.1}{2} + 14 - 4.75\right) = 5.28$$

【例 1-10】 10.0mL $0.200mol \cdot L^{-1}$ 的 HAc 溶液与 5.5mL $0.200mol \cdot L^{-1}$ 的 NaOH 溶液混合，求该混合液的 pH。（已知 $pK_a = 4.75$）

解： $HAc + NaOH \Longrightarrow NaAc + H_2O$

加入 HAc 的物质的量为

$0.200mol \cdot L^{-1} \times 10.0mL \times 10^{-3}L/mL = 2.0 \times 10^{-3} mol$

加入 NaOH 物质的量为

$0.200mol \cdot L^{-1} \times 5.5mL \times 10^{-3}L/mL = 1.1 \times 10^{-3} mol$

反应后生成 Ac^- 的物质的量为 $1.1 \times 10^{-3} mol$，所以溶液中 Ac^- 的浓度为

$$c_{(Ac^-)} = \frac{1.1 \times 10^{-3}}{(10.0 + 5.5)mL \times 10^{-3}L/mL} = 0.071 mol \cdot L^{-1}$$ 剩余的 HAc 物质的量为

$2.0 \times 10^{-3} mol - 1.1 \times 10^{-3} mol = 0.9 \times 10^{-3} mol$，

所以溶液中剩余的 HAc 浓度为

$$c_{(HAc)} = \frac{0.9 \times 10^{-3} mol}{(10.0 + 5.5)mL \times 10^{-3}L/mL} = 0.058 mol \cdot L^{-1}$$

$$[H^+] = K_a \cdot \frac{c_{(弱酸)}}{c_{(弱酸盐)}} = \frac{0.058}{0.071} \times 10^{-4.75} = 1.45 \times 10^{-5} mol \cdot L^{-1}$$

$pH = 4.84$

1.4 电解质水溶液 pH 的计算

1.4.1 水溶液中弱酸（碱）各型体的分布

1. 分析浓度与平衡浓度

（1）分析浓度：溶液中溶质的总浓度（在酸碱平衡中指 1L 溶液中所含酸或碱的物质的量）。

符号：c 单位：$mol \cdot L^{-1}$

包括已离解的和未离解的溶质的浓度总和,即总浓度。

如 $c_{(NaOH)}$,$c_{(HAc)}$

(2) 平衡浓度:指在平衡状态时,溶质或溶质各型体的浓度。

符号:[　]

如[HAc]、[Ac$^-$]、[H$^+$]

(3) 酸度:溶液中 H$^+$ 的浓度,pH$=-$lg [H$^+$]。

酸的浓度:指酸的分析浓度,即总浓度。

(4) 碱度:溶液中 OH$^-$ 的浓度。

2. 物料平衡

(1) 平衡状态时,与某溶质有关的各种型体平衡浓度之和必等于它的分析浓度,这种平衡关系称为物料平衡,又称质量平衡。

(2) 表示:物料平衡方程 MBE(mass balance equation)。

HAc 溶液中的 MBE 为

$$c_{(HAc)}=[HAc]+[Ac^-]$$

$0.10\text{mol} \cdot \text{L}^{-1}\text{Na}_2\text{CO}_3$ 溶液的 MBE 为

$$[Na^+]=2c=0.2\text{mol} \cdot \text{L}^{-1}$$

$$[H_2CO_3]+[HCO_3^-]+[CO_3^{2-}]=0.1\text{mol} \cdot \text{L}^{-1}$$

3. 电荷平衡

(1) 电解质溶液中,处于平衡状态时,各种阳离子所带正电荷的总浓度必等于所有阴离子所带负电荷的总浓度,即溶液是电中性的。

(2) 表示:电荷平衡方程 CBE(charge balance equation)。

HAc 溶液中的 CBE 为

$$[H^+]=[OH^-]+[Ac^-]$$

$0.10\text{mol} \cdot \text{L}^{-1}\text{Na}_2\text{CO}_3$ 溶液的 CBE 为

$$[Na^+]+[H^+]=[HCO_3^-]+2[CO_3^{2-}]+[OH^-]$$

$$0.2\text{mol} \cdot \text{L}^{-1}+[H^+]=[HCO_3^-]+2[CO_3^{2-}]+[OH^-]$$

注意:

(1) 某离子平衡浓度前面的系数就等于它所带电荷数的绝对值。

(2) 中性分子不包括在电荷平衡方程中。

4. 质子平衡

(1) 酸碱反应达到平衡时,酸给出质子的物质的量(mol)应等于碱所接受的质子的物质的量,即酸失去质子后的产物与碱达到质子后的产物在浓度上必然有一定的关系,称为质子平衡。

(2) 表示:质子平衡方程(质子条件式)PBE(proton balance equation)。

(3) 计算方法

① 方法一(代入法):由 MBE 和 CBE 联立求解。

先求出 MBE 和 CBE,再合并,约去同类项,得到 PBE。

【**例 1-11**】 求 $0.10\text{mol} \cdot \text{L}^{-1} \text{Na}_2\text{CO}_3$ 溶液的 PBE。

解：$0.10\text{mol} \cdot \text{L}^{-1}\text{Na}_2\text{CO}_3$ 溶液的 MBE 为

$$[\text{H}_2\text{CO}_3] + [\text{HCO}_3^-] + [\text{CO}_3^{2-}] = 0.1\text{mol} \cdot \text{L}^{-1}$$

$0.10\text{mol} \cdot \text{L}^{-1}\text{Na}_2\text{CO}_3$ 溶液的 CBE 为

$$[\text{Na}^+] + [\text{H}^+] = [\text{HCO}_3^-] + 2[\text{CO}_3^{2-}] + [\text{OH}^-]$$

$$[\text{Na}^+] = 2c$$

合并为

$$2[\text{H}_2\text{CO}_3] + 2[\text{HCO}_3^-] + 2[\text{CO}_3^{2-}] + [\text{H}^+] = [\text{HCO}_3^-] + 2[\text{CO}_3^{2-}] + [\text{OH}^-]$$

得 PBE：$2[\text{H}_2\text{CO}_3] + [\text{HCO}_3^-] + [\text{H}^+] = [\text{OH}^-]$

② 方法二（图示法）：

酸碱平衡体系中选取质子参考水准（又称零水准），通常就是起始酸碱组分，包括溶剂分子。当溶液中的酸碱反应（包括溶剂的质子自递反应）达到平衡后，根据质子参考水准判断得失质子的产物及其得失质子的物质的量，据此绘出得失质子示意图。根据得失质子的物质的量相等的原则写出 PBE。

注意：在正确 PBE 中应不包括与质子参考水准本身有关的项，也不含与质子转移无关的项。

对于多元酸碱组分一定要注意其平衡浓度前面的系数，它等于与零水准相比较时该型体得失质子的物质的量。

【**例 1-12**】 写出 Na_2CO_3 溶液的 PBE。

解：第一步：选取零水准——H_2O、CO_3^{2-}。

第二步：绘出得失质子示意图。

第三步：写出 PBE。

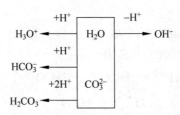

PBE 为 $2[\text{H}_2\text{CO}_3] + [\text{HCO}_3^-] + [\text{H}^+] = [\text{OH}^-]$

【**例 1-13**】 写出 $\text{NaNH}_4\text{HPO}_4$ 溶液的 PBE。

解：基准态为 NH_4^+、HPO_4^{2-}、H_2O。

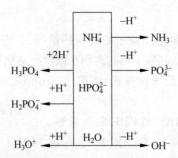

PBE 为 $[H_2PO_4^-] + 2[H_3PO_4] + [H^+] = [OH^-] + [NH_3] + [PO_4^{3-}]$

1.4.2 酸度对弱酸(碱)各型体分布的影响

在弱酸(碱)的平衡体系中,溶质往往以多种型体存在。当酸度增大或减小时,各型体浓度的分布将随着溶液的酸度而变化。酸度对弱酸(碱)各型体分布的影响可用分布分数来描述。

分布分数:溶质某种型体的平衡浓度在其分析浓度中所占的分数称为分布分数。

1. 一元弱酸(碱)各型体的分布分数

(1) 计算公式: $\delta_{(HA)} = \dfrac{[HA]}{c_{(HA)}} = \dfrac{[HA]}{[HA] + [A^-]} = \dfrac{1}{1 + K_a/[H^+]} = \dfrac{[H^+]}{[H^+] + K_a}$

同理: $\delta_{(A^-)} = \dfrac{K_a}{[H^+] + K_a}$

显然: $\delta_{(HA)} + \delta_{(A^-)} = 1$

(2) 各型体平衡浓度的计算公式:
$$[HA] = c_{(HA)} \times \delta_{(HA)}$$
$$[A^-] = c_{(HA)} \times \delta_{(A^-)}$$

(3) δ_i-pH 曲线:以 pH 为横坐标,以 $\delta_{(HA)}$ 或 $\delta_{(A^-)}$ 为纵坐标,得到 δ_i-pH 曲线。

① 随着溶液的 pH 增大,$\delta_{(HA)}$ 逐渐减小,而 $\delta_{(A^-)}$ 则逐渐增大,如图 1-1 所示。

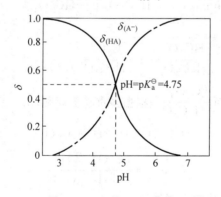

图 1-1 HA 的 δ-pH 曲线

② 在两条曲线的交点处,即 $\delta_{(A^-)} = \delta_{(HA)} = 0.50$ 时,溶液的 pH $= pK_a$,此时,$[HA] = [A^-]$。

③ 当 pH $< pK_a$ 时,溶液中 HA 占优势;当 pH $> pK_a$ 时,溶液中 A^- 占优势。

④ 平衡状态时,一元弱酸(碱)各型体分布分数的大小首先与酸(碱)本身的强弱(即 K_a 或 K_b 的大小)有关;对于某酸(碱)而言,分布分数是溶液中 $[H^+]$ 的函数。

【例 1-14】 计算 pH $= 5.00$ 时,$0.1\,mol \cdot L^{-1}$ HAc 溶液中各型体的分布分数和平衡浓度。

解:已知 $K_a = 1.8 \times 10^{-5}$,$[H^+] = 1.0 \times 10^{-5}\,mol \cdot L^{-1}$,则

$$\delta_{(HAc)} = \frac{[HAc]}{c_{(HAc)}} = \frac{[HAc]}{[HAc]+[Ac^-]} = \frac{[H^+]}{[H^+]+K_a}$$

$$= \frac{1.0\times10^{-5}}{1.0\times10^{-5}+1.8\times10^{-5}} = 0.36$$

$$\delta_{(Ac^-)} = 1-0.36 = 0.64$$

$$[HAc] = \delta_{(HAc)}c_{(HAc)} = 0.36\times0.1\,mol\cdot L^{-1} = 0.036\,mol\cdot L^{-1}$$

$$[Ac^-] = \delta_{(Ac^-)}c_{(Ac^-)} = 0.64\times0.1\,mol\cdot L^{-1} = 0.064\,mol\cdot L^{-1}$$

2. 多元酸碱各型体的分布分数

(1) 计算公式：以 $H_2C_2O_4$ 为例，其分析浓度 $c_{(H_2C_2O_4)}$（$mol\cdot L^{-1}$），草酸在水溶液中能以 $H_2C_2O_4$、$HC_2O_4^-$、$C_2O_4^{2-}$ 三种型体存在。

$$H_2C_2O_4 \rightleftharpoons H^+ + HC_2O_4^- \qquad\qquad K_{a_1}$$

$$HC_2O_4^- \rightleftharpoons H^+ + C_2O_4^{2-} \qquad\qquad K_{a_2}$$

$$\delta_2 = \frac{[H_2C_2O_4]}{c_{(H_2C_2O_4)}}, \quad \delta_1 = \frac{[HC_2O_4^-]}{c_{(H_2C_2O_4)}}, \quad \delta_0 = \frac{[C_2O_4^{2-}]}{c_{(H_2C_2O_4)}}$$

$$c_{(H_2C_2O_4)} = [H_2C_2O_4] + [HC_2O_4^-] + [C_2O_4^{2-}]$$

因此：

$$\delta_2 = \frac{[H_2C_2O_4]}{c_{(H_2C_2O_4)}} = \frac{[H_2C_2O_4]}{[H_2C_2O_4]+[HC_2O_4^-]+[C_2O_4^{2-}]}$$

$$= \frac{1}{1+\dfrac{[HC_2O_4^-]}{[H_2C_2O_4]}+\dfrac{[C_2O_4^{2-}]}{[H_2C_2O_4]}}$$

其中 $\dfrac{[HC_2O_4^-]}{[H_2C_2O_4]} = \dfrac{K_{a_1}}{[H^+]}$，而 $\dfrac{[C_2O_4^{2-}]}{[H_2C_2O_4]}$ 根据多重平衡规则，由

$$H_2C_2O_4 \rightleftharpoons 2H^+ + C_2O_4^{2-}$$

$$K_{a_1}K_{a_2} = \frac{[C_2O_4^{2-}][H^+]^2}{[H_2C_2O_4]}$$

将以上关系代入上式，并整理可得到：

$$\delta_{(H_2C_2O_4)} = \delta_2 = \frac{[H^+]^2}{[H^+]^2+[H^+]K_{a_1}+K_{a_1}K_{a_2}}$$

$$\delta_{(HC_2O_4^-)} = \delta_1 = \frac{[H^+]K_{a_1}}{[H^+]^2+[H^+]K_{a_1}+K_{a_1}K_{a_2}}$$

$$\delta_{(C_2O_4^{2-})} = \delta_0 = \frac{K_{a_1}K_{a_2}}{[H^+]^2+[H^+]K_{a_1}+K_{a_1}K_{a_2}}$$

(2) 各型体浓度的计算

$$[H_2C_2O_4] = c_{(H_2C_2O_4)}\cdot\delta_{(H_2C_2O_4)}$$

$$[HC_2O_4^-] = c_{(H_2C_2O_4)} \cdot \delta_{(HC_2O_4^-)}$$

$$[C_2O_4^{2-}] = c_{(H_2C_2O_4)} \cdot \delta_{(C_2O_4^{2-})}$$

同样：$\delta_2 + \delta_1 + \delta_0 = 1$

（3）δ_i-pH 曲线

① 曲线上每一共轭酸碱对分布曲线的交点对应 pH 仍分别等于草酸的 pK_{a_1} 和 pK_{a_2}，如图 1-2 所示。

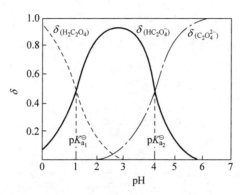

图 1-2　$H_2C_2O_4$ 的 δ-pH 曲线

② 当 $pH < pK_{a_1}$ 时，溶液中 $H_2C_2O_4$ A 为主要型体；

当 $pH > pK_{a_2}$ 时，溶液中 $C_2O_4^{2-}$ 为主要型体；

当 $pK_{a_1} < pH < pK_{a_2}$ 时，溶液中 $HC_2O_4^-$ 的浓度明显高于其他两者。

3. 组分平衡浓度计算的基本方法

1）由解离平衡直接求

【例 1-15】常温常压下 H_2S 在水中的饱和溶解度为 $0.10 \, mol \cdot L^{-1}$，试求 H_2S 饱和溶液中 $[HS^-]$、$[S^{2-}]$，并找出 S^{2-} 离子浓度与溶液酸度的关系。

解：已知 25℃ 时，$K_{a_1} = 1.1 \times 10^{-7}$，$K_{a_2} = 1.3 \times 10^{-13}$。

设一级解离所产生的 HS^- 浓度为 $x \, mol \cdot L^{-1}$，二级解离所产生的 S^{2-} 浓度为 $y \, mol \cdot L^{-1}$，则有：

$$H_2S \Longleftrightarrow H^+ + HS^-$$

平衡浓度/(mol·L^{-1})　　　$0.10 - x$　$x + y$　$x - y$

$$HS^- \Longleftrightarrow H^+ + S^{2-}$$

平衡浓度/(mol·L^{-1})　　　　$x - y$　　$x + y$　y

由于 $K_{a_1} \gg K_{a_2}$，再加上一级解离对二级解离的抑制作用，体系 $[H^+] \approx x \, mol \cdot L^{-1}$；同样溶液中 $[HS^-] \approx x \, mol \cdot L^{-1}$，所以 HS^- 的平衡浓度可以直接根据 H_2S 的一级解离求得。因为

$$K_{a_1} = \frac{[H^+][HS^-]}{[H_2S]}$$

所以
$$K_{a_1} \approx \frac{x \cdot x}{0.10-x} = \frac{x^2}{0.10-x} \approx 1.1 \times 10^{-7}$$

可解得：
$$x = 1.05 \times 10^{-4}\, mol \cdot L^{-1}$$

溶液中 S^{2-} 离子浓度可以通过二级解离求出：
$$K_{a_2} = \frac{[H^+][S^{2-}]}{[HS^-]}$$

因为
$$[H^+] \approx [HS^-]$$

所以
$$[S^{2-}] \approx K_{a_2} = 1.3 \times 10^{-13}\, mol \cdot L^{-1}$$

溶液中 S^{2-} 浓度与溶液酸度的关系可以从总解离平衡求得。
$$H_2S \rightleftharpoons 2H^+ + S^{2-}$$

根据多重平衡规则，$K = K_{a_1} \cdot K_{a_2}$，因此
$$K = K_{a_1} \cdot K_{a_2} = \frac{[H^+]^2[S^{2-}]}{[H_2S]}$$

$$[H^+] = \sqrt{\frac{K_{a_1} K_{a_2}[H_2S]}{[S^{2-}]}}$$

对于 H_2S 饱和溶液，由于 H_2S 的解离程度不大，$[H_2S] \approx c_{(H_2S)}$，所以
$$[H^+] = \sqrt{\frac{1.1 \times 10^{-7} \times 1.3 \times 10^{-13} \times 0.10}{[S^{2-}]}} = \sqrt{\frac{1.43 \times 10^{-21}}{[S^{2-}]}}$$

根据这一关系，若在 H_2S 溶液中加入强酸，使 $[H^+]$ 提高，就能显著降低 $[S^{2-}]$。因此，通过调节 H_2S 溶液的酸度，就可以有效地控制 H_2S 溶液中的 S^{2-} 浓度。

2）由分布分数求

【例 1-16】 常温常压下，CO_2 饱和水溶液中，$c_{(H_2CO_3)} = 0.04\, mol \cdot L^{-1}$。求①pH＝5.00 时溶液中各种存在形式的平衡浓度；②pH＝8.00 时溶液中的主要存在形式为何种组分？

解：CO_2 饱和水溶液中主要有三种存在形式，分别为 H_2CO_3、HCO_3^- 以及 CO_3^{2-}。

根据平衡浓度与分布分数的关系，可得：
$$[H_2CO_3] = \delta_2 c_{(H_2CO_3)}$$
$$[HCO_3^-] = \delta_1 c_{(H_2CO_3)}$$
$$[CO_3^{2-}] = \delta_0 c_{(H_2CO_3)}$$

① pH＝5.00 时，
$$\delta_2 = \frac{[H^+]^2}{[H^+]^2 + [H^+] \cdot K_{a_1} + K_{a_1} \cdot K_{a_2}}$$
$$= \frac{(10^{-5.00})^2}{(10^{-5.00})^2 + 10^{-5.00} \times 10^{-6.352} + 10^{-6.352} \times 10^{-10.329}} = 0.96$$

同样可求得：$\delta_1 = 0.04$
$$\delta_0 \approx 0$$

所以 $[H_2CO_3] = 0.04\, mol \cdot L^{-1} \times 0.96 = 3.8 \times 10^{-2}\, mol \cdot L^{-1}$

$$[HCO_3^-]=0.04 mol \cdot L^{-1} \times 0.04 = 1.6 \times 10^{-3} mol \cdot L^{-1}$$

② pH = 8.00 时,同理可求得:
$$\delta_2 = 0.02$$
$$\delta_1 = 0.97$$
$$\delta_0 = 0.01$$

可见 pH = 8.00 时,溶液中的主要存在形式是 HCO_3^-。

1.4.3　酸碱溶液中氢离子浓度的计算

首先根据酸碱平衡的具体情况写出有关 PBE,由此推导出计算各类溶液中$[H^+]$的精确式。

1. 一元强酸(碱)溶液中 H^+ 浓度的计算

以浓度为 $c(mol \cdot L^{-1})$ 的 HCl 溶液为例进行讨论。

当酸的解离反应和水的质子自递反应处于平衡时,溶液中的 H^+ 来源于酸和水的解离,其浓度等于 Cl^- 和 OH^- 的浓度之和。
$$[H^+]=[Cl^-]+[OH^-]=c+K_w/[H^+]$$
$$[H^+]^2-c[H^+]-K_w=0$$

解之得: $[H^+]=\dfrac{c+\sqrt{c^2+4K_w}}{2}$

精确式: $[H^+]=\dfrac{c+\sqrt{c^2+4K_w}}{2}$

最简式:当 $c \geqslant 10^{-6} mol \cdot L^{-1}$ 时,
$$[H^+]=c, \quad pH=-\lg c$$

对于一元强碱:

当 $c \geqslant 10^{-6} mol \cdot L^{-1}$ 时, $[OH^-]=c$, $pOH=-\lg c$

当 $c < 10^{-6} mol \cdot L^{-1}$ 时, $[OH^-]=\dfrac{c+\sqrt{c^2+4K_w}}{2}$

2. 一元弱酸(碱)溶液 pH 的计算

(1) 一元弱酸 HA 水溶液中有以下解离平衡:
$$HA \Longleftrightarrow H^+ + A^-$$
$$H_2O \Longleftrightarrow H^+ + OH^-$$

可以选择 H_2O、HA 为零水准,因此 PBE 为
$$[H^+]=[OH^-]+[A^-] \tag{1-1}$$

式(1-1)说明,这种一元弱酸水溶液中的 H^+ 来自两个方面,一方面是水解离的贡献,即:

$$[OH^-] = \frac{K_w}{[H^+]}$$

另一方面是弱酸本身解离的贡献,即:

$$[A^-] = \frac{K_a[HA]}{[H^+]}$$

将以上两个平衡关系代入式(1-1),整理可得:

$$[H^+] = \sqrt{K_a[HA] + K_w} \qquad (1\text{-}1a)$$

式中$[HA]$可以用两种方式求得,$[HA] = c - [H^+]$或$[HA] = \delta_{(HA)} \times c$,而 $\delta_{(HA)} = \frac{[H^+]}{[H^+] + K_a}$。式(1-1a)就是计算一元弱酸水溶液酸度的精确式。

显然,精确式的求解较为麻烦,实际工作中也常常没有必要,可以按计算的允许误差(5%)作近似处理。

① 如果$cK_a \geqslant 10K_w$且$cK_a > 10^5$,就可以忽略K_w,即不考虑水解离的贡献:

$$[H^+] = \sqrt{K_a(c - [H^+])} \qquad (1\text{-}1b)$$

式(1-1b)就是计算一元弱酸水溶液$[H^+]$的近似式。

② 如果再满足$c/K_a \geqslant 10^5$,则$[HA] \approx c$:

$$[H^+] = \sqrt{K_a c} \qquad (1\text{-}1c)$$

这就是计算一元弱酸水溶液$[H^+]$的最简式。

③ 如果$c/K_a \geqslant 10^5$且$cK_a < 10K_w$:

$$[H^+] = \sqrt{K_a c + K_w} \qquad (1\text{-}1d)$$

式(1-1d)也属于计算的近似式。

(2) 对于一元弱碱,处理方法以及计算公式、使用条件也相似,只需把相应公式及判断条件中的K_a换成K_b,将$[H^+]$换成$[OH^-]$即可。

最简式:$[OH^-] = \sqrt{cK_b}$　$(c/K_b \geqslant 10^5, cK_b \geqslant 10K_w)$

近似式(1):水的解离可以忽略,则

$$[OH^-] = \frac{-K_b + \sqrt{K_b^2 + 4cK_b}}{2} \qquad (cK_b \geqslant 10K_w, c/K_b < 10^5)$$

近似式(2):若碱极弱,且浓度极小,则

$$[OH^-] = \sqrt{cK_b + K_w} \qquad (cK_b < 10K_w, c/K_b \geqslant 10^5)$$

精确式:

$$[OH^-] = \sqrt{[HA]K_b + K_w} \qquad (cK_b < 10K_w, c/K_b < 10^5)$$

【例 1-17】 计算$c_{(NH_4Cl)} = 0.10 \text{mol} \cdot L^{-1}$的$NH_4Cl$溶液的pH(已知$NH_3$的$K_b = 1.8 \times 10^{-5}$)。

解:由于NH_4Cl为NH_3的共轭酸,

$$K_{a(NH_4^+)} = \frac{K_w}{K_{b(NH_3)}} = \frac{1.0 \times 10^{-14}}{1.8 \times 10^{-5}} = 5.56 \times 10^{-10}$$

因为 $cK_a > 10K_w$，$c/K_a > 10^5$

所以 $[H^+] = \sqrt{cK_a} = \sqrt{0.10 \times 5.56 \times 10^{-10}} = 7.5 \times 10^{-6}\,mol \cdot L^{-1}$

pH = 5.12

【例 1-18】 计算浓度为 $0.10\,mol \cdot L^{-1}$ 的一氯乙酸溶液的 pH(已知一氯乙酸的 $K_a = 1.40 \times 10^{-3}$)。

解：因为 $cK_a > 10K_w$，$c/K_b < 10^5$

所以 $[H^+] = \sqrt{K_a(c - [H^+])} = \sqrt{1.40 \times 10^{-3} \times (0.10 - [H^+])}$

解得：$[H^+] = 1.1 \times 10^{-2}\,mol \cdot L^{-1}$

pH = 1.96

【例 1-19】 计算 $c_{(HCN)} = 1.0 \times 10^{-4}\,mol \cdot L^{-1}$ 的 HCN 溶液的 pH(已知 HCN 的 $K_a = 6.2 \times 10^{-10}$)。

解：因为 $cK_a > 10K_w$，$c/K_a > 10^5$

所以 $[H^+] = \sqrt{K_a c + K_w}$

$\qquad = \sqrt{6.2 \times 10^{-10} \times 1.0 \times 10^{-4} + 1.0 \times 10^{-14}}$

$\qquad = 2.7 \times 10^{-7}\,mol \cdot L^{-1}$

pH = 6.57

【例 1-20】 计算 $c_{(NH_3)} = 0.10\,mol \cdot L^{-1}$ 的 NH_3 溶液的 pH(已知 NH_3 的 $K_b = 1.8 \times 10^{-5}$)。

解：因为 $cK_b > 10K_w$，$c/K_b > 10^5$

所以 $[OH^-] = \sqrt{cK_b} = \sqrt{0.10 \times 1.8 \times 10^{-5}} = 1.3 \times 10^{-3}\,mol \cdot L^{-1}$

pOH = 2.89

pH = 14.00 - 2.89 = 11.11

(3) 两性物质溶液酸度的计算。在此以 NaHA 这种两性物质为例,计算该物质水溶液的酸度。

对于 NaHA 这种多元酸一级解离的产物,其水溶液中存在以下解离平衡:

$$HA^- \rightleftharpoons H^+ + A^{2-}$$

$$HA^- + H_2O \rightleftharpoons H_2A + OH^-$$

$$H_2O \rightleftharpoons H^+ + OH^-$$

可以选择 H_2O、HA^- 为零水准,因此这一水溶液的 PBE 为

$$[H^+] = [OH^-] + [A^{2-}] - [H_2A] \tag{1-2}$$

可见这种水溶液的酸度是由三方面所贡献的,按 PBE 式右边的顺序分别是水解离、HA^- 的酸式解离、HA^- 的碱式解离。

式(1-2)中 $[OH^-] = \dfrac{K_w}{[H^+]}$，$[A^{2-}] = K_{a_2}\dfrac{[HA^-]}{[H^+]}$，$[H_2A] = \dfrac{[HA^-][H^+]}{K_{a_1}}$

将这些平衡关系代入式(1-2)并整理得:

$$[H^+] = \sqrt{\frac{K_{a_1}(K_{a_2}[HA^-] + K_w)}{K_{a_1} + [HA^-]}} \qquad (1\text{-}2a)$$

式(1-2a)就是计算 NaHA 水溶液酸度的精确式。在计算时同样可以从具体情况出发,做合理的简化处理:

① 由于一般的多元酸 K_{a_1} 与 K_{a_2} 都相差较大,因而 HA^- 的二级解离以及 HA^- 接受质子的能力都比较弱,可以认为 $[HA^-] \approx c$,所以

$$[H^+] = \sqrt{\frac{K_{a_1}(K_{a_2}c + K_w)}{K_{a_1} + c}} \qquad (1\text{-}2b)$$

② 若 $cK_{a_2} > 10K_w$,这时就可以忽略水解离的贡献,则

$$[H^+] = \sqrt{\frac{K_{a_1}K_{a_2}c}{K_{a_1} + c}} \qquad (1\text{-}2c)$$

式(1-2c)就是计算 NaHA 溶液 $[H^+]$ 的近似式。

③ 若体系还满足 $c > 10K_{a_1}$,这时就可忽略分母中的 K_{a_1} 项:

$$[H^+] = \sqrt{K_{a_1} \cdot K_{a_2}} \qquad (1\text{-}2d)$$

或

$$pH = \frac{1}{2}(pK_{a_1} + pK_{a_2}) \qquad (1\text{-}2e)$$

式(1-2d)或式(1-2e)就是计算 NaHA 水溶液酸度的最简式。

④ 同样,若体系只满足 $c > 10K_{a_1}$,而不满足 $cK_{a_2} > 10K_w$,那么就不能忽略水解离的贡献:

$$[H^+] = \sqrt{\frac{K_{a_1}(K_{a_2}c + K_w)}{c}} \qquad (1\text{-}2f)$$

【例 1-21】 计算 $c_{NaHCO_3} = 0.10mol \cdot L^{-1}$ $NaHCO_3$ 溶液的 pH。已知 $pK_{a_1} = 6.35$,$pK_{a_2} = 10.33$。

解:因为 $cK_{a_2} > 10K_w$,$c > 10K_{a_1}$,所以

$$pH = \frac{1}{2}(pK_{a_1} + pK_{a_2}) = \frac{1}{2} \times (6.35 + 10.33) = 8.34$$

1.5 酸碱指示剂

1.5.1 指示剂的作用原理

酸碱指示剂:一般是某些有机弱酸或弱碱,或是有机酸碱两性物质,它们在酸碱滴定过程中也能参与质子转移反应,因分子结构的改变而引起自身颜色的变化,并且这种颜色伴随结构的转变是可逆的。例如,酚酞指示剂在水溶液中是一种无色的二元酸,有以下解离平衡存在:

（图：酚酞结构变化示意图）

无色分子(内酯式)　　　无色分子　　　无色离子

红色离子(醌式)
碱性溶液中

无色离子(羟酸盐式)

酚酞结构变化的过程也可简单表示为：

$$无色分子 \underset{H^+}{\overset{OH^-}{\rightleftharpoons}} 无色离子 \underset{H^+}{\overset{OH^-}{\rightleftharpoons}} 红色离子 \overset{浓碱}{\rightleftharpoons} 无色离子$$

上式表明，这个转变过程是可逆的，当溶液 pH 降低时，平衡向反方向移动，酚酞又变成无色分子。因此，酚酞在 pH < 9.1 的酸性溶液中均呈无色，当 pH > 9.1 时形成红色组分，在浓的强碱溶液中又呈无色。故酚酞指示剂是一种单色指示剂。

再如另一种常用的酸碱指示剂甲基橙则是一种弱的有机碱，在溶液中有如下解离平衡存在：

（图：甲基橙结构变化示意图）

黄色离子(偶氮式)　　　　　　　　　　　红色离子(醌式)

显然，甲基橙与酚酞相似，在不同的酸度条件下具有不同的结构及颜色。所不同的是，甲基橙是一种双色指示剂，酸性条件下呈红色，碱性条件下显黄色。

正是由于酸碱指示剂在不同的酸度条件下具有不同的结构及颜色，因而当溶液酸度改变时，平衡发生移动，使得酸碱指示剂从一种结构变为另一种结构，从而使溶液的颜色发生相应的改变。

综上所述，指示剂分类如下。

单色指示剂：在酸式或碱式型体中仅有一种型体具有颜色的指示剂，如酚酞。

双色指示剂：酸式或碱式型体均有颜色的指示剂，如甲基橙。

1.5.2　指示剂变色的 pH 范围

1. 变色原理

以 HIn 表示指示剂。

$$HIn \rightleftharpoons H^+ + In^-$$

酸式型体　　　碱式型体

$$\frac{[In^-]}{[HIn]} = \frac{K_a}{[H^+]}　　K_a 为指示剂的解离常数$$

(1) 溶液的颜色是由 $[In^-]/[HIn]$ 的比值来决定的,随溶液 $[H^+]$ 的变化而变化。

(2) 当 $[In^-]/[HIn] \leqslant 1/10$　　　$pH \leqslant pK_a - 1$　　　酸式色

当 $10 > [In^-]/[HIn] > 1/10$　　pH 在 $pK_a \pm 1$ 之间　颜色逐渐变化的混合色

当 $[In^-]/[HIn] \geqslant 10$　　　　$pH \geqslant pK_a + 1$　　　碱式色

2. 变色范围

当溶液的 pH 由 $pK_a - 1$ 变化到 $pK_a + 1$(或相反)时,才可以观察到指示剂由酸式色经混合色变化到碱性色,这一颜色变化的 pH 范围,即 $pH = pK_a \pm 1$ 称为指示剂的变色范围。

3. 理论变色点

当指示剂的酸式型体与碱式型体的浓度相等,即 $[In^-]/[HIn] = 1$ 时,溶液的 $pH = pK_a$,称为指示剂的理论变色点。

常用酸碱指示剂列于表 1-2 中。

表 1-2　酸碱指示剂

指示剂	变色范围(pH)	颜色变化	pK_{HIn}	在不同溶剂中的浓度	每 10mL 试液用量(滴)
百里酚蓝	1.2~2.8	红~黄	1.62	0.1%(20%乙醇溶液)	1~2
甲基黄	2.9~4.0	红~黄	3.25	0.1%(90%乙醇溶液)	1
甲基橙	3.1~4.4	红~黄	3.45	0.1%(水溶液)	1
溴酚蓝	3.0~4.6	黄~紫	4.1	0.1%(20%乙醇溶液或其钠盐水溶液)	1
溴甲酚绿	4.0~5.6	黄~蓝	4.9	0.1%(20%乙醇溶液或其钠盐水溶液)	1~3
甲基红	4.4~6.2	红~黄	5.0	0.1%(60%乙醇溶液或其钠盐水溶液)	1
溴百里酚蓝	6.2~7.6	黄~蓝	7.3	0.1%(20%乙醇溶液或其钠盐水溶液)	1
中性红	6.8~8.0	红~黄橙	7.4	0.1%(60%乙醇溶液)	1
苯酚红	6.8~8.4	黄~红	8.0	0.1%(60%乙醇溶液或其钠盐水溶液)	1
酚酞	8.0~10.0	无~红	9.1	0.2%(90%乙醇溶液)	1~3
百里酚蓝	8.0~9.6	黄~蓝	8.9	0.1%(20%乙醇溶液)	1~4
百里酚酞	9.4~10.6	无~蓝	10.0	0.1%(90%乙醇溶液)	1~2

注意:这里列出的是室温下,水溶液中各种指示剂的变色范围。实际上当温度改变或溶剂不同时,指示剂的变色范围是要移动的。因此,溶液中盐类的存在也会使指示剂变色范

围发生移动。

1.5.3 影响指示剂变色范围的因素

1. 指示剂的用量

（1）双色指示剂：指示剂的变色范围不受其用量的影响。但指示剂的变色也要消耗一定的滴定剂，从而引入误差。

（2）单色指示剂：单色指示剂的用量增加，其变色范围向 pH 减小的方向发生移动。使用时其用量要合适。

2. 温度

温度的变化会引起指示剂解离常数和水的质子自递常数发生变化，因而指示剂的变色范围亦随之改变，对碱性指示剂的影响较酸性指示剂更为明显。

3. 中性电解质

由于中性电解质的存在增大了溶液的离子强度，使得指示剂的解离常数发生改变，从而影响其变色范围。此外，电解质的存在还影响指示剂对光的吸收，使其颜色的强度发生改变，因此滴定中不宜有大量中性盐存在。

4. 溶剂

不同的溶剂具有不同的介电常数和酸碱性，因而影响指示剂的解离常数和变色范围。

1.5.4 混合指示剂

混合指示剂利用颜色之间的互补作用，具有很窄的变色范围，且在滴定终点有敏锐的颜色变化，如表 1-3 所示。

表 1-3　混合酸碱指示剂

指示剂溶液的组成	变色时 pH	颜色		备　　注
		酸色	碱色	
一份 0.1%甲基黄乙醇溶液 一份 0.1%次甲基蓝乙醇溶液	3.3	蓝紫	绿	pH=3.2 蓝紫色 pH=3.4 绿色
一份 0.1%六甲氧基三苯甲醇乙醇溶液 一份 0.1%甲基绿乙醇溶液	4.0	紫	绿	pH=4.0 蓝紫色
一份 0.1%甲基橙水溶液 一份 0.25%靛蓝二磺酸水溶液	4.1	紫	黄绿	
一份 0.1%甲基橙水溶液 一份 0.1%苯胺蓝水溶液	4.3	紫	绿	
一份 0.1%溴甲酚绿钠盐水溶液 一份 0.2%甲基橙水溶液	4.3	橙	蓝绿	pH=3.5 黄色 pH=4.1 绿色 pH=4.3 蓝绿色

指示剂溶液的组成	变色时 pH	颜色		备　注
		酸色	碱色	
三份 0.1％溴甲酚绿乙醇溶液 一份 0.2％甲基红乙醇溶液	5.1	酒红	绿	
一份 0.2％甲基红乙醇溶液 一份 0.1％亚甲基蓝乙醇溶液	5.4	红紫	绿	pH＝5.2 红紫色 pH＝5.4 暗蓝色 pH＝5.6 暗绿色
一份 0.1％氯酚红钠盐水溶液 一份 0.1％苯胺蓝水溶液	5.8	绿	紫	pH＝5.8 淡紫色
一份 0.1％溴甲酚绿钠盐水溶液 一份 0.1％氯酚红钠盐水溶液	6.1	黄绿	蓝绿	pH＝5.4 蓝绿色 pH＝5.8 蓝色 pH＝6.0 蓝带紫 pH＝6.2 蓝紫色
一份 0.1％溴甲酚紫钠盐水溶液 一份 0.1％溴百里酚蓝钠盐水溶液	6.7	黄	紫蓝	pH＝6.2 黄紫色 pH＝6.6 紫色 pH＝6.8 蓝紫色
二份 0.1％溴百里酚蓝钠盐水溶液 一份 0.1％石蕊精水溶液	6.9	紫	蓝	
一份 0.1％中性红乙醇溶液 一份 0.1％次甲基蓝乙醇溶液	7.0	蓝紫	绿	pH＝7.0 紫蓝
一份 0.1％中性红乙醇溶液 一份 0.1％溴百里酚蓝乙醇溶液	7.2	玫瑰	绿	pH＝7.0 玫瑰色 pH＝7.2 浅红色 pH＝7.4 暗绿色
二份 0.1％氮萘蓝乙醇 50％溶液 一份 0.1％酚红乙醇 50％溶液	7.3	黄	紫	pH＝7.2 橙色 pH＝7.4 紫色 放置后颜色逐渐褪去
一份 0.1％溴百里酚蓝钠盐水溶液 一份 0.1％酚红钠盐水溶液	7.5	黄	紫	pH＝7.2 暗绿色 pH＝7.4 淡紫色 pH＝7.6 深紫色
一份 0.1％甲酚红钠盐水溶液 三份 0.1％百里酚蓝钠盐水溶液	8.3	黄	紫	pH＝8.2 玫瑰红 pH＝8.4 清晰的紫色
二份 0.1％1-萘酚酞乙醇溶液 一份 0.1％甲酚红乙醇溶液	8.3	浅红	紫	pH＝8.2 淡紫色 pH＝8.4 深紫色
一份 0.1％1-萘酚酞乙醇溶液 三份 0.1％酚酞乙醇溶液	8.9	浅红	紫	pH＝8.6 浅绿色 pH＝9.0 紫色
一份 0.1％酚酞乙醇溶液 二份 0.1％甲基绿乙醇溶液	8.9	绿	紫	pH＝8.8 浅蓝色 pH＝9.0 紫色
一份 0.1％百里酚蓝 50％乙醇溶液 三份 0.1％酚酞 50％乙醇溶液	9.0	黄	紫	从黄色到绿色,再到紫色

指示剂溶液的组成	变色时 pH	颜色		备 注
		酸色	碱色	
一份 0.1%酚酞乙醇溶液 一份 0.1%百里酚酞乙醇溶液	9.9	无	紫	pH=9.6 玫瑰红 pH=10.0 紫色
一份 0.1%酚酞乙醇溶液 一份 0.2%尼罗蓝乙醇溶液	10.0	蓝	红	pH=10.0 紫色
二份 0.1%百里酚酞乙醇溶液 一份 0.1%茜素黄 R 乙醇溶液	10.2	黄	紫	
二份 0.2%尼罗蓝水溶液 一份 0.1%茜素黄 R 乙醇溶液	10.8	绿	红棕	

混合指示剂的配制方法：

(1) 采用一种颜色不随溶液中 H^+ 浓度变化而变化的染料(称为惰性染料)和一种指示剂配制而成。

(2) 选择两种(或多种)pK 值比较接近的指示剂,按一定的比例混合使用。

1.6 一元酸碱滴定

1.6.1 强碱滴定强酸或强酸滴定强碱

1. 酸碱滴定曲线

酸碱滴定曲线是指滴定过程中溶液的 pH 随滴定剂体积或滴定分数变化的关系曲线。滴定曲线(titration curve)可以借助酸度计或其他分析仪器测得,也可以通过计算的方式得到。

如表 1-4 所示,在此以 $0.1000 mol \cdot L^{-1}$ NaOH 溶液滴定 $20.00 mL(V_0)$ 同浓度 HCl 溶液为例,讨论强碱滴定强酸的滴定曲线。

本例的滴定反应为：

$$H^+ + OH^- \Longrightarrow H_2O$$

(1) 滴定前($V=0$)：溶液的酸度取决于酸的原始浓度。

在此$[H^+] = c_{(HCl)} = 0.1000 mol \cdot L^{-1}$,故 pH=1.00。

(2) 滴定开始至化学计量点之前($V < V_0$)：随着滴定剂的加入,溶液中$[H^+]$取决于剩余 HCl 的浓度,即

$$[H^+] = \frac{V_0 - V}{V_0 + V} c_{HCl}$$

加入 $V=10.00 mL$,$[H^+]=0.033 mol \cdot L^{-1}$,pH=1.48

加入 $V=18.00 mL$,$[H^+]=0.00526 mol \cdot L^{-1}$,pH=2.28

加入 $V=19.80 mL$,$[H^+]=0.00050 mol \cdot L^{-1}$,pH=3.30

加入 $V=19.98 mL$,$[H^+]=0.00005 mol \cdot L^{-1}$,pH=4.30

（3）化学计量点（$V=V_0$）：

溶液呈中性，H^+ 来自水的解离。

$$[H^+]=[OH^-]=\sqrt{K_w}=1.0\times10^{-7}\,mol\cdot L^{-1}$$
$$pH=7.00$$

即化学计量点 $[H^+]_{sp}=1.0\times10^{-7}\,mol\cdot L^{-1}$，故 $pH_{sp}=7.00$。

（4）化学计量点后（$V>V_0$）溶液的酸度取决于过量碱的浓度。

$$[OH^-]=\frac{V-V_0}{V_0+V}c_{NaOH}$$

当 NaOH 加入 20.02mL 时，$[OH^-]=\dfrac{0.1000mol\cdot L^{-1}\times0.02mL}{20.00mL+20.02mL}=5.0\times10^{-5}\,mol\cdot L^{-1}$，$pH=9.70$。

表 1-4　$0.1000mol\cdot L^{-1}$ NaOH 溶液滴定 20.00mL 同浓度 HCl 溶液的 pH

NaOH 溶液加入的体积/mL	滴定分数	剩余 HCl 或过量 NaOH* 体积/mL	pH	
0.00	0.000	20.00	1.00	
18.00	0.900	2.00	2.28	
19.80	0.990	0.20	3.30	
19.96	0.998	0.04	4.00	
19.98	0.999	0.02	4.30	突跃
20.00	1.000	0.00	计量点 7.00	范围
20.02	1.001	0.02*	9.70	
20.04	1.002	0.04*	10.00	
20.20	1.010	0.20*	10.70	
22.00	1.100	2.00*	11.70	
40.00	2.000	20.00*	12.52	

若按以上方式进行较为详细的计算，就可以得到不同 NaOH 加入量时相应溶液的 pH（见表 1-4）。以 NaOH 加入量为横坐标，对应的溶液 pH 为纵坐标作图，就能得到图 1-3 所示的滴定曲线。

2. 滴定突跃与指示剂选择

当 $\alpha=1$ 时对应的 pH 即为化学计量点；$\alpha=0.999\sim1.001$ 所相应的 pH 区间称为该滴定曲线的突跃范围。在这一区间，滴定剂的用量仅仅变化 0.04mL，而溶液的 pH 变化却增加了 5.4 个 pH 单位，曲线呈现出几乎垂直的一段。因此，化学计量点 $\pm0.1\%$ 范围内 pH 的急剧变化就称为滴定突跃（titration jump）。

根据以上讨论，用 $c_{(NaOH)}=0.1000mol\cdot L^{-1}$ NaOH 溶液滴定 20.00mL 同浓度的 HCl 溶液的化

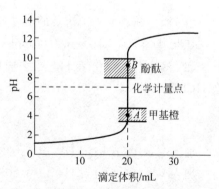

图 1-3　$0.1000mol\cdot L^{-1}$ NaOH 溶液滴定 20.00mL 同浓度的 HCl 的滴定曲线

学计量点 $pH_{sp}=7.00$,滴定突跃 $pH=4.30\sim9.70$。显然,只要变色范围处于滴定突跃范围内的指示剂,如溴百里酚蓝、苯酚红等,都能正确指示滴定终点。然而实际上,一些能在滴定突跃范围内变色的指示剂,如甲基橙、酚酞等也能使用。例如酚酞,变色范围 $pH=8.0\sim10.0$,若滴定至溶液由无色刚变粉红色时停止,溶液的 pH 略大于 8.0,由表 1-4 可以看出,此时 NaOH 溶液过量还不到 0.02mL,终点误差不大于 0.1%。因此酸碱滴定中所选择的指示剂一般应使其变色范围处于或部分处于滴定突跃范围之内。另外,还应考虑所选择指示剂在滴定体系中的变色是否易于判断。例如,在这个滴定类型中,甲基橙的变色范围部分处于滴定突跃范围内,可是若用于滴定,颜色变化是由红到黄,由于人眼对红色中略带黄色不易察觉,因而甲基橙一般不用于碱滴定酸,常用于酸滴定碱。

3. 滴定曲线分析

如图 1-3 所示,滴定开始时曲线的变化较为平缓,随着 NaOH 溶液的加入,曲线渐渐向上倾斜,在计量点前后发生明显的变化,以后曲线又趋于平缓。主要原因是:

滴定开始时,溶液中酸量大,当加入了 18.00mL NaOH 溶液时,溶液 pH 才改变 1.3 个单位,所以曲线呈现较平缓的变化;

当滴定继续进行,则酸的剩余量逐渐减少,加入少量的碱能使 pH 较快升高,曲线就呈现逐渐向上倾斜;

当滴定接近计量点时,如加入 19.98mL NaOH 溶液,溶液中 HCl 已极少(只有0.02mL),此时溶液 pH 为 4.30,然后再加入 0.04mL NaOH 溶液,除中和了剩余 HCl 外尚过量 0.02mL,溶液的 pH 急剧升到 9.70,增加了 5.4 个单位,此时即为滴定突跃。

计量点后继续加入 NaOH 溶液,溶液 pH 改变渐渐变小,于是曲线呈现较为平坦。

以上讨论的是用 $c_{(NaOH)}=0.1000mol \cdot L^{-1}$ NaOH 溶液滴定 20.00mL 同浓度的 HCl 溶液,如果溶液浓度改变,化学计量点溶液的 pH 依然不变,但滴定突跃却发生了变化。图 1-4 就是不同浓度 HCl 溶液的滴定曲线。由图可见,滴定体系的浓度越小,滴定突跃就越小,这样就使指示剂的选择受到限制。因此,浓度的大小是影响滴定突跃大小的因素之一。

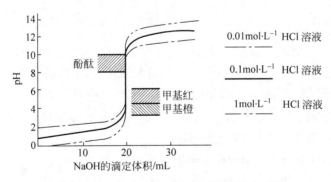

图 1-4　$0.1000mol \cdot L^{-1}$ NaOH 溶液滴定不同
浓度 HCl 溶液的滴定曲线

对于强酸滴定强碱,可以参照以上处理办法,首先了解滴定曲线的情况,特别是其中化学计量点、滴定突跃,然后根据滴定突跃选择一种合适的指示剂。

1.6.2 强碱滴定一元弱酸或强酸滴定一元弱碱

1. 滴定曲线与指示剂的选择

(1) 滴定前：溶液的酸度取决于酸的原始浓度与强度，对一元弱酸，$pK_b = pK_w - pK_a$。

(2) 滴定开始至化学计量点前：由于形成 HAc-Ac$^-$ 缓冲体系，所以 $pH = pK_a + \lg \dfrac{c_b}{c_a}$。

(3) 化学计量点：溶液的酸度取决于一元弱酸共轭碱在水溶液中的解离。

$$pOH = \frac{1}{2}(pK_b + pc) \quad 或 \quad pH = pK_w - \frac{1}{2}(pK_b + pc)$$

式中，$pK_b = pK_w - pK_a$。

(4) 化学计量点后，溶液的酸度同样主要取决于过量碱的浓度。

表 1-5 就是用 $0.1000 mol \cdot L^{-1}$ NaOH 溶液滴定 20.00mL 同浓度 HAc 溶液的滴定计算结果。根据这种滴定类型的特点，应选择在弱碱性范围变色的指示剂，如酚酞、百里酚酞等。

表 1-5　$0.1000 mol \cdot L^{-1}$ NaOH 溶液滴定 20.00mL 同浓度 HAc 溶液的 pH

NaOH 溶液加入的体积/mL	滴定分数	剩余 HAc 或过量 NaOH* 体积/mL	pH	
0.00	0.000	20.00	2.88	
10.00	0.500	10.00	4.75	
18.00	0.900	2.00	5.70	
19.80	0.990	0.20	6.75	
19.98	0.999	0.02	7.75	突跃
20.00	1.000	0.00	计量点 8.72	范围
20.02	1.001	0.02*	9.70	
20.20	1.010	0.20*	10.70	
22.00	1.100	2.00*	11.70	
40.00	2.000	20.00*	12.52	

另外，强酸滴定一元弱碱同样可以参照以上方法处理，滴定曲线的特点与强碱滴定一元弱酸相似，但化学计量点、滴定突跃均是出现在弱酸性区域，故应选择在弱酸性范围内变色的指示剂，如甲基橙、甲基红等。以 HCl 滴定 NH_3 溶液，滴定曲线与上述相似，pH 的变化方向相反。由于反应的产物是 NH_4^+，故计量点时溶液呈酸性(pH=5.28)，滴定突跃范围为 6.3~4.3。指示剂可选择甲基红与甲基橙。

再如硼砂($Na_2B_4O_7 \cdot 10H_2O$)在水中发生下列反应：

$$B_4O_7^{2-} + 5H_2O \longrightarrow 2H_2BO_3^- + 2H_3BO_3$$

所产生的 $H_2BO_3^-$ 为硼酸的共轭碱，$pK_b = 4.76$，就可以用甲基红为指示剂，HCl 溶液直接滴定。所以硼砂可以作为标定 HCl 溶液浓度用的基准物质。

2. 滴定曲线分析

0.1000mol · L^{-1} NaOH 溶液滴定 20.00mL 同浓度一元弱酸溶液的滴定曲线见图 1-5。

(1) 起点高。

由于 HAc 是一种弱酸,在溶液中只是部分解离,滴定前溶液 $[H^+]$ 较低,即 pH 较大,所以滴定曲线起点就高。

(2) 开始滴定至计量点前的变化为快—慢—快(倾斜—平坦—倾斜)。

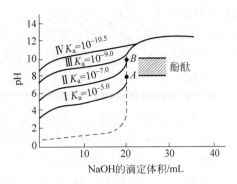

图 1-5　0.1000mol · L^{-1} NaOH 溶液滴定 20.00mL 同浓度一元弱酸溶液的滴定曲线

滴定刚开始,生成少量的 NaAc,由于 Ac^- 的同离子效应,使 HAc 的解离更难,$[H^+]$ 明显降低,pH 增大较快;随着 NaOH 不断加入,NaAc 的量渐多,它与剩余的 HAc 组成缓冲体系,抗碱的能力较强,于是 pH 增大较慢;随着溶液中剩下的 HAc 很少,溶液的缓冲能力明显减弱,pH 的增大变快。

(3) 计量点附近变化极快,但滴定突跃较短。

由于计量点附近,所剩 HAc 已极少,溶液已失去缓冲作用,加入一滴 NaOH 溶液,使溶液 pH 发生突变,从 7.74 升到 9.70,只增加约 2 个单位,所以曲线几乎是直线的这一段较短,比起强碱滴定强酸的滴定突跃要小好多。

(4) 计量点时溶液是碱性而不是中性。

计量点时溶液的组成是 NaAc,它是一种弱碱,所以溶液呈碱性。

(5) 计量点后的变化与强碱滴定强酸相同。

3. 滴定突跃范围的影响因素

图 1-4 就是不同浓度 HCl 溶液滴定对应浓度 NaOH 溶液的滴定曲线。由图可见,滴定体系的浓度越小,滴定突跃就越小,这样就使指示剂的选择受到限制。因此,浓度的大小是影响滴定突跃大小的因素之一。由表 1-5 以及图 1-5 可见,滴定的化学计量点、滴定突跃均出现在弱碱性区域,而且滴定的突跃范围明显变窄。另外还可以看出,被滴定的酸越弱,滴定突跃就越小,有些甚至没有明显的突跃。因此,滴定突跃的大小还与被滴定酸或碱本身的强弱有关。

1.7　酸碱的应用

1.7.1　常见的酸碱的应用

1. 硫酸的应用

硫酸(化学式:H_2SO_4)是硫的最重要的含氧酸,属于二元强酸,一般具有较高的腐蚀性。纯硫酸通常为无色油状液体,密度 1.84g/cm^3,沸点 337℃,在任何浓度下都能与水混溶,同时放出大量的热。硫酸在不同浓度下具有的不同特性,及其对不同物质的腐蚀性,都归结于其强酸性。此外,高浓度的硫酸还具有吸水性、脱水性以及氧化性。硫酸是工业上一种重要的化学品,在国民生产中发挥着重要作用,被人们誉为"化学工业之母"。硫酸的产量可以衡量一个国家化学工业水平的高低。

1) 在工业中的应用

在冶金工业中,特别是在有色金属的生产和加工过程中需要使用硫酸。例如,利用电解法精炼锌、铜、镍、镉时,电解液中要含有硫酸;精炼某些贵金属时,也需要用硫酸去除其他金属杂质。

在钢铁工业中,进行冷轧、冷拔等工艺之前,须用硫酸清除钢铁表面的氧化物。在轧制薄板和冷拔无缝钢管时,须每轧一次就用硫酸酸洗一次。另外,在对有缝钢管、铁丝、薄铁皮等进行镀锌之前,都必须用硫酸进行酸洗。在对某些金属,如镀铬、镀镍等金属制件的加工过程中,也必须用硫酸对制件进行酸洗。

在石油工业中,汽油、润滑油等石油产品需要使用浓硫酸进行精炼,以除去不饱和碳氢化合物和含硫化合物。此外,多个汽油提炼过程也需要硫酸作为催化剂。每吨原油精炼需硫酸约 24kg,每吨柴油精炼需硫酸约 31kg。

在化学品制备工业中,一般使用硫酸制备某些无机盐类化学品,如冰晶石、硫酸铅、磷酸氢二钠、硫酸铜、硫酸亚铁、硫酸锌及其他硫酸盐。此外,也可以硫酸作为原料,制备磷酸、氢氟酸、硼酸、铬酸、草酸及醋酸等无机酸和有机酸。

在染料工业中,大部分燃料(或其中间体)的制备均要用到硫酸。例如,偶氮染料中间体的制备需要进行磺化反应,苯胺染料中间体的制备需要进行硝化反应,两者都需使用大量浓硫酸或发烟硫酸。

硫酸与国防工业和尖端科学技术也有紧密的联系。在原子能及航空航天工业中,原子反应堆所用的核燃料的生产,反应堆所用的铝、钛等合金材料的制备以及超音速喷气飞机、火箭和人造卫星中的钛合金材料的制备都与硫酸有直接或间接的关系。硼烷的衍生物是一种重要的高能燃料,利用大量硫酸可以从硼砂中制备出硼烷。此外,硼烷又可用来制备硼氢化铀,以用来分离铀-235。

2) 在农业中的应用

在农业生产中,可以利用硫酸来改良高 pH 的石灰质土壤。将硫酸施入农用土壤和水中,溶解镁、钙的碳酸盐和碳酸氢盐。之后,这些镁、钙盐取代可交换的钠盐,钠盐随后用水浸洗除去。在碳酸盐和碳酸氢盐被分解后,硫酸与更加惰性的物质反应,释放出铁、磷等植物养分,从而可使植被更加健壮,收成也相对增加。

在化肥的生产过程中,通常需要消耗大量的硫酸以生产常用肥料,如硫酸铵(俗称硫铵或肥田粉)和过磷酸钙(俗称过磷酸石灰或普钙)。在农药生产过程中,硫酸也发挥着重要作用,例如硫酸锌、硫酸铜可作为植物的杀菌剂;硫酸铊可作除鼠剂;硫酸亚铁、硫酸铜可作除莠剂。

3) 在日常生活中的应用

世界各地大多数酸性化学疏通用品均含有浓硫酸,可以除去塞在渠道里的头发、油污及食物残渣等淤塞物。然而,由于浓硫酸会与水发生高放热反应,在使用时宜小心并带上手套,尽量保持渠道干爽,并慢慢倒入有关疏通剂。

2. 盐酸的应用

盐酸是氯化氢(化学式：HCl)的水溶液,属于一元强酸。盐酸通常为无色透明的液体,有强烈的刺鼻气味,具有较高的腐蚀性。浓盐酸(质量分数约为 37%)具有极强的挥发性。此外,盐酸还是胃酸的主要成分,能够促进食物消化、抵御微生物感染。

1) 在工业中的应用

在后续处理铁或钢材加工(挤压、轧制、镀锌等)之前,可用盐酸与材料表面的锈或铁氧化合物进行反应,已达到酸洗钢材的目的。一般情况下,使用质量分数为 5%～20% 的盐酸溶液作为酸洗剂来进行碳钢材料的清洗：

$$Fe_2O_3 + Fe + 6HCl === 3FeCl_2 + 3H_2O$$

清洗后,剩余的废酸溶液中重金属的含量一般较高,不能得到有效利用,进而发展了盐酸再生工艺,如喷雾焙烧炉或流化床盐酸再生工艺等。这种工艺能让氯化氢气体从废酸溶液中再生。其中最常见的是高温水解工艺,其反应方程式如下：

$$4FeCl_2 + 4H_2O + O_2 === 8HCl(g) + 2Fe_2O_3$$

将产生的氯化氢气体溶于水后又得到盐酸,从而通过对酸洗液的回收,建立了一个封闭的酸循环体系。

盐酸也可用于制备某些重要的有机化合物。例如,盐酸是合成氯乙烯的重要原料,其反应方程式如下：

$$HC \equiv CH + HCl \longrightarrow H_2C = CHCl$$

而氯乙烯则是合成 PVC(聚氯乙烯)塑料的原料之一。一般情况下,企业合成 PVC 时,通常使用内部制备的盐酸作为原材料。

此外,在明胶、食品、食品原料和食品添加剂的生产中常用到食品级的盐酸。典型例子有阿斯巴甜、果糖、柠檬酸、赖氨酸、酸水解植物蛋白等。

2) 在生物体中的应用

人类和其他动物的胃壁细胞中含有大量分泌小管,能够分泌胃酸,其主要成分为盐酸,pH 为 1～2。盐酸不仅能使胃液保持激活胃蛋白酶所需要的最适合的 pH,同时还能杀死随食物进入胃里的细菌。此外,盐酸进入小肠后,可促进胰液、肠液的分泌以及胆汁的分泌和排放,酸性环境还有助于小肠内铁和钙的吸收。因此,胃液中的盐酸是抵御微生物感染的屏障,对食物的消化也起到至关重要的作用。

3. 硝酸的应用

硝酸(化学式：HNO_3)属于一元强酸,是一种重要的化工原料。纯硝酸为无色液体,可与水混溶,其水溶液俗称硝镪水,具有强氧化性和腐蚀性。市售浓硝酸为共沸物,溶质质量分数为 69.2%,沸点为 121.6℃,密度为 1.42g/mL,浓度约为 16mol/L。

1) 在农业中的应用

氮肥是指以氮为主要成分的单元肥料,将其施于土壤中可为植物提供氮素营养,对于提高作物产量、改善农产品质量有重要作用。氮肥按其所含氮基团的类型可分为氨态氮肥、铵态氮肥、硝态氮肥、铵硝态氮肥及酰胺态氮肥等。硝酸可以作为原料来制取一系列硝酸盐类氮肥,如硝酸铵、硝酸钾和硝酸钙等。例如,利用硝酸与氨水作用可以制备硝酸铵,其反应方程式如下：

$$HNO_3 + NH_3 \longrightarrow NH_4NO_3$$

2）在国防工业中的应用

2,4,6-三硝基甲苯，又名 TNT，是一种军事上常用的硝化炸药。它通过浓硝酸、浓硫酸与甲苯间的硝化反应而制得，为白色或淡黄色针状结晶，具有药性稳定、吸湿性小、爆炸威力大等优点，一般用于制备炮弹、手榴弹、地雷和鱼雷等的炸药，也可用于采矿等爆破作业。

以浓硝酸、浓硫酸和甘油为原料也可制备硝化甘油（三硝酸甘油酯）。它是一种无色或黄色的油状透明液体，稳定性较差，受到撞击会发生分解，放出大量的热并产生大量气体，引起猛烈爆炸，通常用于制备烈性炸药，也可用作心绞痛的缓解药物。

4. 乙酸的应用

乙酸（化学式：CH_3COOH）是醋的主要成分，按其质量分数不同又可称为醋酸（36％～38％）和冰醋酸（98％），是一种有机一元弱酸。乙酸为无色的液体，凝固点为16.7℃，凝固后为无色晶体，能溶于水，其水溶液呈弱酸性且腐蚀性强，有强烈的刺激性酸味。

1）在化学品合成中的应用

乙酸可作为基本化学原料来合成某些化学物质，例如乙酸乙烯酯。制备乙酸乙烯酯单体所消耗的乙酸用量占全世界乙酸产量的40％～45％。该反应是在氧气条件下，以钯为催化剂，在乙烯和乙酸之间完成的反应，其反应方程式如下：

$$2CH_3COOH + 2C_2H_4 + O_2 \longrightarrow 2CH_3COOCH = CH_2 + 2H_2O$$

所合成的乙酸乙烯酯单体通过聚合形成聚乙酸乙烯酯或其他聚合物，此类聚合物可用于制备颜料及黏合剂。

乙酸也可以通过缩合反应合成乙酸酐。乙酸酐可作为乙酰化试剂制备乙酸纤维素酯，所合成的织物主要用于制作电影胶片。此外，乙酸酐也可用来制备阿司匹林等其他化合物。

2）在日常生活中的应用

质量分数为5％～18％的乙酸溶液以醋的形式作为酸味剂，可用于制作复合调味料、蜡、罐头、干酪、果冻等，也可用来腌制蔬菜等食物。一般情况下，腌菜所用的醋在浓度上比一般调味品醋的浓度更大。

此外，稀释后的醋酸溶液具有一定的酸性，可用作除锈试剂；当被某些水母刺伤时，也可以使用醋酸溶液冲洗伤口，达到抑制水母刺细胞活性的目的；利用乙酸可以制备喷射防腐剂，达到抑制细菌和真菌生长的目的。

5. 氢氧化钠的应用

氢氧化钠（化学式：NaOH）俗称烧碱、火碱、苛性钠，是一种具有强腐蚀性的强碱，通常为白色片状或块状，易溶于水并显碱性。氢氧化钠具有潮解性，易吸收空气中的水蒸气与二氧化碳，也可吸收二氧化硫等酸性气体。

氢氧化钠在国民经济中占据重要地位，多数工业部门的生产与其联系紧密。氢氧化钠可广泛应用于化学品制造工业中。例如，氢氧化钠可应用于某些燃料、塑料及药剂中间体的生产过程；制备金属钠和某些无机盐（如铬盐、锰酸盐和磷酸盐等）时，也需要使用大量的氢氧化钠。同时,氢氧化钠也是生产聚碳酸酯、环氧树脂和沸石等物质的重要原材料之一。

在冶金工业中,氢氧化钠可用于处理铝土矿中所含有的氧化铝,对其进行精炼提纯处理,其反应方程式如下:

$$Al_2O_3 + 2NaOH + 3H_2O =\!\!= 2Na[Al(OH)_4] \text{ 或 } Al_2O_3 + 2NaOH =\!\!= 2NaAlO_2 + H_2O$$

氢氧化钠也可用于从黑钨矿中提取炼钨的原料钨酸盐,其反应方程式如下:

$$4FeWO_4 + 8NaOH + 2H_2O + O_2 =\!\!= 4Na_2WO_4 + 4Fe(OH)_3$$

利用氢氧化钠可以制造肥皂等洗涤用品。目前,香皂、肥皂及其他种类的洗涤用品对氢氧化钠的需求量占氢氧化钠总量的 15% 左右。一般情况下,脂肪和植物油的主要成分是甘油三酯(三酰甘油),其在氢氧化钠中可以发生水解反应,反应方程式如下:

$$(RCOO)_3C_3H_5(\text{油脂}) + 3NaOH =\!\!= 3RCOONa(\text{高级脂肪酸钠}) + C_3H_8O_3(\text{甘油})$$

该反应为生产肥皂的原理,故得名皂化反应,反应式中的产物 RCOONa 为肥皂的主要成分。此外,作为常用洗涤剂中的一种,洗衣粉(主要成分为十二烷基苯磺酸钠等)也是由大量的氢氧化钠制造出来的。

氢氧化钠在造纸业中也发挥着重要的作用。造纸的原料是木材或草类植物,这些原料里除含纤维素外,还含有相当多的非纤维素(木质素、树胶等)。加入稀的氢氧化钠溶液可将非纤维素成分溶解并分离,从而制得以纤维素为主要成分的纸浆。

此外,在纺织业中,氢氧化钠也可用于对棉纤维进行丝光处理及染色。例如,当氢氧化钠作用于棉织品时,能除去覆盖在其表面的油脂、蜡质、淀粉等物质,同时还能增加织物的丝光色泽,使染色更均匀。

6. 氢氧化钾的应用

氢氧化钾(化学式:KOH),又名苛性钾,是一种具有强腐蚀性的强碱,一般为白色粉末或片状固体,极易吸收空气中水分而潮解,也可吸收二氧化碳,反应生成碳酸钾。

氢氧化钾在工业上应用广泛。在化工原料生产工业中,常以氢氧化钾作为钾盐生产的原料,如制备高锰酸钾、碳酸钾、磷酸氢二钾、亚硝酸钾等原料;在制药工业中,利用氢氧化钾可以制造钾硼氢、螺旋内酯固醇、鲨肝醇、丙酸睾酮等原料;在电化学工业中,氢氧化钾可用于电镀、雕刻以及制备碱性蓄电池;在日化工业中,肥皂、洗污肥皂、洗头软皂、雪花膏、冷霜、洗发膏等产品中相关原料的合成可以通过氢氧化钾实现;在染料工业中,氢氧化钾可用于制造三聚氰胺染料,也可用于生产还原染料,如还原蓝 RSN 等;在纺织工业中,利用氢氧化钾可以实现印染、漂白和丝光等操作,同时也能用作制造人造纤维、聚酯纤维的主要原料。

7. 氨水的应用

氨水通常是指氨气的水溶液,主要成分为 $NH_3 \cdot H_2O$,有强烈刺激性气味,是具有弱碱性的无色透明液体。氨水中易挥发出氨气,氨气对眼、鼻、皮肤有刺激性和腐蚀性,具有可燃性。

1) 在工业中的应用

在纺织及印染等工业中,洗涤羊毛、呢绒、坯布等材料时加入氨水可有效调整洗涤液中的酸碱度,还可起到助染剂的功效;在有机化学品合成工业中,氨水可用作相关化学品合成过程中的胺化剂及生产热固性酚醛树脂的催化剂；在无机化学品制备工业中,利用氨水可制备各种铁盐。在医药业中,氨水可作为一种碱性消毒剂,用于消毒沙林类毒剂,一般使用质量分数为 10% 的稀氨水,通过稀氨水对呼吸和循环起到的反射性刺激来医治晕倒和昏厥。

氨水也可用作二氧化硅膜锅炉的给水 pH 调节剂,也可称为锅炉停炉保护剂。氨水能够中和给水中所含的碳酸,提升水环境的 pH,减缓给水中二氧化碳的腐蚀,同时对炉内有少量存水不能放出的锅炉也有较好的保护效果。

2）在农业中的应用

氨水经稀释后可在农业中用作化肥。在农用氨水中,通常氨的质量分数应控制为含氮量在 15%～18% 范围内,碳化度最好大于 100%。农用氨水可被土中的土壤胶体吸附,也能被农作物所吸收,且无残留物质,适用于各种土壤和作物。农用氨水的施肥过程简单便捷,方法多样,如沟施、面施或结合灌溉施用等,灌溉时要注意避免局部地区积累过多而灼伤植株。

1.7.2　缓冲溶液的应用

1. 在电镀工业中的应用

电镀是利用电解原理在某些金属表面镀上一薄层其他金属或合金的过程。在电镀工业中,电镀溶液的组成对电镀层的结构有着重要的影响。缓冲溶液具有调节和控制电镀溶液 pH 的能力,在电镀应用中占有重要的地位。电镀溶液所具有的缓冲能力是保障电镀过程稳定性及镀层质量的不可或缺的条件。在电镀过程中,H^+ 在阴极放电析出氢气,阴极扩散层里的 OH^- 迅速增加,导致附近溶液的 pH 迅速升高。与主体溶液相比,此时该区域内的 pH 要高出许多,而实际上正是阴极扩散层的 pH 决定镀层的质量,从而导致所获得的镀层的外观及其他性质较差,甚至无法获得镀层,给正常生产带来了困难。因此,电镀液不具备缓冲能力时是无法顺利进行电镀的。例如,在电镀镍中,若电镀液中无硼酸存在时,仅在低电流密度区有部分镍层,在稍高的电流密度区便会出现"烧焦"的镀层,镀层均一性较差。此外,电镀液的 pH 大小对电镀层的晶体结构有显著影响,可直接影响镀层的质量和镀液的稳定性。因此,在生产过程中,要想获得质量合格的镀层就必须把溶液的 pH 控制在工艺范围内。例如,在光亮镀镍溶液中,当 pH 过高时,由于阴极表面附近氢氧化物的产生,镀层中将出现脆性和针孔；当 pH 过低时,阴极电流效率降低,制得光亮镀层的温度范围变窄,且溶液不稳定,需要频繁调整。

2. 在电子工业中的应用

在电子工业中,随着电子器件的小型化发展,半导体工业对硅表面的清洗处理提出了更高的要求。硅片的清洗对器件成品率、寿命和可靠性具有重要影响,因此,要想得到高质量的半导体器件,硅片表面必须洁净。在硅半导体器件的生产过程中,不可避免地会给硅片表面带来污染,污染物以分子、离子、原子、粒子或膜的形式,通过化学或物理吸附的方式,存在于硅片表面或硅片自身的氧化膜中。其中,氧化膜 SiO_2 作为最常见的污染物,常常需要使用氢氟酸以腐蚀的方式除去,该过程的化学反应方程式如下：

$$SiO_2 + 6HF \Longrightarrow H_2[SiF_6] + 2H_2O$$

如果单独使用 HF 溶液作为腐蚀液,水合 H^+ 浓度较大,而且随着反应的进行水合 H^+ 的浓度会发生变化,即 pH 不稳定,造成腐蚀的均一性较差。因此,通常加入一定浓度的 NH_4F 溶液,使 HF 和 NH_4F 溶液混合组成缓冲溶液,再进行均匀地腐蚀,才能达到工艺的要求。

3. 在化学工业中的应用

在化工生产中,配离子在水溶液中的稳定性与溶液的 pH 有着密切关系。例如,实际生产中,大多数金属的配体氨分子与氢离子结合成铵离子,它们的氨配离子无法存在于酸性溶液中,相应的配离子也不复存在。同样,由于大多数金属的配体氰根离子会与氢离子结合形成氢氰酸,它们的氰配离子在酸性溶液中也不能存在。此外,某些金属离子的配离子稳定常数较小,当这类金属离子的氢氧化物溶度积较小时,在碱性溶液中,这类金属的配离子会因生成金属氢氧化物沉淀而被破坏。因此,必须利用缓冲溶液来控制溶液的 pH 在合适的范围内。缓冲溶液也可应用于工业上的离子分离与提纯中。例如,对含有杂质 Fe^{3+} 的 $ZnSO_4$ 的溶液进行杂质分离时,溶液的 pH 越高,则 Fe^{3+} 沉淀越完全,说明杂质被除得越完全。然而,在实际操作过程中,溶液的 pH 不能太大。若 pH 过大,则溶液中的 Zn^{2+} 会生成 $Zn(OH)_2$ 沉淀,从而产生误差。因此,在化学试剂 $ZnSO_4$ 的生产过程中,为了对含有 Fe^{3+} 杂质的 $ZnSO_4$ 溶液进行提纯操作,通常要调节溶液的 pH 在一定的范围内,在保证 Fe^{3+} 杂质沉淀完全的同时,满足溶液中没有 $Zn(OH)_2$ 沉淀生成,从而滤除 $Fe(OH)_3$ 沉淀,达到将 Zn^{2+} 和 Fe^{3+} 分离开来的目的。

4. 在印染工业中的应用

在印染工业中,缓冲溶液对染色和印花过程均具有显著影响。在染色过程中,大多数染料对染浴的 pH 较为敏感,染浴的 pH 控制稍有不当,便会出现色浅、色差、色花等染疵。为了使染浴的 pH 具有良好的稳定性,染浴中须适当配有相应的缓冲溶液。染色的类型可以分为分散染料染色、羊毛弱酸性染料染色、活性染料染色及活性染料冷轧堆染色。

以高温高压溢流染色机分散染料染涤纶织物为例。由于许多分散染料对染浴的 pH 较敏感,在不同的 pH 下染色,得到色泽差异较大,只有在弱酸性(pH=5±0.5)的染浴中染色,得到的色泽最浓艳纯正。为了使染浴的 pH 在染色时始终保持良好的稳定性,可配制 HAc-NaAc 缓冲溶液。例如,在高温高压溢流染色中,若在 3000L 的染浴中,烧碱的浓度为 0.00125mol/L,则可将 100% 的 HAc(0.313g/L) 和 100% 的 NaAc(0.484g/L) 配成缓冲液加入染浴中,可有效地将染浴的 pH 控制在所要求的范围内。

在弱酸性染料或高温活性染料染羊毛纤维时,也必须在整个染色过程中严格控制染浴的 pH 在弱酸性条件下。在染色过程中,酸起促染作用,当酸性较强时,染浴中染料很容易吸附在羊毛纤维表面,甚至在纤维表面超当量上染,染料分子发生聚集而染花。一般染色介质酸性越强,染料上染率越快,匀染性越差。染色时若采用 $NH_3 \cdot H_2O$-$(NH_4)_2SO_4$ 或 HAc-NaAc 等混合缓冲剂来控制染浴的 pH,可使其保持在所需的范围内,从而使羊毛纤维获得较高的吸尽率和匀染性。

活性染料冷轧堆染色采用缓冲混合碱作为固色碱,对提高染液稳定性及消除风印有极大的好处。二氯均三嗪型染料较活泼,冷轧堆染色采用 Na_2CO_3-$NaHCO_3$ 作为固色碱,染色织物布面的"发毛"与不匀等染疵较单独用 Na_2CO_3 碱剂有所改善,特别是染料用量超过 30g/L 的情况及个别匀染性差和难染品种,采用 Na_2CO_3-$NaHCO_3$(质量分数之比 2∶1)的固色碱可得到良好的匀染性,并提高染料的固色率。此外,硫化染料中的硫化黑在上染过程中,极易发生氧化,产生染斑。若加入 Na_2CO_3-$NaHCO_3$(质量分数之比 2.2%~4.2%)的混合碱来控制染浴 pH,可降低氧化速度,对减轻染斑有很好的效果。

溶液的酸碱性也影响着印花过程。若采用碱性较高的 Na_2CO_3(pH≈12)作为活性印花一步法的固色碱,当色浆与织物接触时,染料极易被活化,染料对纤维的亲和力迅速提升,但染料渗透扩散能力将相应降低,导致在纤维表面固着不匀。若采用 $NaHCO_3$ 作固色碱剂,则染料的固色率会受到影响。当采用 Na_2CO_3-$NaHCO_3$ 混合碱作为碱剂时,印花色浆更稳定,汽蒸后织物色泽更正,得色量也相应提高。在涂料印花中,用作配制印花色浆的黏合剂或交联剂一般为弱酸性溶液,带有正电荷,使乳液分散稳定性降低,从而不利于印花。当加入某些缓冲溶液时,如 $NH_3 \cdot H_2O$-$(NH_4)_2SO_4$ 或 $NH_3 \cdot H_2O$-NH_4Cl 等,可使色浆的 pH 稳定在 7~8,其黏度和流变性也最为理想,同时防止交联反应过早发生,提高色浆稳定性,保证印花顺利进行,提高产品质量。

5. 在环境保护中的应用

随着现代工业的飞速发展,社会生产力不断提高,人类社会生活更加舒适便捷,但各种污染物的排放量也急剧增加,废水、废气、废渣的急剧增多时刻威胁着我们的生态环境平衡。在工业"三废"中,废水最为常见且危害巨大,较为常见的是氨氮废水。据统计,2020 年我国废水中氨氮排放总量约为 98.4 万 t。通常氨氮废水中含有氨元素和氮元素,易产生水体富营养化,进而导致水质下降,造成环境污染。在环保行业中,可采用化学沉淀法对氨氮废水进行净化处理。通常向氨氮废水(含 NH_4^+)中加入 Mg^{2+}、PO_4^{3-}(或 HPO_4^{2-}),使之与 NH_4^+ 生成难溶复盐磷酸铵镁($MgNH_4PO_4 \cdot 6H_2O$),从而去除废水中的氨氮,其反应原理如下:

$$Mg^{2+} + PO_4^{3-} + NH_4^+ + 6H_2O = MgNH_4PO_4 \cdot 6H_2O \downarrow$$

$$Mg^{2+} + HPO_4^{2-} + NH_4^+ + 6H_2O = MgNH_4PO_4 \cdot 6H_2O \downarrow + H^+$$

在利用磷酸铵镁化学沉淀法处理氨氮废水时,为了使沉淀达到最大化,净化水体,处理工艺中需要考虑多种因素,其中溶液体系的 pH 对氨氮去除率影响较大。磷酸铵镁为碱性盐,在酸性条件下完全溶解,若加入的是 HPO_4^{2-},则会产生 H^+,需要加碱中和来维持一定的 pH,才能使反应向有利于磷酸铵镁生成的方向进行。但过高的 pH 则会影响氨氮的去除率,这是因为此时溶液中有副反应生成,随着 pH 的升高,Mg^{2+} 和 OH^- 易结合生成 $Mg(OH)_2$ 沉淀。在强碱条件下(pH>11),还将生成更难溶于水的 $Mg_3(PO_4)_2$,这种非晶体物质比磷酸铵镁晶体更容易生成,同时氨氮几乎全部转化为游离氨,无法沉淀去除。研究发现,当 pH 为 8.5~10 时,沉淀的效果最佳,因此,实际处理工艺中通常利用 $NH_3 \cdot H_2O$ 和 NH_4Cl 组成缓冲溶液,保持溶液在一定的 pH 范围内,进行上述反应,以去除废水中的氨氮。

6. 在农业中的应用

土壤是农业的基础,为农作物的生长提供了最基本的条件。土壤中的水分不是纯净的,含有各种可溶的有机、无机成分,具有离子态、分子态及胶体态,因而土壤中的水实际上是一种稀薄的溶液,其酸碱度是由土壤溶液中游离的 H^+ 或 OH^- 及土壤胶体上吸附的氢离子或铝离子所共同决定的。土壤的酸碱性对农作物的生长及养分有效性具有重要影响。土壤中的 H^+ 来自于土壤空气、有机质分解、植物根系和微生物呼吸等过程所产生的 CO_2 气体,还来自于土壤有机体分解产生的有机酸、硫化细菌和硝化细菌产生的硫酸和硝酸以及生理酸性肥料(硫酸铵、硫酸钾等)所产生的 H^+ 等,同时还与地域气候有关。而土壤中的 OH^- 主要来自于土壤弱酸强碱盐的水解,还源于碳酸及重碳酸的钾、钠、钙、镁等盐类(如 Na_2CO_3、$NaHCO_3$、$CaCO_3$ 等)以及土壤胶体上的 Na^+ 的代换水解作用等。

　　土壤的缓冲性能是指土壤具有一定的抵抗土壤溶液中 H^+ 或 OH^- 浓度改变的能力,当少量的酸性或碱性物质加入土壤后,土壤能够缓和其酸碱反应变化,这主要是通过土壤中的强碱弱酸盐的解离以及土壤胶体的离子交换作用等过程来实现的。土壤溶液中含有碳酸、硅酸、磷酸、腐殖酸等弱酸及其相应盐类,构成一个良好的缓冲体系,如 H_2CO_3-$NaHCO_3$ 和 NaH_2PO_4-Na_2HPO_4 等。例如,当向土壤中加入少量盐酸时,碳酸氢钠与其作用,生成中性盐和碳酸,大大抑制了土壤中酸度的提高;当加入氢氧化钙时,土壤中的碳酸与其作用,生成溶解度较小的碳酸钙,限制了土壤的碱度。土壤中的某些有机酸(如氨基酸、胡敏酸等)是两性物质,也具有缓冲作用,如氨基酸含有氨基和羧基,可分别中和酸和碱,从而对酸和碱都具有缓冲能力。此外,土壤胶体吸附有多种代换性阳离子,可以起到相应的缓冲作用。例如,Ca^{2+}、Mg^{2+}、Na^+ 等盐基离子可对酸起缓冲作用,H^+、Al^{3+} 可对碱起缓冲作用。土壤胶体的数量和盐基代换量越大,土壤的缓冲能力就越强。例如,砂土掺黏土及施用各种有机肥料,都是提高土壤缓冲性能的有效措施。在代换量相等的条件下,盐基饱和度越高,土壤对酸的缓冲能力越大;反之,盐基饱和度越低,土壤对碱的缓冲能力越大。综上所述,土壤缓冲能力的高低取决于土壤中碳酸盐、磷酸盐和磷酸氢盐等盐类的含量以及土壤胶体的类型与总量等因素。由于土壤具有缓冲作用,因而有助于缓和土壤酸碱变化,为植物生长和微生物活动创造比较稳定的生活环境。

7. 在生物中的应用

　　在生物体如人体及高等动物中,缓冲溶液的作用尤为重要。酶是由活细胞产生的一类具有生物催化作用的有机物。其中,绝大多数酶是蛋白质,少数酶是 RNA。酶是一类极为重要的生物催化剂,其催化效率是无机催化剂的 $10^7 \sim 10^{13}$ 倍,且每一种酶只能催化一种或一类化学反应,具有高效性和专一性的特点。生物体内的多数化学反应都是酶促反应,酶在作用时要有适宜的温度和 pH。若温度过低,则会降低酶的活性,由低温恢复至适宜温度时,酶的活性恢复。与温度相比,生物体内的酸碱环境对酶的影响更为明显,强酸、强碱、高温能使酶的空间结构遭到破坏,使酶永久失活,难以恢复。不适宜的 pH 对酶的影响主要表现在两个方面:一是改变底物分子和酶分子的带电状态,从而影响酶和底物的结合;二是过高或过低的 pH 都会影响酶的稳定性,进而使酶遭受不可逆破坏。在生物体内的酶促反应中,每一种酶都要在特定的酸碱条件下才具有活性。例如,胃蛋白酶只有在 pH=1.5~2.0 的范围内才具有最佳活性,超出这一范围,活性大大降低,甚至失去活性;在化验肝功能时,要在 pH 为 7.4 的缓冲溶液环境下才能准确测定血清中丙氨酸氨基转移酶的含量,如果测定过程中溶液的 pH 不稳定,就会引起测定误差,造成误诊。

人体内各种体液必须保持一定的 pH 范围,物质代谢反应才能正常进行。正常人之所以能保持体液在一定 pH 范围内,是因为人体各体液中存在许多缓冲对,能抵抗摄入体内的酸和碱。在人体中,由血液参与的循环系统供给生命过程所需的氧气、能量并排出废物。正常人体血液的 pH 通常为 7.35～7.45,这一 pH 范围最适于细胞新陈代谢及整个肌体的生存,为机体的各种生理活动提供保障。当血液中 pH 高于 7.45 时,人体内酸丢失过多或者从人体外摄入碱过多,将导致人体肌肉和神经系统的兴奋,出现碱中毒现象;当血液中 pH 低于 7.35 时,体内血液和组织中酸性物质的堆积将引起中枢神经系统的抑郁症,出现酸中毒现象。无论是碱中毒还是酸中毒现象,都会引发各种疾病,严重时甚至危及生命。例如,当人体血液中的 pH 小于 6.8 或者大于 8.0 时,只要几秒就会导致死亡。人体进行新陈代谢所产生的酸或碱进入血液内,并不能显著改变血液的 pH,这是在人体血液中各种缓冲对的缓冲作用与肺、肾的调节作用的共同合作下实现的。

血液的组成较为复杂,其中血浆和红细胞是主要组成部分。在血浆中主要的缓冲对有 H_2CO_3-$NaHCO_3$、NaH_2PO_4-Na_2HPO_4、血浆蛋白质-血浆蛋白质钠盐。其中,以 H_2CO_3-HCO_3^- 缓冲对在血液中的浓度最高,其对体内代谢生成或摄入的非挥发性酸的缓冲作用最大,对维持血液正常的 pH 起主要作用。在正常人的血液中,H_2CO_3(以溶解的 CO_2 的形式存在)与 HCO_3^- 的浓度比为 1∶20,由此可以根据缓冲溶液 pH 的计算公式 $pH = pK_a - \lg[c(H_2CO_3)/c(HCO_3^-)]$,推导出人体血浆中的 pH 为 7.40。血液中 H_2CO_3-HCO_3^- 存在以下平衡:

$$CO_2(溶解) + H_2O \Longleftrightarrow H_2CO_3 \Longleftrightarrow H^+ + HCO_3^-$$
$$\updownarrow \qquad\qquad\qquad\qquad\qquad\qquad\qquad \updownarrow$$
$$CO_2(g)(肺) \qquad\qquad\qquad\qquad\qquad\qquad 肾脏$$

当人体在新陈代谢过程中不断产生的非挥发性酸物质(如二氧化碳、硫酸、磷酸、乳酸、乙酰乙酸等)进入血液时,缓冲对中的抗酸组分 HCO_3^- 便立即与代谢中的 H^+ 结合,生成 H_2CO_3 分子,上述平衡向左移动。所产生的 H_2CO_3 被血液带到肺部,肺部加快呼吸,以 CO_2 的形式呼出体外。此时,缺少的 HCO_3^- 由肾脏控制对其的排泄得以补偿,从而保持 H_2CO_3 与 HCO_3^- 的浓度比为 1∶20,使血液中的 pH 基本恒定。当人们所吃的蔬菜和果类中含有柠檬酸的钠盐和钾盐、磷酸氢二钠和碳酸氢钠等碱性物质进入血液中时,缓冲对中的抗碱组分 H_2CO_3 解离出来的 H^+ 就与之结合,上述平衡向右移动。所生成的 HCO_3^- 由肾脏排出体外,肺部减少对 CO_2 的呼出来补偿 H_2CO_3 的消耗,从而保持 H_2CO_3 与 HCO_3^- 的浓度比为 1∶20,使血液中的 pH 基本恒定。

习　　题

【1-1】　比较下列溶液 H^+ 浓度的相对大小,并简要说明其原因。

$0.1mol \cdot L^{-1} HCl$、$0.1mol \cdot L^{-1} H_2SO_4$、$0.1mol \cdot L^{-1} HCOOH$、$0.1mol \cdot L^{-1} HAc$、$0.1mol \cdot L^{-1} HCN$。

【1-2】　常温下 $c(NH_3) = 0.100mol \cdot L^{-1}$ $NH_3 \cdot H_2O$ 溶液的 pH = 11.1,求

$NH_3 \cdot H_2O$ 的解离常数。

【1-3】 现有 1 份 HCl 溶液，其浓度为 $0.20\text{mol} \cdot \text{L}^{-1}$。

（1）如果向这个溶液中加入同体积的 $2.0\text{mol} \cdot \text{L}^{-1}$ NaAc 溶液，溶液的 pH 是多少？

（2）如果向这个溶液中加入同体积的 $2.0\text{mol} \cdot \text{L}^{-1}$ HAc 溶液，溶液的 pH 又是多少？

（3）如果向这个溶液中加入同体积的 $2.0\text{mol} \cdot \text{L}^{-1}$ NaOH 溶液，溶液的 pH 又是多少？

【1-4】 向 100g $NaAc \cdot 3H_2O$ 加入 13mL $6.0\text{mol} \cdot \text{L}^{-1}$ HAc，用水稀释至 1.0L，此缓冲溶液的 pH 是多少？

【1-5】 欲配制 pH＝3 的缓冲溶液，问在下列三种缓冲溶液中选择哪一种较合适？

（1）HCOOH-HCOONa 缓冲溶液；

（2）HAc-NaAc 缓冲溶液；

（3）$NH_3 \cdot H_2O$-NH_4Cl 缓冲溶液。

【1-6】 欲配制 500mL pH＝9.0 且 $[NH_4^+] = 1.0\text{mol} \cdot \text{L}^{-1}$ 的 $NH_3 \cdot H_2O$-NH_4Cl 缓冲溶液，需相对密度为 0.904、含氨 26.0% 的浓氨水多少毫升？固体 NH_4Cl 多少克？

【1-7】 将 10mL $0.2\text{mol} \cdot \text{L}^{-1}$ HCl 与 10mL $0.4\text{mol} \cdot \text{L}^{-1}$ NaAc 溶液混合，计算该溶液的 pH。若向此溶液中加入 5mL $0.01\text{mol} \cdot \text{L}^{-1}$ NaOH 溶液，则溶液的 pH 又为多少？

【1-8】 用 $0.01000\text{mol} \cdot \text{L}^{-1}$ HNO_3 溶液滴定 20.00mL $0.01000\text{mol} \cdot \text{L}^{-1}$ NaOH 溶液时，化学计量点时 pH 为多少？此滴定中应选用何种指示剂？

【1-9】 以 $0.5000\text{mol} \cdot \text{L}^{-1}$ HNO_3 溶液滴定 $0.5000\text{mol} \cdot \text{L}^{-1}$ $NH_3 \cdot H_2O$ 溶液。试计算滴定分数为 0.50 及 1.00 时溶液的 pH。应选用何种指示剂？

【1-10】 粗铵盐 2.000g，加入过量 KOH 溶液，加热，蒸出的氨吸收在 50.00mL $0.5000\text{mol} \cdot \text{L}^{-1}$ HCl 标准溶液中，过量的 HCl 用 $0.5000\text{mol} \cdot \text{L}^{-1}$ NaOH 溶液回滴，用去 1.56mL，计算试样中 NH_3 的含量。

【1-11】 比较下述滴定中，哪种类型滴定突跃大。

（1）$1.0\text{mol} \cdot \text{L}^{-1}$ NaOH 滴定 $1.0\text{mol} \cdot \text{L}^{-1}$ HCl；

（2）$0.10\text{mol} \cdot \text{L}^{-1}$ NaOH 滴定 $0.10\text{mol} \cdot \text{L}^{-1}$ HCl；

（3）$0.10\text{mol} \cdot \text{L}^{-1}$ NaOH 滴定 $0.10\text{mol} \cdot \text{L}^{-1}$ HCOOH；

（4）$0.10\text{mol} \cdot \text{L}^{-1}$ NaOH 滴定 $0.10\text{mol} \cdot \text{L}^{-1}$ HAc。

【1-12】 称取某纯一元弱酸 HA 0.8150g，溶于适量水后，以酚酞为指示剂，用 $0.1100\text{mol} \cdot \text{L}^{-1}$ NaOH 滴定至终点，消耗 24.60mL NaOH。当加入溶液 11.00mL 时，溶液的 pH＝4.80。计算该弱酸 HA 的 pK_a 的近似值。

【1-13】 用标准 NaOH 溶液滴定同浓度的 HAc，若两者的浓度均增大 10 倍，判断以下叙述滴定曲线 pH 突跃大小，哪个是正确的。

（1）化学计量点前后 0.1% 的 pH 均增大。

（2）化学计量点前 0.1% 的 pH 不变，后 0.1% 的 pH 增大。

（3）化学计量点前 0.1% 的 pH 减小，后 0.1% 的 pH 增大。

（4）化学计量点前后 0.1% 的 pH 均减小。

第 2 章

沉 淀 反 应

第 1 章中所学习的水溶液中的酸碱平衡是均相反应。除此之外,另一类重要的离子反应是难溶电解质在水中的溶解,即在含有固体难溶电解质的饱和溶液中存在着电解质与它离解产生的离子之间的平衡,叫做沉淀-溶解平衡,这是一种多相离子平衡。沉淀的生成和溶解现象在我们的周围经常发生。例如,肾结石通常是生成草酸钙 CaC_2O_4 和磷酸钙 $Ca_3(PO_4)_2$ 这些难溶盐所致;自然界中石笋和钟乳石的形成与碳酸钙 $CaCO_3$ 沉淀的生成和溶解反应有关。在化学实验和化学生产中,常利用沉淀反应进行离子的分离、鉴定并除去溶液中的杂质以及制取某些难溶化合物。例如,氯碱工业中饱和食盐水的精制一般都是通过沉淀反应除去食盐中可溶性钙镁离子等杂质。沉淀反应对生物化学、医学、工业生产以及生态学都有着深远影响。

2.1 溶解度和溶度积

2.1.1 溶解度

溶解性是物质的重要性质之一。常以溶解度来定量表明物质的溶解性,溶解度被定义为:在一定温度下,达到溶解平衡时,一定量的溶剂中含有溶质的质量。对水溶液来说,通常以每 100g 水最多能溶解溶质的质量来表示。电解质的溶解度往往有很大的差异,习惯上将其划分为易溶、可溶、微溶和难溶等不同的等级。如果在 100g 水中能溶解 10g 以上的,这种溶质被称为易溶的溶质;物质的溶解度在 1~10g/100g 水的溶质称为可溶的;物质的溶解度在小于 0.1g/100g 水时,称为难溶的溶质;溶解度介于可溶与难溶之间的,称为微溶的溶质。绝对不溶解的物质是不存在的。

常见无机化合物在水中的溶解性如下:

- 常见的无机酸是可溶的;硅酸是难溶的。
- 氨、IA 族氢氧化物、$Ba(OH)_2$ 是可溶的;$Sr(OH)_2$、$Ca(OH)_2$ 是微溶的;其余元素的氢氧化物多是难溶的。
- 几乎所有硝酸盐都是可溶的。
- 大多数醋酸盐是可溶的;$Be(Ac)_2$ 是难溶的。
- 大多数氯化物是可溶的;$PbCl_2$ 是微溶的;$AgCl$、Hg_2Cl_2 是难溶的。
- 大多数溴化物、碘化物是可溶的;$PbBr_2$、$HgBr_2$ 是微溶的;$AgBr$、Hg_2Br_2、AgI、Hg_2I_2、PbI_2 和 HgI_2 是难溶的。
- 大多数硫酸盐是可溶的;$CaSO_4$、Ag_2SO_4、$HgSO_4$ 是微溶的;$SrSO_4$、$BaSO_4$ 和

$PbSO_4$ 是难溶的。

- 大多数硫化物是难溶的，ⅠA、ⅡA 族金属硫化物和 $(NH_4)_2S$ 是可溶的。
- 多数碳酸盐、磷酸盐和亚硫酸盐是难溶的；ⅠA 族金属(Li 除外)和铵离子的这些盐是可溶的。
- 多数氟化物是难溶的；ⅠA 族金属(Li 除外)氟化物、NH_4F、AgF 和 BeF_2 是可溶的；SrF_2、BaF_2、PbF_2 是微溶的。
- 几乎所有的氯酸盐、高氯酸盐都是可溶的；$KClO_4$ 是微溶的。
- 几乎所有的钠盐、钾盐均是可溶的；$Na[Sb(OH)_6]$ 和 $K_2Na[Co(NO_2)_6]$ 是难溶的。

大部分固体在水中的溶解度随温度升高而增大；少部分固体溶解度受温度影响不大，如 NaCl；极少数固体物质溶解度随温度升高反而减小，如含有结晶水的氢氧化钙 $[Ca(OH)_2 \cdot 2H_2O]$ 和醋酸钙 $[Ca(CH_3COO)_2 \cdot 2H_2O]$，这主要是因为这两种水合物的溶解度较大，而无水氢氧化钙和无水醋酸钙的溶解度较小，温度升高时结晶水合物转化为无水化合物，所以溶解度随温度升高反而下降。

利用溶解度的差异可以达到分离或提纯物质的目的。本章主要讨论微溶和难溶(以下统称难溶)无机化合物的沉淀-溶解平衡。

2.1.2　溶度积

在一定温度下将 $BaCO_3$ 投入水中时，受到溶剂水分子的吸引，$BaCO_3$ 表面部分 Ba^{2+} 和 CO_3^{2-} 会以水合离子的形式进入水中，这一过程称为溶解(dissolution)，如图 2-1 所示。与此同时，进入水中的水合离子在溶液中做无序运动碰到 $BaCO_3$ 表面时，受到其上异号离子的吸引，又能重新回到或沉淀在固体表面，这种与前一过程相反的过程就称为沉淀。在一定温度下，当溶解与沉淀的速率相等时，溶液中 $BaCO_3$ 与其解离出的离子之间达到动态的多相离子平衡：

$$BaCO_3(s) \Longleftrightarrow Ba^{2+}(aq) + CO_3^{2-}(aq)$$

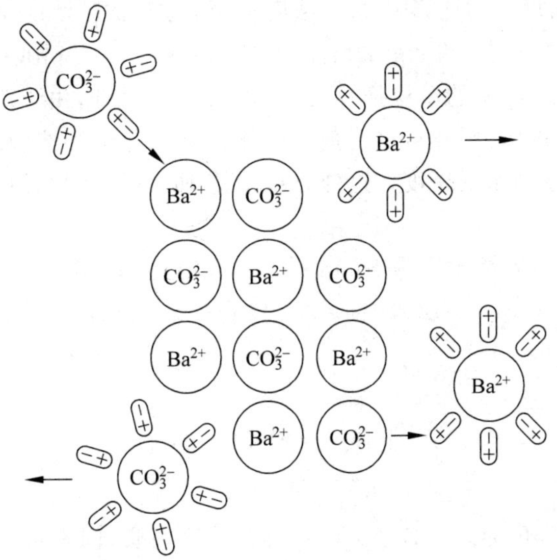

图 2-1　$BaCO_3$ 的溶解与沉淀过程

沉淀溶解平衡常数为：

$$K_{sp} = c_{(Ba^{2+})} \cdot c_{(CO_3^{2-})}$$

或写为

$$K_{sp} = [Ba^{2+}][CO_3^{2-}]$$

K_{sp} 称为溶度积常数，简称溶度积。

对于一般难溶物质 $A_m B_n$，其解离平衡通式可表示为：

$$A_m B_n(s) \rightleftharpoons m A^{n+}(aq) + n B^{m-}(aq)$$

其溶度积表达式为：

$$K_{sp} = [A^{n+}]^m [B^{m-}]^n \tag{2-1}$$

与其他平衡常数相同，K_{sp} 只与难溶电解质的性质和温度有关，而与沉淀量无关。通常，温度对 K_{sp} 的影响不大，温度升高，多数难溶化合物的溶度积略微增大。若无特殊说明，可使用 25℃(298.15K)数据(见附录 B)。

K_{sp} 的大小可以用来衡量难溶物质生成或溶解能力的强弱。K_{sp} 越大，表明该难溶物质的溶解能力越强，要生成该沉淀就越困难；K_{sp} 越小，表明该难溶物质的溶解度越小，要生成该沉淀就相对越容易。在进行相对比较时，对同型难溶物质，例如同是 AB 型的 $BaSO_4$ 与 AgCl，K_{sp} 越大，其溶解度就越大。不同类型难溶物质，不能简单地认为溶度积小的溶解度也一定小。

若形成某种难溶物质的过程(该沉淀反应称为主反应)中有副反应发生，衡量该难溶物质在这种情况下实际生成或溶解能力的大小就应采用条件溶度积。有关这方面内容请参阅有关分析化学参考书。

2.1.3 溶解度与溶度积的关系

溶度积和溶解度都可以用来表示难溶电解质的溶解性。两者既有联系，又有区别。

从相互联系考虑，它们之间可以相互换算，即可以从溶解度求得溶度积，也可以从溶度积求得溶解度。在有关溶度积的计算中，离子浓度必须是物质的量浓度，其单位为 $mol \cdot L^{-1}$，而通常的溶解度的单位往往是 g/100g 水，有时也使用 $g \cdot L^{-1}$ 或 $mol \cdot L^{-1}$。因此，计算时要先将难溶电解质的溶解度 S 的单位换算为 $mol \cdot L^{-1}$。另外，由于难溶电解质的溶解度很小，其饱和溶液是极稀的溶液，故可将溶剂水的体积看作与饱和溶液的体积相等，近似认为其饱和溶液的密度等于纯水的密度。这样就很便捷地计算出饱和溶液浓度，并进而得出溶度积。

对 AB 型难溶物质，若溶解度为 $S \, mol \cdot L^{-1}$，在其饱和溶液中：

$$AB(s) \rightleftharpoons A^+(aq) + B^-(aq)$$
$$\qquad\qquad S \qquad\quad S$$

平衡浓度($mol \cdot L^{-1}$)

$$[A^+][B^-] = S \times S = K_{sp(AB)}$$
$$S = \sqrt{K_{sp(AB)}} \tag{2-2}$$

对于 AB_2 型(如 CaF_2)或 $A_2B(Ag_2CrO_4)$ 型难溶物质，同理可推导出其溶度积与溶解度的关系为：

$$S = \sqrt[3]{\frac{K_{sp(AB_2)}}{4}} \tag{2-3}$$

【例 2-1】 已知 25℃时 AgCl 的溶解度为 $1.92 \times 10^{-3} g \cdot L^{-1}$。求 AgCl 在该温度条件下的 K_{sp}。

解：$S = \dfrac{1.92 \times 10^{-3} g \cdot L^{-1}}{143.4 g \cdot mol^{-1}} = 1.33 \times 10^{-5} mol \cdot L^{-1}$

对 AB 型难溶物质，$S^2 = K_{sp}$

所以 $K_{sp} = S^2 = (1.33 \times 10^{-5})^2 = 1.77 \times 10^{-10}$

【例 2-2】 已知 25℃时 Ag_2CrO_4 的 K_{sp} 为 1.12×10^{-12}。求 Ag_2CrO_4 在该温度条件下的溶解度($g \cdot L^{-1}$)。

解：对 A_2B 型难溶物质，$S^3 = \dfrac{K_{sp}}{4}$

所以 $S^3 = \dfrac{1.12 \times 10^{-12}}{4}$

$S = 6.54 \times 10^{-5} mol \cdot L^{-1}$

Ag_2CrO_4 在该温度条件下的溶解度为 $6.54 \times 10^{-5} mol \cdot L^{-1} \times 331.8 g \cdot mol^{-1} = 2.17 \times 10^{-2} g \cdot L^{-1}$

例 2-1 和例 2-2 中，$K_{sp(AgCl)} > K_{sp(Ag_2CrO_4)}$，但同温下，$Ag_2CrO_4$ 的溶解度较 AgCl 的大。表 2-1 中给出了常见银盐的溶解度及溶度积常数。

表 2-1   常见银盐的溶解度及溶度积常数

	AgCl	AgBr	AgI	Ag_2CrO_4	Ag_2CO_3
K_{sp}	1.77×10^{-10}	5.35×10^{-13}	8.52×10^{-17}	1.12×10^{-12}	8.46×10^{-12}
溶解度/($mol \cdot L^{-1}$)	1.35×10^{-5}	7.31×10^{-7}	9.23×10^{-10}	6.54×10^{-5}	1.28×10^{-4}

由表 2-1 中数据可以看出：只有同种类型的难溶电解质在一定温度下，K_{sp} 越大则溶解度越大。不同型的难溶物质不能简单地根据 K_{sp} 的相对大小来判断和比较它们溶解度的相对大小，必须经过换算才能得出结论。

应注意的是，上述溶度积与溶解度之间的换算只是一种近似的计算。只适用于溶解度很小的难溶物质，而且离子在溶液中不发生任何副反应(不水解、不形成配合物等)或发生副反应程度不大的情况，如 $BaSO_4$、AgCl 等。在某些难溶的硫化物、碳酸盐和磷酸盐水溶液中，如 ZnS，由于不能忽略相应阴阳离子的"水解"反应，此时若用上述简单方法进行溶度积与溶解度的换算将会产生较大的偏差。

溶度积和溶解度的区别在于：溶度积是未溶解的固相与溶液中难溶电解质解离出的相应离子达到平衡时离子浓度的乘积，是一种平衡常数，只与温度有关。而溶解度则反映饱和溶液中溶质的含量，不仅与温度有关，还与系统的组成、pH 的改变、配合物的生成等因素有关。

2.2   沉淀的生成和溶解

难溶电解质沉淀-溶解平衡与其他动态平衡一样，完全遵循勒夏特列原理。如果条件改变，可导致平衡的移动，即沉淀的生成或溶解。

2.2.1 溶度积规则

对难溶电解质的多相离子平衡来说，

$$A_m B_n(s) \rightleftharpoons m A^{n+}(aq) + n B^{m-}(aq)$$

沉淀溶解平衡时：

$$K_{sp} = [A^{n+}]^m [B^{m-}]^n$$

非平衡态时：

离子积(或反应商)：

$$J = \{c_{(A^{n+})}\}^m \{c_{(B^{m-})}\}^n \tag{2-4}$$

$c_{(A^{n+})}$、$c_{(B^{m-})}$ 是任意状态下难溶电解质溶液中 A^{n+}、B^{m-} 的浓度。

难溶电解质的沉淀溶解平衡是一种动态平衡。一定温度下，当溶液中的离子浓度变化时，平衡会发生移动，直至离子积等于溶度积为止。因此，将 J 与 K_{sp} 比较可判断沉淀的生成与溶解：

$J < K_{sp}$ 溶液为不饱和溶液，无沉淀析出。若原来有沉淀存在，则沉淀溶解，直至饱和为止。

$J = K_{sp}$ 溶液为饱和溶液，溶液中离子与沉淀之间处于动态平衡。

$J > K_{sp}$ 溶液处于过饱和状态，平衡向左移动，沉淀从溶液析出，直至饱和为止。

上述三种关系就是沉淀和溶解平衡的反应熵判据，称其为溶度积规则，常用来判断沉淀的生成与溶解能否发生。

【例 2-3】 若将 10mL 0.010mol·L^{-1} BaCl$_2$ 溶液和 30mL 0.0050mol·L^{-1} Na$_2$SO$_4$ 溶液相混合，是否会产生 BaSO$_4$ 沉淀？ $K_{sp(BaSO_4)} = 1.08 \times 10^{-10}$。

解：两溶液相混合，可以认为总体积为 40mL，则各离子浓度为：

$$c_{(Ba^{2+})} = \frac{0.010mol·L^{-1} \times 10mL}{40mL} = 2.5 \times 10^{-3} mol·L^{-1}$$

$$c_{(SO_4^{2-})} = \frac{0.0050mol·L^{-1} \times 30mL}{40mL} = 3.8 \times 10^{-3} mol·L^{-1}$$

$$J = (2.5 \times 10^{-3}) \times (3.8 \times 10^{-3}) = 9.5 \times 10^{-6} > K_{sp(BaSO_4)}$$

所以能生成 BaSO$_4$ 沉淀。

使用溶度积规则时应注意以下几点：

(1) 原则上只要 $J > K_{sp}$ 便应该有沉淀产生，但是，只有当溶液中含 10^{-5} g·L^{-1} 固体时，人眼才能观察到混浊现象，故实际观察到有沉淀产生所需的构晶离子浓度往往要比理论计算稍高些。

(2) 有时由于生成过饱和溶液而不沉淀，这种情况下可以通过加入晶种或摩擦等方式破坏其过饱和，促使析出沉淀或结晶。

(3) 沉淀过程中可能有副反应发生，使难溶物质的实际溶解性能发生相应的改变。例如，在中性或微酸性溶液中，若以 CO_3^{2-} 为沉淀剂沉淀金属离子，除主反应以外，如下副反应的发生会消耗沉淀剂：

$$CO_3^{2-} + H_2O \rightleftharpoons HCO_3^- + OH^-$$

$$HCO_3^- + H_2O \rightleftharpoons H_2CO_3 + OH^-$$

从而使溶液中沉淀剂的有效浓度降低,而可能不生成沉淀。

【例 2-4】　$0.100 \text{mol} \cdot \text{L}^{-1}$ 的 $MgCl_2$ 溶液和等体积同浓度的 NH_3 溶液混合,会不会生成 $Mg(OH)_2$ 沉淀? 已知 $K_{sp[Mg(OH)_2]} = 5.61 \times 10^{-12}$,$K_{b(NH_3)} = 1.8 \times 10^{-5}$。

解:$Mg(OH)_2 \Longrightarrow Mg^{2+}(aq) + 2OH^-(aq)$

$MgCl_2$ 溶液与 NH_3 水等体积混合,两者浓度均减半。

$$c_{(Mg^{2+})} = c_{(NH_3)} = \frac{0.100 \text{mol} \cdot \text{L}^{-1}}{2} = 0.05 \text{mol} \cdot \text{L}^{-1}$$

$c_{(OH^-)}$ 由 NH_3 水提供,$c_{(NH_3)}/K_{b(NH_3)} > 500$:

$$c_{(OH^-)} = \sqrt{K_b c} = \sqrt{1.8 \times 10^{-5} \times 0.05} = 9.41 \times 10^{-4} \text{mol} \cdot \text{L}^{-1}$$

$$J = c_{(Mg^{2+})} c^2_{(OH^-)} = 0.05 \times (9.41 \times 10^{-4})^2 = 4.4 \times 10^{-8} > K_{sp[Mg(OH)_2]}$$

所以可生成 $Mg(OH)_2$ 沉淀。

【例 2-5】　上例中,若在 $MgCl_2$ 溶液与 NH_3 水等体积混合前,先加入一定量 NH_4Cl 固体,使其在混合液中浓度为 $0.5 \text{mol} \cdot \text{L}^{-1}$,是否还有沉淀? NH_4Cl 固体体积忽略不计。

解:$Mg(OH)_2 \Longrightarrow Mg^{2+}(aq) + 2OH^-(aq)$

$c_{(OH^-)}$ 由 NH_3-NH_4Cl 缓冲溶液提供。$MgCl_2$ 溶液与 NH_3 水等体积混合,两者浓度均减半。

$$c_{(Mg^{2+})} = c_{(NH_3)} = \frac{0.100 \text{mol} \cdot \text{L}^{-1}}{2} = 0.05 \text{mol} \cdot \text{L}^{-1}$$

$$c_{(OH^-)} = K_b \cdot \frac{c_{(NH_3)}}{c_{(NH_4Cl)}} = 1.8 \times 10^{-6} \text{mol} \cdot \text{L}^{-1}$$

$$J = c_{(Mg^{2+})} c^2_{(OH^-)} = 0.05 \times (1.8 \times 10^{-6})^2 = 1.62 \times 10^{-13} < K_{sp[Mg(OH)_2]}$$

不生成 $Mg(OH)_2$ 沉淀。

2.2.2　同离子效应

沉淀反应中有与难溶物质具有共同离子的电解质存在,会使难溶物质的溶解度降低,这一现象叫做同离子效应,如图 2-2 所示。同离子效应的原理主要是根据勒夏特列原理,加入

(a)　　　　　　　　　　(b)

图 2-2　$PbCrO_4$ 饱和溶液中加入 K_2CrO_4

(a) $PbCrO_4$ 饱和溶液;(b) 向 $PbCrO_4$ 饱和溶液中加入少量 K_2CrO_4,有新沉淀析出

相同离子后,原难溶电解质的解离平衡向生成原电解质分子的方向移动,从而降低原电解质的溶解度。例如:

$$PbCrO_4(s) \rightleftharpoons Pb^{2+}(aq) + CrO_4^{2-}(aq)$$

加入 K_2CrO_4,平衡向左移动,$PbCrO_4$ 溶解度降低。

【例 2-6】 求 25℃时,Ag_2CrO_4 在 $0.010mol \cdot L^{-1}$ K_2CrO_4 溶液中的溶解度。

解:设 Ag_2CrO_4 在 $0.010mol \cdot L^{-1}$ K_2CrO_4 溶液中的溶解度为 $S\,mol \cdot L^{-1}$,则

$$Ag_2CrO_4(s) \rightleftharpoons 2Ag^+(aq) + CrO_4^{2-}(aq)$$

平衡浓度/$mol \cdot L^{-1}$ $2S$ $0.010 + S$

$$[Ag^+]^2[CrO_4^{2-}] = K_{sp(Ag_2CrO_4)}$$

$$4S^2(0.010 + S) = 1.12 \times 10^{-12}$$

因为 $K_{sp(Ag_2CrO_4)}$ 极小,S 比 0.010 小得多,故

$$(0.010 + S) \approx 0.010$$

得 $S = 5.3 \times 10^{-6}\,mol \cdot L^{-1}$

由【例 2-2】知,Ag_2CrO_4 在纯水中的溶解度为 6.54×10^{-5} $mol \cdot L^{-1}$,而在 $0.010mol \cdot L^{-1}$ K_2CrO_4 溶液中,溶解度降低为 5.3×10^{-6} $mol \cdot L^{-1}$。

由此可见,同离子效应可使某种离子沉淀得更完全,在一定程度上减少沉淀的溶解损失。因此,在进行沉淀时,可以加入适当过量的沉淀剂,使被沉淀离子沉淀完全,以减少沉淀的溶解损失。例如,用硝酸银和盐酸生产 $AgCl$ 时,加入过量盐酸可使贵金属离子 Ag^+ 沉淀完全。对一般的沉淀分离或制备,沉淀剂一般过量 20%～50%;重量分析中,对不易挥发的沉淀剂,一般过量 20%～30%,易挥发的沉淀剂,一般过量 50%～100%。

溶解损失是客观存在的。所谓完全,并不是使溶液中的某种被沉淀离子浓度等于零,实际上这也是做不到的。一般来说,只要沉淀后溶液中被沉淀离子的浓度小于或等于 10^{-5} $mol \cdot L^{-1}$,就可以认为该离子被定性沉淀完全了。

在定量分离沉淀时,人们应用同离子效应,选择合适的洗涤剂以减少洗涤过程的溶解损失。例如在洗涤 $AgCl$ 沉淀时,可使用 NH_4Cl 溶液。洗涤剂一般过量 20%～50%,过大会引起副反应,反而使溶解度加大。

2.3 影响沉淀反应的其他因素

2.3.1 盐效应

在难溶电解质饱和溶液中,加入易溶强电解质(特别是不含共同离子的易溶强电解质)而使难溶电解质的溶解度增大的现象叫盐效应。例如,在 $AgCl$ 沉淀中加入 KNO_3,$AgCl$溶解度增大。原因是:

$$AgCl \rightleftharpoons Ag^+ + Cl^-$$

$$KNO_3 \rightleftharpoons K^+ + NO_3^-$$

KNO_3 的加入增大了溶液中阴、阳离子的浓度,加剧了异电荷离子之间的相互吸引、牵制作用,从而降低了沉淀离子的有效浓度,使之在单位时间内碰撞到晶体表面重新生成沉淀的机

会减少,因而破坏了沉淀溶解平衡,溶解度增大。

注意:

(1) 外加强电解质浓度和离子电荷越大,盐效应越显著;

(2) 同离子效应也伴有盐效应,但通常忽略。若加入过多,溶解度反而增大。

同离子效应和盐效应对难溶电解质溶解度的影响是相互矛盾的,当两者同时存在时,通常同离子效应起主导作用,盐效应影响较小。

表 2-2 中,$PbSO_4$ 在 Na_2SO_4 溶液中的溶解度变化就能说明这一点。

表 2-2　$PbSO_4$ 在 Na_2SO_4 溶液中的溶解度(实验值)

Na_2SO_4 浓度/(mol $\cdot$ L^{-1})	0	0.01	0.04	0.10	0.20
$PbSO_4$ 溶解度/(mol $\cdot$ L^{-1})	1.5×10^{-4}	1.6×10^{-5}	1.3×10^{-5}	1.6×10^{-5}	2.3×10^{-5}

由表 2-2 可见,当 Na_2SO_4 浓度在 $0.01\sim0.04$ mol $\cdot$ L^{-1} 时,同离子效应占主导作用,$PbSO_4$ 溶解度较水中的溶解度低;当 Na_2SO_4 浓度大于 0.04 mol $\cdot$ L^{-1} 后,盐效应的作用开始抵消同离子效应,占一定的统治地位,溶解度反而增大。

一般只有当强电解质浓度 >0.05 mol $\cdot$ L^{-1} 时,盐效应才会较为显著,特别是非同离子的其他电解质存在,否则一般可以不考虑。

2.3.2　酸效应

这里的酸效应主要指沉淀反应中,除强酸所形成的沉淀外,由弱酸或多元酸所构成的沉淀以及氢氧化物沉淀的溶解度随溶液的 pH 减小而增大的现象。

1. 难溶金属氢氧化物沉淀

对于难溶金属氢氧化物,溶液酸度增大会使其溶解度增大,甚至溶解。要生成难溶金属氢氧化物,就需达到一定的 OH$^-$ 浓度,若 pH 过低,就不能生成沉淀或沉淀不完全。

原则上只要知道氢氧化物的溶度积以及金属离子的初始浓度,就能估算出该金属离子开始沉淀与沉淀完全所对应的 pH。

【例 2-7】 计算欲使 0.010 mol $\cdot$ L^{-1} Fe^{3+} 开始沉淀及沉淀完全时的 pH。$K_{sp[Fe(OH)_3]} = 2.79\times10^{-39}$。

解:(1) 开始沉淀所需的 pH:

$$Fe(OH)_3(s) \rightleftharpoons Fe^{3+}(aq) + 3OH^-(aq)$$

$$[Fe^{3+}][OH^-]^3 = K_{sp[Fe(OH)_3]}$$

$$[OH^-]^3 = \frac{K_{sp}}{[Fe^{3+}]} = \frac{2.79\times10^{-39}}{0.010} = 2.79\times10^{-37} \text{ mol} \cdot \text{L}^{-1}$$

$$[OH^-] = 6.5\times10^{-13} \text{ mol} \cdot \text{L}^{-1}$$

$$pOH = 12.19$$

$$pH = 1.81$$

(2) 沉淀完全所需的 pH:

定性沉淀完全时,$[Fe^{3+}]$ 应小于或等于 $1.0 \times 10^{-5} mol \cdot L^{-1}$,故

$$[OH^-]^3 \geqslant \frac{2.79 \times 10^{-39}}{1.0 \times 10^{-5}} = 2.79 \times 10^{-34}$$

$$[OH^-] \geqslant 6.5 \times 10^{-12} mol \cdot L^{-1}$$

$$pOH \leqslant 11.19$$

$$pH \geqslant 2.81$$

欲使 $0.010 mol \cdot L^{-1}$ 的 Fe^{3+} 开始沉淀及沉淀完全时的 pH 分别为 1.81 和 2.81。

因此在 $M(OH)_n$ 型难溶金属氢氧化物的多相离子平衡中,

$$M(OH)_n(s) \Longrightarrow M^{n+}(aq) + nOH^-(aq)$$

$$[M^{n+}][OH^-]^n = K_{sp[M(OH)_n]}$$

$$[OH^-] = \sqrt[n]{\frac{K_{sp[M(OH)_n]}}{[M^{n+}]}} \tag{2-5}$$

若溶液中金属离子的浓度已知,则可据式(2-5)计算出金属氢氧化物开始沉淀时 OH^- 的最低浓度为:

$$[OH^-] > \sqrt[n]{\frac{K_{sp[M(OH)_n]}}{[M^{n+}]}} \tag{2-6}$$

当 M^{n+} 定性沉淀完全时,溶液中 $[M^{n+}] \leqslant 1.0 \times 10^{-5} mol \cdot L^{-1}$,$OH^-$ 的最低浓度为:

$$[OH^-] \geqslant \sqrt[n]{\frac{K_{sp[M(OH)_n]}}{1.0 \times 10^{-5}}} \tag{2-7}$$

通过【例 2-7】的计算可以看出:

(1) 金属氢氧化物开始沉淀和完全沉淀并不一定在碱性环境。

(2) 不同难溶金属氢氧化物 K_{sp} 不同,分子式不同,它们沉淀所需的 pH 也不同。因此,可以通过控制 pH 以达到分离金属离子的目的。某些难溶金属氢氧化物沉淀的 pH 见表 2-3。

表 2-3 某些难溶金属氢氧化物沉淀的 pH

离子	开始沉淀的 pH $c_{(M^{n+})} = 0.010 mol \cdot L^{-1}$	沉淀完全的 pH $c_{(M^{n+})} = 1.0 \times 10^{-5} mol \cdot L^{-1}$	K_{sp}
Fe^{3+}	1.81	2.81	2.79×10^{-39}
Al^{3+}	3.70	4.70	1.3×10^{-33}
Cr^{3+}	4.60	5.60	6.3×10^{-31}
Cu^{2+}	5.17	6.67	2.2×10^{-20}
Fe^{2+}	6.85	8.35	4.87×10^{-17}
Ni^{2+}	7.37	8.87	5.48×10^{-16}
Mn^{2+}	8.64	10.14	1.9×10^{-13}
Mg^{2+}	9.37	10.87	5.61×10^{-12}

必须指出上述计算仅仅是理论值,实际情况往往复杂得多。例如,要除去 $ZnSO_4$ 溶液中的杂质 Fe^{3+},若单纯考虑除去 Fe^{3+},则 pH 越高,Fe^{3+} 被除得越完全,但实际上 pH 过大时,Zn^{2+} 也将开始沉淀为 $Zn(OH)_2$。

在利用难溶金属氢氧化物分离金属离子时,常使用缓冲溶液控制 pH。

【例 2-8】　在 0.20L 的 $0.50mol \cdot L^{-1}$ $MgCl_2$ 溶液中加入等体积的 $0.10mol \cdot L^{-1}$ 的 NH_3 水溶液,问:

(1) 有无 $Mg(OH)_2$ 沉淀生成?

(2) 为了不使 $Mg(OH)_2$ 沉淀析出,至少应加入多少克 $NH_4Cl(s)$(设加入 NH_4Cl 固体后,溶液的体积不变)?

解:(1) $MgCl_2$ 溶液与 NH_3 水溶液混合后,如发生沉淀,则溶液中有如下两个平衡:

$$Mg(OH)_2(s) \Longrightarrow Mg^{2+}(aq) + 2OH^-(aq) \tag{1}$$

$$NH_3(aq) + H_2O(l) \Longrightarrow NH_4^+(aq) + OH^-(aq) \tag{2}$$

两溶液等体积混合后,$MgCl_2$ 和 NH_3 的浓度分别减半:

$$[Mg^{2+}] = \frac{0.50mol \cdot L^{-1}}{2} = 0.25mol \cdot L^{-1}$$

$$c_{(NH_3)} = \frac{0.10mol \cdot L^{-1}}{2} = 0.05mol \cdot L^{-1}$$

可以由 $[OH^-] = \sqrt{K_{b(NH_3)} c_{(NH_3)}}$ 直接求得 $[OH^-]$,也可以由反应(2)计算出 $[OH^-]$。

设 $[OH^-] = x$ mol $\cdot L^{-1}$

$$\frac{[NH_4^+][OH^-]}{[NH_3]} = K_{b(NH_3)}$$

$$\frac{x^2}{0.050 - x} = 1.8 \times 10^{-5}$$

$$x = 9.5 \times 10^{-4}$$

$$[OH^-] = 9.5 \times 10^{-4} mol \cdot L^{-1}$$

由反应(1)来判断是否有 $Mg(OH)_2$ 沉淀生成。

$$J = [Mg^{2+}][OH^-]^2 = 0.25 \times (9.5 \times 10^{-4})^2 = 2.3 \times 10^{-7}$$

查附录 B 知,$K_{sp[Mg(OH)_2]} = 5.61 \times 10^{-12}$,$J > K_{sp[Mg(OH)_2]}$,故有 $Mg(OH)_2$ 沉淀析出。

(2) 方法一:为了不使 $Mg(OH)_2$ 沉淀析出,加 $NH_4Cl(s)$,使溶液中 NH_4^+ 浓度增大,抑制反应(2),降低 $[OH^-]$。将反应式(2)×2-(1),得反应式(3):

$$Mg^{2+}(aq) + 2NH_3(aq) + 2H_2O(l) \Longrightarrow Mg(OH)_2(s) + 2NH_4^+(aq) \tag{3}$$

$$K_c = \frac{[NH_4^+]^2}{[NH_3]^2 \cdot [Mg^{2+}]} = \frac{K_{b(NH_3)}^2}{K_{sp[Mg(OH)_2]}}$$

$$= \frac{(1.8 \times 10^{-5})^2}{5.61 \times 10^{-12}} = 58$$

$$[NH_4^+]^2 = 58 \times [NH_3]^2 \cdot [Mg^{2+}]$$

$$[NH_4^+] = \sqrt{58 \times (0.050)^2 \times 0.25} = 0.19mol \cdot L^{-1}$$

这是 $[Mg^{2+}] = 0.25mol \cdot L^{-1}$、$[NH_3] = 0.050mol \cdot L^{-1}$ 开始析出 $Mg(OH)_2$ 沉淀时，NH_4^+ 的最低浓度。

溶液的总体积为 $0.40L$，NH_4Cl 的摩尔质量为 $53.5g \cdot mol^{-1}$。至少应加入 $NH_4Cl(s)$ 的质量为：

$$m_{(NH_4Cl)} = 0.19mol \cdot L^{-1} \times 0.40L \times 53.5g \cdot mol^{-1} = 4.1g$$

可见，在适当浓度的 $NH_3\text{-}NH_4Cl$ 缓冲溶液中，$Mg(OH)_2$ 沉淀不能析出。

方法二：当 $J = c_{(Mg^{2+})}c_{(OH^-)}^2 \leqslant K_{sp[Mg(OH)_2]}$ 时无沉淀生成。

$$c_{(OH^-)} \leqslant \sqrt{\frac{K_{sp}}{c_{(Mg^{2+})}}} = \sqrt{\frac{5.61 \times 10^{-12}}{0.25}} = 4.7 \times 10^{-6} mol \cdot L^{-1}$$

$$NH_3 \cdot H_2O(aq) \rightleftharpoons NH_4^+(aq) + OH^-(aq)$$

$$0.05 - 4.7 \times 10^{-6} \quad x + 4.7 \times 10^{-6} \quad 4.7 \times 10^{-6}$$

$$\frac{(x + 4.7 \times 10^{-6})(4.7 \times 10^{-6})}{0.05 - 4.7 \times 10^{-6}} = 1.8 \times 10^{-5}$$

上式可近似计算简化为：$\dfrac{4.7 \times 10^{-6}x}{0.05} = 1.8 \times 10^{-5}$

$x = 0.19mol \cdot L^{-1}$

$m_{(NH_4Cl)} = 0.19mol \cdot L^{-1} \times 0.40L \times 53.5g \cdot mol^{-1} = 4.1g$

2. 难溶硫化物沉淀

大部分金属离子可与 S^{2-} 生成硫化物沉淀，其 K_{sp} 各不相同，差别很大。由于溶液中 S^{2-} 的浓度与溶液的酸度即 pH 有关，故金属离子开始沉淀和沉淀完全时的 pH 完全不同。因此，可根据金属硫化物的 K_{sp}，调节控制溶液的 pH，使某些金属硫化物沉淀出来，另一些金属离子仍留在溶液中，从而达到分离的目的。

在 MS 型金属硫化物沉淀的生成过程中同时存在着两个平衡：

$$M^{2+}(aq) + S^{2-}(aq) \rightleftharpoons MS(s)$$

$$H_2S(aq) \rightleftharpoons 2H^+(aq) + S^{2-}(aq)$$

将两个反应方程式相加，得到下列平衡的方程式：

$$M^{2+}(aq) + H_2S(aq) \rightleftharpoons MS(s) + 2H^+(aq)$$

对应的平衡常数是：

$$K_c = \frac{[H^+]^2}{[M^{2+}][H_2S]} = \frac{K_{a_1(H_2S)}K_{a_2(H_2S)}}{K_{sp(MS)}}$$

故 MS 型金属硫化物开始沉淀时，应控制的 H^+ 的最大浓度为：

$$[H^+] < \sqrt{\frac{K_{a_1(H_2S)}K_{a_2(H_2S)}[H_2S][M^{2+}]}{K_{sp(MS)}}} \tag{2-8}$$

若要使 M^{2+} 沉淀完全，应维持的 H^+ 的最大浓度为：

$$[H^+] \leqslant \sqrt{\frac{K_{a_1(H_2S)}K_{a_2(H_2S)}[H_2S] \times 1.0 \times 10^{-5}}{K_{sp(MS)}}} \tag{2-9}$$

从上两式可求出 MS 型金属硫化物开始沉淀和沉淀完全时的pH。可以看出,对于不同的难溶金属硫化物来说,如果金属离子浓度相同,则溶度积越小的金属硫化物,沉淀开始析出时的$[H^+]$就越大(pH 越小),沉淀完全时的$[H^+]$也越大。

【例 2-9】　在含 $0.10\,mol \cdot L^{-1}$ $NiCl_2$ 的溶液中,不断通入 H_2S,使溶液中的 H_2S 始终处于饱和状态,此时$[H_2S] = 0.10\,mol \cdot L^{-1}$。试计算 NiS 开始沉淀和沉淀完全时的$[H^+]$。已知 $K_{sp(NiS)} = 1.0 \times 10^{-24}$。

解:(1) NiS 开始沉淀所需的$[H^+]$:

由式(2-8)知

$$[H^+]_{max} < \sqrt{\frac{K_{a_1(H_2S)} \cdot K_{a_2(H_2S)} \cdot [H_2S] \cdot [Ni^{2+}]}{K_{sp(NiS)}}}$$

$$= \sqrt{\frac{1.1 \times 10^{-7} \times 1.3 \times 10^{-13} \times 0.10 \times 0.10}{1.0 \times 10^{-24}}}$$

$$= 11.96\,mol \cdot L^{-1}$$

(2) NiS 沉淀完全时所需的$[H^+]$:

由式(2-9)知

$$[H^+]_{max} \leqslant \sqrt{\frac{K_{a_1(H_2S)} \cdot K_{a_2(H_2S)} \cdot [H_2S] \cdot 1.0 \times 10^{-5}}{K_{sp(NiS)}}}$$

$$= \sqrt{\frac{1.1 \times 10^{-7} \times 1.3 \times 10^{-13} \times 0.10 \times 1.0 \times 10^{-5}}{1.0 \times 10^{-24}}}$$

$$= 0.12\,mol \cdot L^{-1}$$

此时溶液中残留 Ni^{2+} 的浓度小于 $1.0 \times 10^{-5}\,mol \cdot L^{-1}$。

要注意的是,在通入 H_2S 生成金属硫化物的过程中,会不断生成 H^+,所以计算出来的沉淀完全时的$[H^+]_{max}$ 应是溶液中原有的 H^+ 浓度及沉淀反应中生成的 H^+ 浓度之和。

2.3.3　配位效应

若沉淀剂本身具有一定的配位能力,或有其他配位剂存在,能与被沉淀的金属离子形成配离子(例如,Cu^{2+} 与 NH_3 能形成铜氨配离子 $[Cu(NH_3)_4]^{2+}$),就会使沉淀的溶解度增大,甚至不产生沉淀,这种现象就称为沉淀反应的配位效应。例如,用 NaCl 溶液沉淀 Ag^+,当溶液中 Cl^- 浓度过高时就会发生这种现象,见图 2-3。

由图 2-3 可知,当溶液中 Cl^- 的浓度在一定范围内时,同离子效应使得 AgCl 沉淀的溶解度随 Cl^- 浓度的升高而明显降低;但是,当 Cl^- 浓度过高后,由于 Cl^- 能与 Ag^+ 结合,形成 AgCl 分子,进而形成 $AgCl_2^-$ 等配离子,故 AgCl 沉淀的溶解度急剧增大。

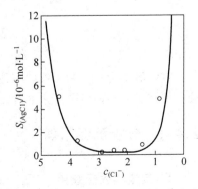

图 2-3　AgCl 溶解度与 $c_{(Cl^-)}$ 的关系图

$$AgCl(s) \rightleftharpoons Ag^+ (aq) + Cl^- (aq)$$
$$Ag^+ (aq) + Cl^- (aq) \rightleftharpoons AgCl(aq)$$
$$AgCl(aq) + Cl^- (aq) \rightleftharpoons AgCl_2^- (aq)$$

一般来说,若沉淀的溶解度越大,形成的配离子越稳定,则配位效应的影响就越严重。对于有些难溶物质的溶解,就是利用了这种效应。例如,AgCl 沉淀在氨水中的溶解:

$$AgCl(s) + 2NH_3 \rightleftharpoons [Ag(NH_3)_2]^+ + Cl^-$$

相反,若要使溶液中某种离子沉淀完全,而沉淀剂又能与被沉淀离子形成配离子时,就不能加入过量太多的沉淀剂,以免造成较大的溶解损失。例如,氨水与 NH_4HCO_3 配制成沉淀剂,用于制备碱式碳酸锌时,就应注意这一问题,否则游离 NH_3 能与 Zn^{2+} 形成 $[Zn(NH_3)_4]^{2+}$ 配离子。

有关这方面的问题以及定量计算将在配位平衡中进一步讨论。

2.3.4　氧化还原效应

由于氧化还原反应的发生使沉淀溶解度发生改变的现象称为沉淀反应的氧化还原效应。

例如,前面已提过的难溶于非氧化性稀酸的 CuS,却易溶于具有氧化性的硝酸中:

$$CuS(s) \rightleftharpoons Cu^{2+} (aq) + S^{2-} (aq)$$
$$3S^{2-} + 2NO_3^- + 8H^+ \rightleftharpoons 3S\downarrow + 2NO\uparrow + 4H_2O$$

除了以上主要因素外,温度、溶剂、沉淀颗粒的大小及结构的不同,也会影响沉淀溶解度的大小。利用这些因素同样可以实现物质的分离、提纯。

一般无机物沉淀在有机溶剂中的溶解度要比在水中的溶解度小。如 $CaSO_4$ 在水中的溶解度较大,只有在 Ca^{2+} 浓度很大时才能沉淀,一般情况下难以析出沉淀。但是,若加入乙醇,沉淀便会产生了。

对于同一种沉淀,一般来说,颗粒越小,溶解度越大。例如,大颗粒的 $SrSO_4$ 在水中的溶解度为 $6.2\times10^{-4}\,mol \cdot L^{-1}$,$0.01\mu m$ 的 $SrSO_4$ 在水中的溶解度为 $9.3\times10^{-4}\,mol \cdot L^{-1}$。

对于有些沉淀,刚生成的亚稳态晶型沉淀经放置一段时间后转变成稳定晶型,溶解度往往会大大降低。

2.4　分　步　沉　淀

在溶液中含有多种可被同一种沉淀剂沉淀的离子时,逐渐增大溶液中沉淀试剂的浓度,使这些离子先后被沉淀出来的现象,称为分步沉淀。

2.4.1　分步沉淀原理

1. 沉淀的先后顺序

多种离子共同沉淀时,沉淀的先后顺序既不能直接根据 K_{sp} 的大小也不能直接根据难溶电解质溶解度的大小判断。根据溶度积规则,哪种离子与外加离子形成的难溶电解质先达到饱和溶液就应该先沉淀。所以生成沉淀时所需沉淀试剂浓度小的离子先被沉淀出来,即 J 先达到 K_{sp} 的离子先被沉淀出来。

【例 2-10】　在 CrO_4^{2-} 和 Cl^- 浓度均为 $0.010 mol \cdot L^{-1}$ 的溶液中,逐滴加入 $AgNO_3$ 溶液,问先生成黄色的 Ag_2CrO_4 沉淀还是白色的 $AgCl$ 沉淀?

解：当形成 Ag_2CrO_4 饱和溶液时,所需的外加 Ag^+ 浓度为

$$[Ag^+]_1 = \sqrt{\frac{K_{sp(Ag_2CrO_4)}}{[CrO_4^{2-}]}} = \sqrt{\frac{1.12 \times 10^{-12}}{0.010}} mol \cdot L^{-1} = 1.06 \times 10^{-5} mol \cdot L^{-1}$$

当形成 $AgCl$ 饱和溶液时,所需的外加 Ag^+ 浓度为

$$[Ag^+]_2 = \frac{K_{sp(AgCl)}}{[Cl^-]} = \frac{1.77 \times 10^{-10}}{0.010} mol \cdot L^{-1} = 1.77 \times 10^{-8} mol \cdot L^{-1}$$

因为 $[Ag^+]_2 < [Ag^+]_1$,所以,先生成白色的 $AgCl$ 沉淀。

对于 $A_m B_n$ 型化合物,假设 A^{n+} 为待沉淀离子,B^{m-} 为外加离子,当刚好形成饱和溶液时,所需外加 B^{m-} 的浓度需满足下式：

$$[B^{m-}] = \sqrt[n]{\frac{K_{sp(A_m B_n)}}{[A^{n+}]^m}}$$

可看出,此时外加 B^{m-} 的浓度受三个因素的影响：

(1) 沉淀类型,沉淀类型不同时,溶度积 K_{sp} 的表达式不同。

(2) 待沉淀离子浓度,待沉淀离子浓度越大,形成饱和溶液时所需外加 B^{m-} 离子浓度越小。

(3) 溶度积 K_{sp} 数值的大小。

因此,对于同一类型化合物且离子浓度相同的情况,外加 B^{m-} 的浓度仅受溶度积 K_{sp} 的影响。K_{sp} 小的先成为沉淀析出,K_{sp} 大的后成为沉淀析出。

判断分步沉淀时离子沉淀先后顺序的原则总结如下：

(1) 同一类型化合物且离子浓度相同的情况,K_{sp} 小的先沉淀;

(2) 对于离子浓度不同或不同类型的化合物,需要通过计算分别求出产生沉淀时所需沉淀剂的最低浓度,其值低者先沉淀。

2. 用分步沉淀进行离子分离

多种离子共同沉淀时,沉淀的先后顺序不同,因此,可以考虑利用分步沉淀的方法进行离子的分离。每种离子都有各自的沉淀范围,沉淀范围重合,不能进行分离;沉淀范围不重合,可以进行分离。

因此,在解决此部分问题时,可以分别从先沉淀离子和后沉淀离子两个方面进行考虑：

(1) 若先沉淀离子沉淀完全时,后沉淀离子还未开始沉淀,可利用分步沉淀的方法进行离子的分离。

(2) 若后沉淀离子开始沉淀时,先沉淀离子已经沉淀完全,可利用分步沉淀的方法进行离子的分离。

【例 2-11】 向 Cl^- 和 I^- 浓度均为 $0.010 \, mol \cdot L^{-1}$ 的溶液中,逐滴加入 $AgNO_3$ 溶液,问哪一种离子先沉淀? 两者有无分离的可能?

解:(1) 方法一:假设计算过程都不考虑加入试剂后溶液体积的变化。根据溶度积规则,首先计算 AgCl 和 AgI 开始沉淀所需的 Ag^+ 浓度分别为:

$$[Ag^+] = \frac{K_{sp(AgCl)}}{[Cl^-]} = \frac{1.77 \times 10^{-10}}{0.010} \, mol \cdot L^{-1} = 1.77 \times 10^{-8} \, mol \cdot L^{-1}$$

$$[Ag^+] = \frac{K_{sp(AgI)}}{[I^-]} = \frac{8.52 \times 10^{-17}}{0.010} \, mol \cdot L^{-1} = 8.52 \times 10^{-15} \, mol \cdot L^{-1}$$

AgI 开始沉淀时,需要的 Ag^+ 浓度低,故 I^- 首先沉淀出来。

方法二:AgCl 和 AgI 是同类型化合物,溶液中 Cl^- 和 I^- 浓度相同。

$$K_{sp(AgCl)} > K_{sp(AgI)}$$

因此,I^- 首先沉淀出来。

(2) 方法一:从先沉淀离子入手考虑问题。

当 I^- 刚好沉淀完全时,溶液中的 I^- 浓度为 $10^{-5} \, mol \cdot L^{-1}$,这时 Ag^+ 浓度应为:

$$[Ag^+] = \frac{K_{sp(AgI)}}{[I^-]} = \frac{8.52 \times 10^{-17}}{1 \times 10^{-5}} \, mol \cdot L^{-1} = 8.52 \times 10^{-12} \, mol \cdot L^{-1}$$

接下来通过溶度积规则判断是否有 AgCl 沉淀生成:

$$J = [Ag^+][Cl^-] = 8.52 \times 10^{-12} \times 0.01 = 8.52 \times 10^{-14} < K_{sp(AgCl)}$$

可见,当 I^- 沉淀完全时,Cl^- 还未开始沉淀,故两者可以定性分离。

方法二:从后沉淀离子入手考虑问题。

当 Cl^- 开始沉淀时,溶液对 AgCl 来说也已达到饱和,这时 Ag^+ 浓度必须同时满足这两个沉淀溶解平衡,所以

$$[Ag^+] = \frac{K_{sp(AgCl)}}{[Cl^-]} = \frac{K_{sp(AgI)}}{[I^-]}$$

$$\frac{[I^-]}{[Cl^-]} = \frac{K_{sp(AgI)}}{K_{sp(AgCl)}} = \frac{8.52 \times 10^{-17}}{1.77 \times 10^{-10}}$$

$$= 4.81 \times 10^{-7}$$

当 AgCl 开始沉淀时,Cl^- 的浓度为 $0.010 \, mol \cdot L^{-1}$,此时溶液中剩余的 I^- 浓度为:

$$[I^-] = \frac{K_{sp(AgI)} \cdot [Cl^-]}{K_{sp(AgCl)}}$$

$$= 4.81 \times 10^{-7} \times 0.010 \, mol \cdot L^{-1}$$

$$= 4.81 \times 10^{-9} \, mol \cdot L^{-1}$$

可见,当 Cl^- 开始沉淀时,I^- 的浓度已小于 $10^{-5} \, mol \cdot L^{-1}$,故两者可以定性分离。

一般来说,当溶液中存在几种离子,若是同型的难溶物质,则它们的溶度积相差越大,混合离子就越易实现分离。此外,沉淀的次序也与溶液中各种离子的浓度有关,若两种难溶物质的溶度积相差不大时,则适当地改变溶液中被沉淀离子的浓度,也可以使沉淀的次序发生变化。

【例 2-12】 某溶液中含有 Pb^{2+} 和 Ba^{2+},①若它们的浓度均为 $0.10 \, mol \cdot L^{-1}$,问加入 Na_2SO_4 试剂,哪一种离子先沉淀? 后沉淀离子刚好沉淀完全时,先沉淀离子的浓度为多

少？两者有无分离的可能？②若 Pb^{2+} 的浓度为 $0.0010mol \cdot L^{-1}$，Ba^{2+} 的浓度仍为 $0.10mol \cdot L^{-1}$，两者有无分离的可能？

解：（1）沉淀 Pb^{2+} 所需的 $[SO_4^{2-}] = \dfrac{K_{sp(PbSO_4)}}{[Pb^{2+}]} = \dfrac{2.53 \times 10^{-8}}{0.10}$ $mol \cdot L^{-1}$

$$= 2.53 \times 10^{-7} mol \cdot L^{-1}$$

沉淀 Ba^{2+} 所需的 $[SO_4^{2-}] = \dfrac{K_{sp(BaSO_4)}}{[Ba^{2+}]} = \dfrac{1.08 \times 10^{-10}}{0.10} mol \cdot L^{-1}$

$$= 1.08 \times 10^{-9} mol \cdot L^{-1}$$

由于沉淀 Ba^{2+} 所需的 SO_4^{2-} 浓度低，所以 Ba^{2+} 先沉淀。当 $PbSO_4$ 也开始沉淀时：

$$[SO_4^{2-}] = \dfrac{K_{sp(PbSO_4)}}{[Pb^{2+}]} = \dfrac{K_{sp(BaSO_4)}}{[Ba^{2+}]}$$

$$\dfrac{[Ba^{2+}]}{[Pb^{2+}]} = \dfrac{K_{sp(BaSO_4)}}{K_{sp(PbSO_4)}} = \dfrac{1.08 \times 10^{-10}}{2.53 \times 10^{-8}}$$

$$= 4.27 \times 10^{-3}$$

这时溶液中 $[Ba^{2+}] = 4.27 \times 10^{-3} \times 0.10 mol \cdot L^{-1} = 4.27 \times 10^{-4} mol \cdot L^{-1}$

很显然，$PbSO_4$ 开始沉淀时，溶液中 Ba^{2+} 的浓度大于 $10^{-5}mol \cdot L^{-1}$，故两者不能实现定性分离。

（2）当 $PbSO_4$ 开始沉淀时，$\dfrac{[Ba^{2+}]}{[Pb^{2+}]} = 4.27 \times 10^{-3}$

这时溶液中 $[Ba^{2+}] = 4.27 \times 10^{-3} \times 0.0010 mol \cdot L^{-1} = 4.27 \times 10^{-6} mol \cdot L^{-1}$

可见，在这种条件下，$BaSO_4$ 已沉淀完全，两种离子能够实现分离。

2.4.2 分步沉淀的应用

1. 氢氧化物沉淀分离

许多金属离子都能形成氢氧化物沉淀。但是，不同的氢氧化物沉淀的溶解度一般是不同的，而且，不同的金属离子的性质也有所差异，有的在过量的 OH^- 溶液中会溶解；有的在过量的 NH_3 溶液中会溶解。因此，可以通过沉淀反应条件的控制，主要是溶液 pH 的控制来实现物质的分离。

【例 2-13】 某溶液中 Zn^{2+}、Fe^{3+} 的浓度分别为 $0.10mol \cdot L^{-1}$ 和 $0.01mol \cdot L^{-1}$，若要使 Fe^{3+} 沉淀分离，求所应控制的溶液的 pH（忽略离子强度）？

解：首先求出 Fe^{3+} 开始沉淀的 pH：

$$[Fe^{3+}][OH^-]_{始}^3 = 2.79 \times 10^{-39}$$

$$0.01 \times [OH^-]_{始}^3 = 2.79 \times 10^{-39}$$

$$[OH^-]_{始} = 6.53 \times 10^{-13} mol \cdot L^{-1}$$

$$pH_{始} = 1.8$$

当 Fe^{3+} 沉淀完全时，$[Fe^{3+}] = 10^{-5} mol \cdot L^{-1}$

$$(10^{-5}) \times [OH^-]_{\text{终}}^3 = 2.79 \times 10^{-39}$$

$$[OH^-]_{\text{终}} = 6.53 \times 10^{-12} \, mol \cdot L^{-1}$$

$$pH_{\text{终}} = 2.8$$

然后求得 Zn^{2+} 开始沉淀的 pH：

$$[Zn^{2+}][OH^-]_{\text{始}}^2 = 3 \times 10^{-17}$$

$$0.1 \times [OH^-]_{\text{始}}^2 = 3 \times 10^{-17}$$

$$[OH^-]_{\text{始}} = 1.732 \times 10^{-8} \, mol \cdot L^{-1}$$

$$pH_{\text{始}} = 6.2$$

因此，从理论上估算，只要将溶液的 pH 控制在 3~6，就能将 Fe^{3+} 从体系中沉淀完全，实现与 Zn^{2+} 的分离。

需要指出的是，实际情况要比这种估算复杂得多。首先，实际生产中的溶液浓度往往是相当浓的；其次，体系常常非常复杂，很难估算得很准，只能作为参考，具体条件的控制可以通过实验来确定。

控制 pH 的方法可以有多种，有 NaOH 法、氨水法、缓冲溶液法，等等。在工业生产中则根据具体情况。例如，同样是从体系中除 Fe^{3+}，在制备 NH_4Cl 时是采用氨水，将溶液的 pH 调到 7~8；在 $ZnCl_2$ 提纯时先用双氧水将部分 Fe^{2+} 氧化为 Fe^{3+}，再采用粗制 ZnO 或 $Zn(OH)_2$ 将溶液 pH 调到约等于 4；而在含有 Ni^{2+} 的硫酸溶液中，是采用 $CaCO_3$ 悬浮液将溶液的 pH 调到约等于 4。

2. 硫化物沉淀分离

大多数的金属离子都能形成硫化物沉淀。但是，不同的硫化物沉淀的溶解度一般是不同的，可利用溶解性质的差异，通过分步沉淀的办法进行分离。硫化物沉淀溶解平衡如下：

$$MS(s) + 2H^+ (aq) \overset{K}{=\!=\!=\!=} M^{2+} (aq) + H_2S(aq)$$

$$K = \frac{[M^{2+}] \cdot [H_2S]}{[H^+]^2} = \frac{[M^{2+}] \cdot [S^{2-}]}{1} \times \frac{[H_2S]}{[H^+]^2 \cdot [S^{2-}]} = K_{sp} \cdot (K_{a_1})^{-1} \cdot (K_{a_2})^{-1}$$

所以
$$[M^{2+}] = K \cdot [H^+]^2 / [H_2S]$$

可看出，影响难溶金属硫化物的溶解度的因素有两个方面：第一，首先取决于硫化物的溶度积大小；第二，取决于酸度。因此，可通过调节酸度实现硫化物的分离。

同一类型的难溶硫化物的溶度积差别越大，利用分步沉淀的方法分离难溶电解质越好。不同硫化物随着 K_{sp} 的减小，溶解所需的酸性增强，如表 2-4 所示。

表 2-4　硫化物溶度积常数及溶解所需酸

硫化物	MnS(肉色)	ZnS(白色)	CdS(黄色)	CuS(黑色)	HgS(黑色)
K_{sp}	1.4×10^{-15}	2.5×10^{-22}	1.0×10^{-29}	8.0×10^{-36}	4.0×10^{-53}
使沉淀溶解所需酸	醋酸	稀盐酸	浓盐酸	浓硝酸	王水

【例 2-14】　在某一溶液中，含有 Zn^{2+}、Pb^{2+} 离子的浓度均为 $0.2 mol \cdot L^{-1}$，在室温下通入 H_2S 气体，使之饱和，然后加入盐酸，控制离子浓度，问 pH 调到何值时，才能有 PbS 沉淀

而 Zn^{2+} 离子不会成为 ZnS 沉淀？已知 $K_{sp(PbS)}=4.0\times10^{-26}$，$K_{sp(ZnS)}=1.0\times10^{-20}$。

解：已知 $[Zn^{2+}]=[Pb^{2+}]=0.2 mol \cdot L^{-1}$

要使 PbS 沉淀，则 $[S^{2-}]\geqslant K_{sp(PbS)}/[Pb^{2+}]$

所以 $\qquad\qquad\qquad [S^{2-}]\geqslant 2.0\times10^{-25} mol \cdot L^{-1}$

要使 ZnS 不沉淀，则 $[S^{2-}]\leqslant K_{sp(ZnS)}/[Zn^{2+}]$

所以 $\qquad\qquad\qquad [S^{2-}]\leqslant 5.0\times10^{-20} mol \cdot L^{-1}$

以 $[S^{2-}]=5.0\times10^{-20} mol \cdot L^{-1}$ 代入 $K_{a1}\cdot K_{a2}=\dfrac{[H^+]^2[S^{2-}]}{[H_2S]}$

有 $\quad [H^+]\geqslant\sqrt{\dfrac{1.1\times10^{-7}\times1.3\times10^{-13}\times0.1}{5.0\times10^{-20}}} mol \cdot L^{-1}=0.169 mol \cdot L^{-1}$

故 pH$\leqslant$0.772 时，Zn^{2+} 不会形成 ZnS$\downarrow$。

以 $[S^{2-}]=2.0\times10^{-25} mol \cdot L^{-1}$ 代入，得

$$[H^+]\leqslant\sqrt{\dfrac{1.43\times10^{-21}}{2.0\times10^{-25}}} mol \cdot L^{-1}=84.56 mol \cdot L^{-1}$$

两项综合，只要上述溶液的 pH 调到$\leqslant$0.772，就能只生成 PbS 沉淀而无 ZnS 沉淀。这是因为再浓的盐酸也达不到 $84.56 mol \cdot L^{-1}$。换言之，溶解 PbS 沉淀必须加氧化性的酸，使之氧化溶解。

大多数硫化物是胶状沉淀，共沉淀和继沉淀现象较为严重，因而分离效果并不理想。但是，利用硫化物沉淀法成组或成批地除去重金属离子还是具有一定的实用意义的。

但是由于硫化物沉淀分离时实际情况的复杂性，理论估算的结果与实际结果也会有一定差距。而且，这类硫化物的沉淀反应会不断释出 H^+，使溶液酸度随反应的进行而相应增大，故酸度控制时也应注意这问题。另外，在实验室工作中一般都改用硫代乙酰胺代替 H_2S 气体，这样不仅会减轻 H_2S 气体的恶臭和有毒的影响，而且还可改善沉淀的性质。在水溶液中加热，硫代乙酰胺水解能产生 H_2S：

$$CH_3CSNH_2(s)+2H_2O(l)\xrightarrow{\quad\quad}CH_3COO^-(aq)+NH_4^+(aq)+H_2S(g)$$

若碱性溶液中水解：

$$CH_3CSNH_2(s)+2OH^-(aq)\xrightarrow{\quad\quad}CH_3COO^-(aq)+NH_3(g)+HS^-(aq)$$

实际工作中，控制硫化物沉淀进行分离的做法也可以有多种。可以在一定酸度条件下直接通入 H_2S，或加入 Na_2S、$(NH_4)_2S$ 等产生硫化物沉淀；也可以通过沉淀转化方式，使所要去除的金属离子产生硫化物沉淀的方式。例如，由软锰矿制备硫酸锰时，杂质 Cu^{2+}、Pb^{2+}、Cd^{2+} 等离子就可以通过加入 MnS，使杂质离子全部转化为硫化物沉淀而使硫酸锰溶液得到提纯。

2.5　沉淀的溶解与转化

2.5.1　沉淀的溶解

根据溶度积规则，当难溶电解质的离子积（或反应商）$J<K_{sp}$ 时，就会发生沉淀的溶

解。K_{sp} 仅与温度有关,且受温度的影响不大,室温下一般可看作定值。因此,一切降低离子浓度,进而降低 J 的数值的过程,都会引发沉淀的溶解。

1. 生成弱电解质

碳酸盐、硫化物等难溶弱酸盐溶解于酸,都是由于阴离子部分和氢离子生成了弱酸,从而降低了阴离子的浓度。氢氧化物溶解于酸,是由于生成了水这一弱电解质。【例 2-8】中,$Mg(OH)_2$ 能溶于 NH_4Cl 也是由于生成弱电解质 $NH_3 \cdot H_2O$。

$$CaCO_3(s) + 2H^+(aq) = Ca^{2+}(aq) + H_2CO_3(aq)$$
$$\longmapsto CO_2(g) + H_2O(l)$$

$$Mg(OH)_2(s) + 2H^+(aq) = Mg^{2+}(aq) + 2H_2O(l)$$

$$Mg(OH)_2(s) + 2NH_4^+(aq) = Mg^{2+}(aq) + 2NH_3 \cdot H_2O(aq)$$
$$\longmapsto 2NH_3(g) + 2H_2O(l)$$

【例 2-15】 已知:$K_{sp(BaCO_3)} = 8.1 \times 10^{-9}$,$H_2CO_3$ 的 $K_{a_1} = 4.5 \times 10^{-7}$,$K_{a_2} = 4.7 \times 10^{-11}$,试计算下列反应的平衡常数 K。

$$BaCO_3(s) + 2H^+(aq) = Ba^{2+}(aq) + H_2CO_3(aq)$$

解: $K = \dfrac{[Ba^{2+}] \cdot [H_2CO_3]}{[H^+]^2} = \dfrac{[Ba^{2+}] \cdot [CO_3^{2-}]}{1} \times \dfrac{[HCO_3^-]}{[CO_3^{2-}][H^+]} \times \dfrac{[H_2CO_3]}{[HCO_3^-][H^+]}$

$= K_{sp} \cdot (K_{a_1})^{-1} \cdot (K_{a_2})^{-1} = 8.1 \times 10^{-9} \times \dfrac{1}{4.5 \times 10^{-7}} \times \dfrac{1}{4.7 \times 10^{-11}} = 3.83 \times 10^8$

可见,该转化反应正向进行的程度很大,转化很完全。由沉淀溶解反应的平衡常数的计算过程可得出这样的结论:难溶弱酸盐的 K_{sp} 越大,对应弱酸的 K_a 越小,难溶弱酸盐越易被酸溶解。上面例题所用到的计算方法称为多重平衡计算法。

2. 氧化还原反应法

并非所有的难溶弱酸盐都能溶于强酸,例如 CuS、HgS 等,由于这些盐类的 K_{sp} 实在太小了,即使采用浓盐酸也不能有效降低 S^{2-} 浓度,从而使之溶解。此时,需要利用氧化还原反应降低 S^{2-} 浓度。例如,CuS 不能溶于浓盐酸,但可以溶于硝酸,主要是 S^{2-} 被 HNO_3 氧化成 S,从而降低了溶液中的 S^{2-} 浓度。

$$3CuS(s) + 8HNO_3(浓) = 3S\downarrow + 2NO\uparrow + 3Cu(NO_3)_2(aq) + 4H_2O(l)$$

$$3PbS(s) + 8HNO_3(浓) = 3S\downarrow + 2NO\uparrow + 3Pb(NO_3)_2(aq) + 4H_2O(l)$$

3. 生成稳定的配离子

当难溶电解质中的某些组分离子与某些配体结合,能形成稳定存在的配离子时,溶液中游离的组分离子浓度降低,当达到 $J < K_{sp}$ 时,就会发生沉淀的溶解现象。AgCl 溶于氨水形成银氨溶液就是利用了这一原理。

$$AgCl(s) + 2NH_3(aq) = Ag(NH_3)_2^+(aq) + Cl^-(aq)$$

$$AgBr(s) + 2S_2O_3^{2-}(aq) = Ag(S_2O_3)_2^{3-}(aq) + Br^-(aq)$$

沉淀的转化是指一种沉淀借助于某一试剂的作用,转化为另一种沉淀的过程。

例如,要除去锅炉内壁锅垢的主要成分 $CaSO_4$,可以加入 Na_2CO_3 溶液,使 $CaSO_4$ 转变为溶解度更小的 $CaCO_3$,再通过流体的冲击以及适当摩擦剂的作用,使锅垢被除去。转化反应为:

$$CaSO_4(s) + CO_3^{2-}(aq) \rightleftharpoons CaCO_3(s) + SO_4^{2-}(aq)$$

转化反应的完全程度同样可以利用平衡常数来衡量:

$$K_c = \frac{[SO_4^{2-}]}{[CO_3^{2-}]} = \frac{K_{sp(CaSO_4)}}{K_{sp(CaCO_3)}} = \frac{4.93 \times 10^{-5}}{2.8 \times 10^{-9}} = 1.76 \times 10^4$$

该沉淀转化反应的平衡常数很大,反应向右进行的趋势很强。

从以上转化反应及其平衡常数表达式可以看出,转化反应能否发生与两种难溶物质的溶度积的相对大小有关。一般来说,同种类型的溶度积较大的难溶物质容易转化为溶度积较小的难溶物质,两种沉淀的溶度积相差越大,沉淀转化越容易进行。

【例 2-16】 如果在 1.0L Na_2CO_3 溶液中溶解 0.010mol 的 $CaSO_4$,问 Na_2CO_3 的初始浓度应为多少?

解:由上述可知:$\dfrac{[SO_4^{2-}]}{[CO_3^{2-}]} = \dfrac{K_{sp(CaSO_4)}}{K_{sp(CaCO_3)}} = 1.76 \times 10^4$

平衡时:$[SO_4^{2-}] = 0.010 \text{mol} \cdot \text{L}^{-1}$

$$[CO_3^{2-}] = \frac{0.010}{1.76 \times 10^4} \text{mol} \cdot \text{L}^{-1} = 5.68 \times 10^{-7} \text{mol} \cdot \text{L}^{-1}$$

因为溶解 1mol $CaSO_4$ 需要消耗 1mol Na_2CO_3,故 Na_2CO_3 溶液的初始浓度应为

$$0.010 \text{mol} \cdot \text{L}^{-1} + 5.68 \times 10^{-7} \text{mol} \cdot \text{L}^{-1} \approx 0.010 \text{mol} \cdot \text{L}^{-1}$$

若要将溶解度较小的难溶物质转化为溶解度较大的难溶物质,这种转化就较为困难,但在一定条件下也能实现。特别是溶度积相差不大时,一定条件下能使溶解度小的沉淀向溶解度大的沉淀转化。

【例 2-17】 0.20mol $BaSO_4$,用 1.0L 饱和 Na_2CO_3 溶液(1.6mol $\cdot$ L^{-1})处理,问能溶解的 $BaSO_4$ 的物质的量?

解:转化反应为:$BaSO_4(s) + CO_3^{2-}(aq) \rightleftharpoons BaCO_3(s) + SO_4^{2-}(aq)$

转化反应的平衡常数为:$K_c = \dfrac{[SO_4^{2-}]}{[CO_3^{2-}]} = \dfrac{K_{sp(BaSO_4)}}{K_{sp(BaCO_3)}} = \dfrac{1.08 \times 10^{-10}}{2.58 \times 10^{-9}}$

$$= 4.19 \times 10^{-2}$$

显然转化较为困难。

设转化反应达到平衡时 SO_4^{2-} 的浓度为 x mol $\cdot$ L^{-1}

则 $[CO_3^{2-}] = (1.6 - x) \text{mol} \cdot \text{L}^{-1}$

$$\frac{[SO_4^{2-}]}{[CO_3^{2-}]} = \frac{x}{1.6 - x} = 4.19 \times 10^{-2}$$

可解得:$x = 0.064 \text{mol} \cdot \text{L}^{-1}$

2.5.2 沉淀的转化

可见,当用 Na_2CO_3 溶液溶解 $BaSO_4$ 难溶电解质时,是把将溶度积较小的难溶物质转化为溶度积较大的难溶物质,这种转化的平衡常数很小,转化困难。

【例 2-18】 在 1L 溶液中,当 Na_2SO_4 浓度为多少时,才可以将 0.20mol $BaCO_3$ 完全转化为 $BaSO_4$ 沉淀? 如果需要将 0.20mol $BaSO_4$ 完全转化为 $BaCO_3$,则需要 1 L 多大浓度的 Na_2CO_3 溶液?

解: (1) $BaCO_3(s) + SO_4^{2-}(aq) = BaSO_4(s) + CO_3^{2-}(aq)$

$$K_1 = \frac{[CO_3^{2-}]}{[SO_4^{2-}]} = \frac{[CO_3^{2-}]}{[SO_4^{2-}]} \times \frac{[Ba^{2+}]}{[Ba^{2+}]}$$

$$= \frac{K_{sp}(BaCO_3)}{K_{sp}(BaSO_4)} = \frac{2.58 \times 10^{-9}}{1.08 \times 10^{-10}} = 23.89$$

设需要 Na_2SO_4 浓度为 x mol $\cdot$ L^{-1}。

$$BaCO_3(s) + SO_4^{2-} = BaSO_4(s) + CO_3^{2-}$$

初始浓度/(mol $\cdot$ L^{-1})	x	0
平衡浓度/(mol $\cdot$ L^{-1})	$x-0.2$	0.2

$$K_1 = \frac{[CO_3^{2-}]}{[SO_4^{2-}]} = \frac{0.2}{x-0.2} = 23.89$$

$$x - 0.2 = 8.37 \times 10^{-3}$$

$$x \approx 0.2 \text{mol} \cdot L^{-1}$$

(2) $BaSO_4(s) + CO_3^{2-} = BaCO_3(s) + SO_4^{2-}$

$$K_2 = \frac{1}{K_1} = 4.19 \times 10^{-2}$$

设需要 Na_2CO_3 浓度为 y mol $\cdot$ L^{-1}。

$$BaSO_4(s) + CO_3^{2-} == BaCO_3(s) + SO_4^{2-}$$

初始浓度/(mol $\cdot$ L^{-1})	y	0
平衡浓度/(mol $\cdot$ L^{-1})	$y-0.2$	0.2

$$K_2 = \frac{[SO_4^{2-}]}{[CO_3^{2-}]} = \frac{0.2}{y-0.2} = 4.19 \times 10^{-2}$$

$$y = 4.973 \text{mol} \cdot L^{-1}$$

这一浓度实际上是不可能达到的。由此可看出,实际上难以实现溶度积较小的 $BaSO_4$ 转化为溶度积较大的 $BaCO_3$ 的完全转化。沉淀的转化是具有方向性的。

2.5.3 沉淀溶解和转化的应用

自然界里的很多现象与沉淀的溶解和转化有关,比如溶洞的形成。石灰石岩层在经历了数万年的岁月侵蚀之后,会形成各种奇形异状的溶洞。你知道它是如何形成的吗? 在自然界,溶有二氧化碳的雨水,会使石灰石构成的岩层部分溶解,使碳酸钙转变成微溶性的碳酸氢钙。当受热或压强突然减小时,溶解的碳酸氢钙会分解重新变成碳酸钙沉淀。大自然经过长期和多次地重复这样的反应,形成了各种奇特壮观的溶洞,在溶洞里,有千姿百态的钟乳石和石笋,它们是由碳酸氢钙分解后又沉积出来的碳酸钙形成的。

先溶解:$CaCO_3(s) + CO_2(g) + H_2O(l) \Longrightarrow Ca^{2+}(aq) + 2HCO_3^-(aq)$

再沉淀:$Ca^{2+}(aq) + 2HCO_3^-(aq) \Longrightarrow CaCO_3(s) + CO_2(g) + H_2O(l)$

日常生活中,含氟牙膏可以预防龋齿也是运用了沉淀溶解和转化的原理。牙齿表面由一层硬的组成为 $Ca_5(PO_4)_3OH$ 的难溶物质保护着,它在唾液中存在沉淀溶解平衡,溶解过程生成 OH^-。进食后,细菌和酶作用于食物,产生有机酸,发酵生成的有机酸能中和 OH^-,使 $Ca_5(PO_4)_3OH$ 的沉淀溶解平衡向溶解的方向移动,破坏了具有保护作用的 $Ca_5(PO_4)_3OH$,从而形成了龋齿。含氟牙膏里的氟离子会与 $Ca_5(PO_4)_3OH$ 反应,生成更难溶的 $Ca_5(PO_4)_3F$。$Ca_5(PO_4)_3F$ 难溶于酸碱,不会被有机酸侵蚀,因此含氟牙膏可以预防龋齿的生成。但高浓度的氟对人体的危害很大,特别有些含氟牙膏氟超标,因此须谨慎使用。具体反应过程如下:

龋齿的产生:

$$Ca_5(PO_4)_3OH(s) \Longrightarrow 5Ca^{2+}(aq) + 3PO_4^{3-}(aq) + OH^-(aq)$$

龋齿的预防:

$$5Ca^{2+}(aq) + 3PO_4^{3-}(aq) + F^-(aq) \Longrightarrow Ca_5(PO_4)_3F(s)$$

工业生产中常用到热水锅炉,使用时常会受到锅炉结垢的困扰,若是对此置之不理,就会造成严重的后果,锅炉爆炸事故的发生多数是由于结垢太厚引起的。锅炉水垢的成分主要有 $CaCO_3$、$Mg(OH)_2$ 和 $CaSO_4$。工业上经常使用化学除垢法,也就是使用盐酸、硝酸等酸性化学试剂进行清洗。其中 $Mg(OH)_2$ 和 $CaCO_3$ 很容易被酸性物质溶解除去,但 $CaSO_4$ 由于不溶于酸而难以去除干净。因此,化学法去除污垢时,一般需要先用饱和 Na_2CO_3 溶液浸泡数天,待致密的水垢转化为以 $Mg(OH)_2$ 和 $CaCO_3$ 为主的疏松水垢后,再加入盐酸或氯化铵溶液,使水垢得以完全清除。其中所发生的化学反应方程式如下:

$$CaSO_4(s) + CO_3^{2-}(aq) \Longrightarrow CaCO_3(s) + SO_4^{2-}(aq)$$

$$CaCO_3(s) + 2H^+(aq) \Longrightarrow Ca^{2+}(aq) + CO_2(g) + H_2O(l)$$

$$Mg(OH)_2(s) + 2H^+(aq) \Longrightarrow Mg^{2+}(aq) + 2H_2O(l)$$

锶盐的生产也用到了沉淀溶解和转化的原理。自然界的锶元素主要以天青石矿的形式存在。天青石的主要成分为 $SrSO_4$,既不溶于酸,又不溶于水,因此难以开采利用。通过饱和碳酸钠溶液浸泡粉碎的天青石的办法,可以将 $SrSO_4$ 逐步转化为可溶于酸的 $SrCO_3$。该转化反应的平衡常数可以通过计算得出。

$$SrSO_4(s) + CO_3^{2-}(aq) \Longrightarrow SrCO_3(s) + SO_4^{2-}(aq)$$

$$K_c = \frac{[SO_4^{2-}]}{[CO_3^{2-}]} = \frac{[SO_4^{2-}]}{[CO_3^{2-}]} \times \frac{[Sr^{2+}]}{[Sr^{2+}]}$$

$$= \frac{K_{sp(SrSO_4)}}{K_{sp(SrCO_3)}} = \frac{3.44 \times 10^{-7}}{5.60 \times 10^{-10}} = 6.14 \times 10^2$$

得到的 $SrCO_3$ 在酸的作用下即可被溶解。

$$SrCO_3(s) + 2H^+(aq) \Longrightarrow Sr^{2+}(aq) + CO_2(g) + H_2O(l)$$

2.6　沉淀的表现形式及应用

2.6.1　自然界和生活中的沉淀溶解平衡

1. 溶洞的形成

喀斯特作用是一种地质作用,通常以水对可溶性岩石(碳酸盐岩、石膏、岩盐等)进行化学溶蚀作用为主,以流水的冲蚀、潜蚀和崩塌等机械作用为辅。由喀斯特作用所形成的地貌,一般称为喀斯特地貌。地表水在运动过程中对所经过的沉积物或岩石有着重要的侵蚀作用,既包括水动力作用下的碎屑物在搬运过程中的磨蚀作用,又包括水对岩石或沉积物的化学溶蚀作用。溶洞是可溶性岩石中因喀斯特作用所形成的地下空间,为石灰岩地区地下水长期溶蚀后所形成的产物(图 2-4)。石灰岩层中各部分所含的石灰质多少不同,因而对于不同的石灰岩而言,其被侵蚀的程度不尽相同。经过长时间的侵蚀,在水流作用下,石灰岩逐渐分割成互不相依、千姿百态、陡峭秀丽的奇异景观,形成陡峭的海岸、弯曲的沟壑、高耸的冰蚀悬谷、气势磅礴的大峡谷。

图 2-4　大自然中的溶洞(彩图见二维码)

石灰岩中的主要成分是碳酸钙($CaCO_3$)。在自然界,溶有二氧化碳(CO_2)的雨水,会使石灰石构成的岩层部分溶解,使碳酸钙转变成微溶性的碳酸氢钙($CaHCO_3$),后者可溶于水,于是有空洞形成并逐步扩大,如闻名于世的桂林溶洞、北京石花洞、娄底梅山龙宫,它们就是由于水和二氧化碳的缓慢侵蚀而创造出来的杰作。该过程所涉及的化学反应方程式如下:

$$CaCO_3 \downarrow + CO_2 \uparrow + H_2O == Ca(HCO_3)_2$$

当溶有碳酸氢钙的水从溶洞顶端向溶洞底部滴落时,水分的蒸发、二氧化碳压强的减小以及温度的变化都会使二氧化碳溶解度减小,从而析出碳酸钙沉淀,这些沉淀经过千百万年的积聚,渐渐形成了钟乳石、石幔、石花及石笋等。洞顶的钟乳石与地面的石笋连接起来,就会形成奇特的石柱。该过程所涉及的化学反应方程式如下:

$$Ca(HCO_3)_2 \Longrightarrow CaCO_3 \downarrow + CO_2 \uparrow + H_2O$$

在自然界中,经过长期和多次地重复上述反应后就形成了溶洞中的各种景观,从而形成各种奇特壮观的溶洞,如湖北利川市的腾龙洞、贵州水城吴家大洞、桂林的七星岩、周口店的上方山云水洞及湖南省张家界的黄龙洞等。

2. 珊瑚(礁)的形成

珊瑚是由成千上万的珊瑚虫骨骼在数百年至数万年的生长过程中通过钙物质长期积累沉积而形成的结构(图 2-5)。在沉积的过程中,珊瑚吸收了海水中因火山运动而蕴含的一定数量的常量元素(如铁、锰、镁、钾、钠等)以及微量元素(如锌、锶、铬、镍等),从而形成了多种天然珊瑚颜色。珊瑚主要分布于深海和浅海中,能够影响其周围环境的物理和生态条件,为海水中许多动植物提供必要的生活环境,包括蠕虫、软体动物、海绵、棘皮动物和甲壳动物等,约占海洋物种数的 25%,同时也是大洋带鱼类幼鱼的生长地,其生态系统也被称为水下"热带雨林",具有保护海岸、维护生物多样性、维持渔业资源及吸引旅游观光等重要功能。此外,珊瑚中蕴藏着丰富的油气资源,并存有大量的天然矿物质(如煤炭、铝土矿、锰矿、磷矿等),同时也可用作烧石灰、水泥的原料及装饰工艺品,具有重要的科学研究价值。

图 2-5　海洋中的珊瑚(彩图见二维码)

组成珊瑚主体的珊瑚虫是海洋中的一种腔肠动物,其身微小,其口周围长着许多小触手,以捕食海洋中细小的浮游生物为食,喜欢在水流快、温度高的暖海地区群居生活(图 2-6)。在生长过程中,珊瑚虫能够吸收海水中的钙和二氧化碳,然后分泌出石灰石,变为自己赖以生存的外壳。该过程所涉及的化学反应方程式如下:

$$Ca^{2+} + 2HCO_3^- \Longrightarrow CaCO_3 \downarrow + CO_2 \uparrow + H_2O$$

每一个单体的珊瑚虫只有米粒那样大小,在白色幼虫阶段便自动固定在先辈珊瑚的石灰质遗骨堆上呈树枝状,它们一群一群地聚居在一起,一代代地生长繁衍,同时不断分泌出石灰石,并黏合在一起。而珊瑚就是无数珊瑚虫尸体腐烂以后,剩下的群体的石灰石"骨骼",这些石灰石经过压实、石化,形成岛屿和礁石,也就是所谓的珊瑚礁。

珊瑚周围的藻类植物的生长会促进碳酸的产生,从而对珊瑚的形成贡献巨大。这是因为由碳酸分解而来的二氧化碳和水能够作为反应物参与到植物的光合作用中,从而在光照

图 2-6　珊瑚虫(彩图见二维码)

的情况下转化为葡萄糖和氧气,该过程的所涉及的化学反应方程式如下:

$$6CO_2 \uparrow + 6H_2O \longrightarrow C_6H_{12}O_6 + 6O_2 \uparrow$$

通过光合作用所消耗掉的二氧化碳和水,能够促进珊瑚虫不断地分泌石灰石,从而有利于其外壳的形成。随着人类社会的发展,人口增长、大规模砍伐森林、燃烧煤和其他化学燃料等因素均会导致空气中二氧化碳增多,使海水中二氧化碳浓度增大,从而会把珊瑚虫的外壳溶解,干扰珊瑚的生长,甚至造成珊瑚虫的死亡。目前,全球约 60% 的珊瑚礁正受到人类活动所造成的威胁,对珊瑚的保护与重建工作刻不容缓。

3. 蛀牙的形成及防护

牙齿是人体中最坚硬的器官,既能担负切咬、咀嚼等功能,又能起到保持面部外形和辅助发音等作用。牙齿由外及内依次由牙釉质(牙冠部分)、牙本质和牙骨质(牙根部分)三种主要物质组成(图 2-7)。其中,牙骨质为牙根表面一层淡黄色的钙化结缔组织,具有新生的功能。牙本质是构成牙齿的主体,具有神经末梢,能够感受到痛觉。牙釉质是一层半透明、乳白色的钙化组织,居于牙冠表层,厚度为 2~2.5mm,是牙齿中钙化程度和坚硬度最高的部分,对牙齿功能的发挥具有重要意义。牙釉质主要由无机物质构成,包括羟基磷灰石或羟基磷酸钙 $[Ca_5(PO_4)_3OH]$、少量氟磷灰石和钠、钾、镁的碳酸盐等化学成分,其中羟基磷酸钙的质量分数为 96% 以上。

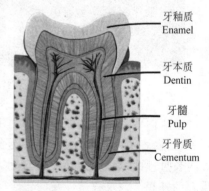

图 2-7　人体中牙齿的组成结构

牙釉质在口腔内的唾液中存在有脱矿过程和再矿化过程。脱矿过程又可称为脱钙过程,是指牙釉质表面的钙磷脱落,进而使牙齿色泽变化,出现白色或淡黄斑点,影响美观。若脱矿严重,易使牙釉质脱落,从而导致牙齿上出现明显的浅凹陷或细沟。再矿化过程是指人体口腔内唾液中的钙磷等物质重新沉积到牙齿表面以形成牙釉质的过程。对于健康的牙齿而言,其牙釉质的脱矿与再矿化是一个高度可逆的沉淀溶解平衡的过程。该过程所涉及的化学反应方程式如下：

$$Ca_5(PO_4)_3OH(s) \rightleftharpoons 5Ca^{2+}(aq) + 3PO_4^{3-}(aq) + OH^-(aq)$$

作为人类口腔中的常见病之一，蛀牙，也称为龋齿，是一种细菌性疾病，易对牙体硬组织产生一定程度的破坏，继而可引发牙髓炎和根尖周炎等口腔疾病，若医治不及时，病变可继续发展，形成龋洞，最终导致牙冠完全破坏消失。世界卫生组织已将其与癌症和心血管疾病并列为人类三大重点防治疾病。人体口腔内存在大量细菌，在我们进食时，这些细菌能够对口腔内食物残渣中含糖类的成分进行分解，产生有机酸性物质。在适宜的温度下，在足够的时间里，这种酸性物质可以缓慢地溶解牙釉质，使之脱矿，一旦牙釉质被破坏，就将产生龋洞。此外，人体口腔内的部分细菌能够聚集在牙齿缝隙中或牙齿与牙龈的交界处，并不断繁殖，从而在牙釉质表面形成一层薄厚不均的粘附膜，称之为牙菌斑，这样通过菌斑所产生的有机酸性物质将会长时间与牙齿表面相接触，使牙釉质不断溶解，也将产生龋洞。若酸腐蚀继续深入至牙髓时，由于其内有神经组织，将会出现明显疼痛症状，导致牙龈炎等其他口腔疾病的出现。该过程所涉及的化学反应方程式如下：

$$Ca_5(PO_4)_3OH(s) + 4H^+(aq) \rightleftharpoons 5Ca^{2+}(aq) + 3HPO_4^{2-}(aq) + H_2O(aq)$$

更重要的是，牙齿表面的牙釉质不能再生，其破损后不能自行修复，由此可见，我们对牙釉质的保护至关重要。

随着生活条件的不断改善，人们的饮食结构也在发生着变化，食物对于龋齿的形成具有直接的影响。食物中的含糖量越高，则在口腔内细菌的作用下所产生的有机酸性物质越多，选择高糖的饮食结构时间越长，有机酸性物质对牙齿的腐蚀时间也就越长，从而易破坏牙釉质，形成龋齿。因此，我们应注意合理膳食，尽量少吃一些高糖类食物，如糖果、蛋糕及含糖饮料等，还应多注意口腔卫生，在餐后尽快漱口或刷牙，使牙齿尽快脱离酸性环境，以免牙釉质受损。此外，由于含氟牙膏中的氟化物可使牙釉质的再矿化作用大于脱矿作用，因此使用含氟牙膏刷牙也是一种预防蛀牙的有效手段。在刷牙时，从含氟牙膏中释放出氟离子，该物质能够有效抑制口腔中细菌的产生。同时，氟离子也可与牙釉质中的羟基磷灰石发生沉淀的转化反应，替换羟基磷灰石中的羟基，生成溶解度更小的氟磷灰石[$Ca_5(PO_4)_3F$]，这种物质具有质地坚硬、抗酸腐蚀性强及抑制酸菌活性强等特点，能够有效增强牙齿抗龋能力。该过程所涉及的化学反应方程式如下：

$$Ca_5(PO_4)_3OH(s) + F^-(aq) \rightleftharpoons Ca_5(PO_4)_3F(s) + OH^-(aq)$$

由此可见，使用含氟牙膏能够显著改善人体的口腔环境，预防蛀牙的形成。然而，任何化学物质的过多摄入都可能会引起相应的中毒现象，因此在使用含氟牙膏时需要注意用量，且刷完牙后必须将牙缝中残留的牙膏彻底清除干净，更不能将牙膏和漱口水吞入腹中。对于成人而言，可以选择含氟量较高的牙膏早晚各刷牙一次，每次挤出的牙膏量大致为黄豆粒大小，刷牙时间不超过 3 分钟。由于吞咽反射比较差，建议 4 岁以下的儿童不要使用含氟牙膏。4~8 岁儿童可以选用一些含氟量较低的牙膏，以免误食，使氟化物在体内积累过多，从而影响身体健康。

2.6.2　工业重金属废水处理中化学沉淀的应用

工业废水是指在工业生产过程中所产生的废水和废液。重金属废水属于工业废水中的一种，是指在冶炼、电镀、化工及机械制造等工业生产过程中所排出的含重金属的废水。所谓的重金属是指密度大于 $4.5\mathrm{g/cm^3}$ 的金属,如镉、镍、汞、锌等。重金属一般不能被分解破坏,只能转移其存在位置和转变其物化形态。重金属可在生物体内积累,造成生物体的慢性中毒。因此,采取有效的方法处理水体中过量的重金属,能够减轻重金属污染对环境和人类所造成的危害。目前,有多种处理重金属废水的方法,如电解法、离子交换法、吸附法及化学沉淀法等,其中,化学沉淀法由于操作简便、成本低廉,现已成为应用最为广泛的重金属处理方法。利用化学沉淀法可将废水中的重金属从溶解的离子形态转变成难溶性化合物而沉淀下来,从而将其分离。根据沉淀类型的不同,可将化学沉淀法分为氢氧化物沉淀法、难溶盐沉淀法和铁氧体沉淀法等。

1. 氢氧化物沉淀法

氢氧化物沉淀法,又可称为中和沉淀法或加碱沉淀法。该方法的原理是通过向重金属废水中加入碱性物质以调节废水的 pH,并使其显碱性,使废水中的重金属离子以重金属氢氧化物沉淀的形态析出,从而实现沉淀的分离。在利用氢氧化物沉淀法处理重金属废水的过程中,废水的 pH、所选择的沉淀剂种类以及沉淀方式等因素对重金属离子的沉淀效果具有显著影响。其中,废水的 pH 是影响重金属离子沉淀效果的关键因素之一。当废水中的pH 过低时,重金属离子不能沉淀完全而全部析出;而当 pH 过高时,重金属离子的氢氧化物会出现反溶现象,会使废水中的重金属离子含量反而增多。部分重金属离子所形成的氢氧化物为两性化合物,在碱性较高的条件下也将出现溶解的现象。因此,对废水的 pH 进行合理调控可在最大程度上将重金属离子转化为其相应的氢氧化物沉淀,以此完成对重金属废水的净化处理。此外,在利用氢氧化物沉淀法处理重金属废水时,如何选择合适的沉淀剂也是一个关键的问题。在氢氧化物沉淀法中,常采用碱性沉淀剂,如烧碱(NaOH)、生石灰(CaO)、熟石灰[$Ca(OH)_2$]、石灰石($CaCO_3$)等。NaOH 作为沉淀剂,具有良好的沉淀效果,并且能产生较少的沉淀渣滓,同时具有较快的沉淀反应速度,但其工艺成本较高。从降低成本的角度出发,在实际的大规模工业生产中,一般在重金属废水处理时应用较多的沉淀剂为 CaO、$Ca(OH)_2$ 和 $CaCO_3$。除了上述两种因素外,在利用氢氧化物沉淀法分离废水中的重金属离子时,沉淀方式的选择对于重金属离子的去除效果也具有重要影响。当废水中的重金属离子浓度较低时,通过氢氧化物沉淀法所获得的沉淀颗粒可能会出现较细的情况,从而难以完全沉淀重金属离子。此时,需要在废水中添加絮凝剂,以使细微的沉淀颗粒凝聚成沉淀,以达到分离沉淀的目的。

由上述内容可见,氢氧化物沉淀法在处理重金属废水时具有诸多优点,然而这种方法也存在一定的不足之处。其一,利用氢氧化物沉淀法处理重金属废水时,在生产过程中易产生含有重金属元素的污泥,如果处理不当,可能会形成二次污染;其二,废水中的某些阴离子(如卤素、氰根等)易与重金属离子形成络合物,从而可能使废水中的重金属离子含量降低,进而影响沉淀分离效果;其三,对于某些溶度积常数较大的重金属离子的氢氧化物,为使其完全沉淀出,需先将废水的 pH 调整至 $10\sim11$,待沉淀完全分离出去后,为使剩余废液达到排放要求,又需将其 pH 调整至 $6\sim9$,这样就会增加整个处理过程的成本;其四,在处理含有大量硫酸根的酸性重金属废水时,利用氢氧化物沉淀法可能会产生大量的硫酸钙渣滓,从而增加沉淀剂用量,提高处理成本,并在一定程度上影响重金属离子氢氧化物沉淀的分离效果。

2. 硫化物沉淀法

在利用难溶盐沉淀法对重金属废水进行处理时,一般会在废水中加入沉淀剂,使其与重金属离子形成难溶盐沉淀,以达到去除或回收重金属离子的目的。常采用的难溶盐沉淀法包括硫化物沉淀法、碳酸盐沉淀法、磷酸盐沉淀法及钡盐沉淀法等。其中,硫化物沉淀法较为常用,该方法的原理是利用硫化物(如硫化钠、硫化氢等)沉淀剂与废水中的重金属离子所发生的沉淀反应,以实现对重金属废水的净化处理。与氢氧化物沉淀法相比,硫化物沉淀法仅需在近中性的 pH 条件下就能实现沉淀的分离,所生成的重金属硫化物沉淀稳定性较好,且处理后的废液不需要额外用酸碱进行中和就可达到排放要求。此外,应用硫化物沉淀法处理酸性重金属废水时,可以选择性地回收废水中的金属,进而生产出相应的金属硫化物产品,该过程所获得的收益可降低废水处理的成本。

在利用硫化物沉淀法处理重金属离子废水时,废水的 pH、沉淀剂的种类及用量、沉淀方式是影响沉淀效果的主要因素。当废水的 pH 高于重金属硫化物沉淀平衡的 pH 时,重金属硫化物沉淀将会析出。通过调控废水的 pH,利用不同重金属硫化物的溶度积不同可实现对沉淀的选择性分离。硫化物沉淀法中常用的沉淀剂有硫化钠(Na_2S)、硫氢化钠($NaHS$)及硫化氢(H_2S)等,这些沉淀剂的用量对于沉淀的效果具有显著影响。例如,在利用 Na_2S 作为沉淀剂沉淀废水中的重金属离子时,当 Na_2S 的用量过小时,易使废水中的重金属离子沉淀不完全;当 Na_2S 的用量过大时,在处理后的废水中易含有过量的 S^{2-},其能够与重金属离子形成络合物,从而降低沉淀效果。此外,由于某些金属硫化物沉淀的沉淀颗粒细小,在废水中不易沉降,可以通过调整重金属离子的沉淀方式来实现沉淀的分离。例如,可在废水中加入絮凝剂以形成较大的絮团,使细小的重金属离子沉淀颗粒与絮团共同沉降下来,以达到分离出金属硫化物沉淀的目的。

虽然利用硫化物沉淀法处理重金属废水具有诸多优点,但也存在一定的局限性。

第一,在酸性条件下,利用硫化物沉淀剂处理重金属废水时,易生成硫化氢气体,造成二次污染。

第二,当硫化物沉淀剂过量时,重金属离子易与其形成络合物,从而使得重金属离子不能够完全沉淀出来。

第三,与其他沉淀物相比,硫化物沉淀剂与重金属离子所形成的沉淀颗粒的粒径较小,在分离沉淀的过程中易堵塞过滤膜。

3. 铁氧体沉淀法

铁氧体是指具有一定晶体结构的复合氧化物,其具有较高的导磁率和电阻率,既不溶于酸、碱、盐溶液,也不溶于水。铁氧体沉淀法由日本电气公司(NEC)于 1973 年首次提出,其原理是将铁盐投入到重金属废水中,通过控制工艺条件,使废水中的重金属离子与铁盐形成不溶性的铁氧体晶粒,再通过固液分离的手段将沉淀去除,以达到净化重金属废水的目的。利用铁氧体沉淀法可一次性除去废水中的多种重金属离子,所形成的沉淀颗粒大,易分离,一般不易造成二次污染。此外,由于铁氧体具有良好的磁性,因而可以作为磁性材料从处理后的废水中收集再利用,提高资源利用率。

利用铁氧体沉淀法对重金属废水进行净化处理时,沉淀剂用量、反应温度及 pH 等因素对其处理效果影响显著。沉淀剂的用量对于重金属废水中铁氧体的形成具有重要影响。当溶液中含有足够量的 Fe^{2+} 和 Fe^{3+} 时,极易形成铁氧体。在重金属废水中,一般仅含有部分铁离子,难以满足产生铁氧体的最低要求,需要额外加入含有铁离子的盐,如硫酸亚铁($FeSO_4$)或氯化亚铁($FeCl_2$)等盐,并使部分 Fe^{2+} 氧化以补充 Fe^{3+},达到 $m(Fe^{2+})$: $m(Fe^{3+}) = 1 : 2$ 的要求,进而形成铁氧体。反应温度是影响重金属废水中铁氧体形成的另一个重要因素。当反应温度升高时,氢氧化物胶体向铁氧体的转化速度加快,重金属离子的沉淀效果显著提升。然而,随着温度的提升,反应的能耗也相对增加,同时过高的温度也会产生大量雾气,进而对环境造成污染。因此,选择合适的反应温度对重金属废水中铁氧体的形成至关重要。此外,废水的 pH 对重金属离子沉淀效果的影响也不容忽视。与氢氧化物沉淀法类似,当废水中 pH 过低时,重金属离子不能完全沉淀析出;而当废水中 pH 过高时,部分重金属离子的两性氢氧化物会出现反溶的现象,进而使废水中的重金属离子含量增多。因此,通过对废水的 pH 进行合理调控,有助于提升废水中重金属离子的沉淀效率。

利用铁氧体沉淀法处理重金属废水的过程中也存在一些问题。例如,铁氧体沉淀法的处理过程需要的反应温度较高,单次处理时间较长,且处理后废水中盐度较高,不利于直接排放。

习　题

1. 选择题

【2-1】 下列叙述中正确的是(　　)。

A. 溶度积大的化合物溶解度一定大

B. 向含有 AgCl 固体的溶液中加入适量的水使 AgCl 溶解,又达到平衡时,AgCl 的溶解度不变,溶度积也不变

C. 将难溶电解质放入纯水中,溶解达到平衡时,电解质离子的浓度的乘积就是该物质的溶度积

D. AgCl 水溶液的导电性很弱,所以 AgCl 是弱电解质

【2-2】 将一定量的碳酸钙放入水中,对此有关的叙述正确的是(　　)。

A. 碳酸钙不溶于水,碳酸钙固体质量不会改变

B. 最终会得到碳酸钙的极稀的饱和溶液

C. 因为 $Ca^{2+} + CO_3^{2-} \rightleftharpoons CaCO_3 \downarrow$ 很容易发生,所以不存在 $CaCO_3 \rightleftharpoons Ca^{2+} + CO_3^{2-}$ 的反应

D. 因为碳酸钙难溶于水,所以改变外界条件也不会改变碳酸钙的溶解性

【2-3】 下列说法正确的是(　　)。

A. 两难溶电解质作比较时,K_{sp} 小的,溶解度一定小

B. K_{sp} 的大小取决于难溶电解质的浓度,所以离子浓度改变时,沉淀平衡会发生移动

C. 所谓沉淀完全就是用沉淀剂将溶液中某一离子除净

D. 温度一定时,当溶液中 Ag^+ 和 Cl^- 浓度的乘积等于 K_{sp} 值时,此溶液为 AgCl 的饱和溶液

【2-4】 在 $BaSO_4$ 饱和溶液中,加入 $Na_2SO_4(s)$,达平衡时(   )。

A. $c_{(Ba^{2+})} = c_{(SO_4^{2-})}$

B. $c_{(Ba^{2+})} = c_{(SO_4^{2-})} = \sqrt{K_{sp(BaSO_4)}}$

C. $c_{(Ba^{2+})} \neq c_{(SO_4^{2-})}, c_{(Ba^{2+})} \cdot c_{(SO_4^{2-})} = K_{sp(BaSO_4)}$

D. $c_{(Ba^{2+})} \neq c_{(SO_4^{2-})}, c_{(Ba^{2+})} \cdot c_{(SO_4^{2-})} \neq K_{sp(BaSO_4)}$

【2-5】 已知常温下 $BaSO_4$ 的溶解度为 $2.33 \times 10^{-4} g \cdot L^{-1}$,则其 K_{sp} 为(   )。

A. 2.33×10^{-4} B. 1×10^{-5} C. 1×10^{-10} D. 1×10^{-12}

【2-6】 将 $100mL$ $0.1 mol \cdot L^{-1}$ 的 $AgNO_3$ 溶液加入足量的 $NaCl$ 和 NaF 的混合溶液中,产生 $1.435g$ 沉淀,则下列说法正确的是(   )。

A. 产生的沉淀为 $AgCl$ B. 产生的沉淀为 AgF

C. 产生的沉淀为 AgF 和 $AgCl$ D. AgF 难溶于水

【2-7】 石灰乳中存在下列平衡:$Ca(OH)_2(s) \rightleftharpoons Ca^{2+}(aq) + 2OH^-(aq)$;加入下列溶液,可使 $Ca(OH)_2$ 显著减少的是(   )。

A. NH_4Cl 溶液   B. KCl 溶液   C. $NaOH$ 溶液   D. $CaCl_2$ 溶液

【2-8】 下列有关 $AgCl$ 沉淀的溶解平衡的说法正确的是(   )。

A. $AgCl$ 沉淀生成和沉淀溶解不断进行,但速率不相等

B. $AgCl$ 难溶于水,溶液中没有 Ag^+ 和 Cl^-

C. 升高温度,$AgCl$ 沉淀的溶解度增大

D. 向 $AgCl$ 沉淀中加入 $NaCl$ 固体,$AgCl$ 沉淀的溶解平衡不移动

【2-9】 已知 $CuSO_4$ 溶液分别与 Na_2CO_3、Na_2S 溶液反应的情况如下:

(1) $CuSO_4 + Na_2CO_3$

主要:$Cu^{2+} + CO_3^{2-} + H_2O \Longrightarrow Cu(OH)_2 \downarrow + CO_2 \uparrow$

次要:$Cu^{2+} + CO_3^{2-} \Longrightarrow CuCO_3 \downarrow$

(2) $CuSO_4 + Na_2S$

主要:$Cu^{2+} + S^{2-} \Longrightarrow CuS \downarrow$

次要:$Cu^{2+} + S^{2-} + 2H_2O \Longrightarrow Cu(OH)_2 \downarrow + H_2S \uparrow$

下列几种物质溶解能力由大到小的顺序是(   )。

A. $Cu(OH)_2 > CuCO_3 > CuS$ B. $CuS > CuCO_3 > Cu(OH)_2$

C. $CuS > Cu(OH)_2 > CuCO_3$ D. $CuCO_3 > Cu(OH)_2 > CuS$

【2-10】 已知 $25℃$ 时,$K_{sp[Mg(OH)_2]} = 5.61 \times 10^{-12}$,$K_{sp[MgF_2]} = 7.42 \times 10^{-11}$。下列说法正确的是(   )。

A. $25℃$ 时,饱和 $Mg(OH)_2$ 溶液与饱和 MgF_2 溶液相比,前者的 $c_{(Mg^{2+})}$ 大

B. $25℃$ 时,在 $Mg(OH)_2$ 悬浊液中加入少量的 NH_4Cl 固体,$c_{(Mg^{2+})}$ 增大

C. $25℃$ 时,$Mg(OH)_2$ 固体在 $20mL$ $0.01 mol \cdot L^{-1}$ 氨水中的 K_{sp} 比在 $20mL$ $0.01 mol \cdot L^{-1} NH_4Cl$ 溶液中的 K_{sp} 小

D. $25℃$ 时,在 $Mg(OH)_2$ 悬浊液中加入 NaF 溶液后,$Mg(OH)_2$ 不可能转化成为 MgF_2

【2-11】 下列说法正确的是(   )。

A. 难溶电解质的溶度积越小,溶解度越大

B. 可以通过沉淀反应使杂质离子完全沉淀

C. 难溶电解质的溶解平衡是一种静态平衡

D. 一定浓度的 NH_4Cl 溶液可以溶解 $Mg(OH)_2$

【2-12】 $CaCO_3$ 在下列液体中溶解度最大的是(   )。

A. H_2O B. Na_2CO_3 溶液   C. $CaCl_2$ 溶液   D. 乙醇

【2-13】 下列说法正确的是(   )。

A. 往 NaCl 饱和溶液中滴加浓盐酸,溶解平衡不移动

B. 升高温度,物质的溶解度都会增大

C. 在饱和 NaCl 溶液中存在溶解平衡

D. 在任何溶液中都存在溶解平衡

【2-14】 在饱和的 $CaSO_4$ 溶液中下列哪种物质不存在(   )。

A. Ca^{2+} B. SO_4^{2-} C. H^+ D. H_2SO_4

【2-15】 当固体 AgCl 放在较浓的 KI 溶液中振荡时,部分 AgCl 转化为 AgI,其原因是(   )。

A. AgI 比 AgCl 稳定   B. 氯的非金属性比碘强

C. I^- 的还原性比 Cl^- 强   D. AgI 的溶解度比 AgCl 小

【2-16】 在一定温度下,一定量的水中,石灰乳悬浊液存在下列平衡:

$$Ca(OH)_2(aq) \rightleftharpoons Ca^{2+}(aq) + 2OH^-(aq)$$

当向此悬浊液中加入少量生石灰时,若温度保持不变,下列说法正确的是(   )。

A. $n_{(Ca^{2+})}$ 增大   B. $c_{(Ca^{2+})}$ 不变

C. $n_{(OH^-)}$ 增大   D. $c_{(OH^-)}$ 减小

【2-17】 向含有 AgCl(s)的饱和 AgCl 溶液中加水,下列叙述正确的是(   )。

A. AgCl 的溶解度增大   B. AgCl 的溶解度、K_{sp} 均不变

C. $K_{sp(AgCl)}$ 增大   D. AgCl 的溶解度、K_{sp} 均增大

【2-18】 在 AgBr 饱和溶液中加入 $AgNO_3$ 溶液,达到平衡时,溶液中(   )。

A. $K_{sp(AgBr)}$ 降低   B. Ag^+ 浓度降低

C. AgBr 的离子浓度乘积降低   D. Br^- 浓度降低

2. 计算题

【2-19】 写出难溶电解质 $PbCl_2$、$AgBr$、$Ba_3(PO_4)_2$、Ag_2S 的溶度积表达式。

【2-20】 已知室温时以下各难溶物质的溶解度,试求它们相应的溶度积(不考虑水解):

(1) $AgBr$,7.1×10^{-7} $mol \cdot L^{-1}$;

(2) BaF_2,6.3×10^{-3} $mol \cdot L^{-1}$。

【2-21】 已知室温时以下各难溶物质的溶度积,试求它们相应的溶解度(以 $mol \cdot L^{-1}$ 表示):

(1) $Ca(OH)_2$,$K_{sp} = 5.02 \times 10^{-6}$;

(2) Ag_2SO_4，$K_{sp} = 1.20 \times 10^{-5}$。

【2-22】 求 CaF_2 在下列溶液中的溶解度(以 $mol \cdot L^{-1}$ 表示)。

(1) 在纯水中；

(2) 在 $1.0 \times 10^{-2} mol \cdot L^{-1} NaF$ 溶液中；

(3) 在 $1.0 \times 10^{-2} mol \cdot L^{-1} CaCl_2$ 溶液中。

【2-23】 通过计算说明下列情况有无沉淀生成。

(1) $0.010 mol \cdot L^{-1} SrCl_2$ 溶液 2mL 和 $0.10 mol \cdot L^{-1} K_2CO_3$ 溶液 3mL 混合。

(2) 1 滴 $0.001 mol \cdot L^{-1} AgNO_3$ 溶液与 2 滴 $0.0006 mol \cdot L^{-1} K_2CrO_4$ 溶液混合。(1 滴按 0.05mL 计算)

(3) 在 100mL $0.010 mol \cdot L^{-1} Pb(NO_3)_2$ 溶液中，加入 0.5848g 固体 NaCl。(忽略体积改变)

【2-24】 在 10mL $1.5 \times 10^{-3} mol \cdot L^{-1} MnSO_4$ 溶液中，加入 5.0mL $0.15 mol \cdot L^{-1}$ 氨水溶液，问能否生成 $Mn(OH)_2$ 沉淀？若在上述 10mL $1.5 \times 10^{-3} mol \cdot L^{-1} MnSO_4$ 溶液中，先加入 0.495g 固体 $(NH_4)_2SO_4$(假定加入量对溶液体积影响不大)，然后再加入 5.0mL $0.15 mol \cdot L^{-1}$ 氨水溶液，问是否有 $Mn(OH)_2$ 沉淀生成？

【2-25】 工业废水的排放标准规定 Cd^{2+} 降到 $0.10 mg \cdot L^{-1}$ 以下即可排放。若用加消中和沉淀法除去 Cd^{2+}，按理论计算，废水溶液中的 pH 至少应为多大？

【2-26】 溶液中含有 Ag^+、Pb^{2+}、Ba^{2+}，它们的浓度均为 $1.0 \times 10^{-2} mol \cdot L^{-1}$。加入 K_2CrO_4 溶液，试通过计算说明上述离子开始沉淀的先后顺序。

【2-27】 某工厂废液中含有 Pb^{2+} 和 Cr^{3+}，经测定 $c_{(Pb^{2+})} = 3.0 \times 10^{-2} mol \cdot L^{-1}$，$c_{(Cr^{3+})} = 2.0 \times 10^{-2} mol \cdot L^{-1}$，若向其中逐渐加入 NaOH(忽略体积变化)将其分离，试计算说明：

(1) 哪种离子先被沉淀？

(2) 若分离这两种离子，溶液的 pH 应控制在什么范围？

【2-28】 某溶液中含有 $0.1 mol \cdot L^{-1} Ba^{2+}$ 和 $0.1 mol \cdot L^{-1} Ag^+$，在滴加 K_2SO_4 溶液时(忽略体积变化)，哪种离子首先沉淀出来？当第二种离子沉淀析出时，第一种被沉淀离子是否沉淀完全？两种离子有无可能用沉淀法分离？

【2-29】 在 $1.0 mol \cdot L^{-1} Mn^{2+}$ 溶液中含有少量 Pb^{2+}，如欲使 Pb^{2+} 形成 PbS 沉淀，而 Mn^{2+} 留在溶液中，从而达到分离的目的，溶液中 S^{2-} 的浓度应控制在何范围？若通入 H_2S 气体来实现上述目的，问溶液的 H^+ 浓度应控制在何范围？

【2-30】 AgI 沉淀用 $(NH_4)_2S$ 溶液处理使之转化为 Ag_2S 沉淀，该转化反应的平衡常数是多少？若在 1.0L $(NH_4)_2S$ 溶液中转化 0.010mol AgI，$(NH_4)_2S$ 溶液的最初浓度应为多少？

【2-31】 在 1.00L HAc 溶液中，溶解 0.10mol 的 MnS，问 HAc 的最初浓度至少应是多少？(完全生成 MnS 和 H_2S)

第 3 章

电化学基础

所有的化学反应可被划分为两类:一类是氧化还原反应,另一类是非氧化还原反应。前面所讨论的酸碱反应和沉淀反应都是非氧化还原反应。氧化还原反应中,电子从一种物质转移到另一种物质,相应某些元素的氧化值发生了改变,这是一类非常重要的反应。早在远古时代,"燃烧"这一最早被应用的氧化还原反应促进了人类的进化,地球上植物的光合作用也是氧化还原过程。据估计,每年通过光合作用储存了大约 10^{17} kJ 的能量,同时将 10^{10} t 的碳转化为碳水化合物和其他有机物。人体内氧气的输送和消耗过程也是氧化还原反应过程。在现代社会中,金属冶炼、高能燃料和众多化工产品的合成都涉及氧化还原反应。在电池中,自发的氧化还原反应将化学能转变为电能。相反,在电解池中,电能迫使非自发的氧化还原反应进行,并将电能转化为化学能,电能与化学能之间的相互转化是电化学研究的重要内容。电化学是化学学科的分支学科之一,对工业生产和科学研究均起着重要的作用。

本章将以原电池作为讨论氧化还原反应的物理模型,重点讨论标准电极电势的概念以及影响电极电势的因素。同时将氧化还原反应与原电池电动势联系起来,判断反应进行的方向和限度,为今后深入地学习电化学打下基础。

3.1 氧化还原反应的基本概念

人们对氧化还原反应的认识经历了一个过程。最初把一种物质同氧化合的反应称为氧化;把含氧的物质失去氧的反应称为还原。随着对化学反应的深入研究,人们认识到还原反应实质上是得到电子的过程,氧化反应是失去电子的过程;氧化与还原必然是同时发生的,而且得失电子数目相等。总之,这样一类有电子转移(电子得失或共用电子对偏移)的反应,统称为氧化还原反应。例如,

$$Cu^{2+}(aq) + Zn(s) \longrightarrow Zn^{2+}(aq) + Cu(s) \qquad 电子得失$$

$$H_2(g) + Cl_2(g) \longrightarrow 2HCl(g) \qquad 电子偏移$$

$$CH_3CHO + \frac{1}{2}O_2(g) \longrightarrow CH_3COOH \qquad 电子偏移$$

氧化还原反应的基本特征是反应前后元素的氧化数发生了改变。

3.1.1 氧化态(数)

在氧化还原反应中,电子转移引起某些原子的价电子层结构发生变化,从而改变了这些原子的带电状态。为了描述原子带电状态的改变,表明元素被氧化的程度,提出了氧化态的

概念。物质中原子氧化程度的量度称为氧化态,又称氧化数。氧化数指某元素的一个原子的电荷数。该电荷数是假定把每一化学键的电子指定给电负性更大的原子而求得的。确定氧化数的规则如下:

(1) 在单质中,元素的氧化数为零。

(2) 在单原子离子中,元素的氧化数等于离子所带的电荷数。如 Cu^{2+}、Na^+、Cl^- 和 S^{2-},它们的电荷数分别为 $+2$、$+1$、-1 和 -2。

(3) 在共价键结合的多原子分子或离子中,原子所带的形式电荷数就是其氧化数。如 CO_2,C 的氧化数为 $+4$,O 的氧化数为 -2。

(4) 在大多数化合物中,氢的氧化数为 $+1$;只有在金属氢化物中(如 NaH、CaH_2)中,氢的氧化数为 -1。

(5) 通常,在化合物中氧的氧化数为 -2;但是在 H_2O_2、Na_2O_2、BaO_2 等过氧化物中,氧的氧化数为 -1;在氧的氟化物中,如 OF_2 和 O_2F_2 中,氧的氧化数分别为 $+2$ 和 $+1$。

(6) 在所有的氟化物中,氟的氧化数为 -1。

(7) 碱金属和碱土金属的化合物中的氧化数分别为 $+1$ 和 $+2$。

(8) 在中性分子中,各元素氧化数的代数和为零。在离子团中,各元素氧化数的代数和等于离子团所带电荷数,如:$K_2Cr_2O_7$ 中,Cr 为 $+6$;Fe_3O_4 中,Fe 为 $+8/3$;$Na_2S_2O_3$ 中,S 为 $+2$。

元素氧化数的改变与反应中得失电子相关联。元素氧化数升高、失去电子的物质是还原剂,还原剂是电子的给予体,它失去电子后本身被氧化。元素氧化值降低、得到电子的物质是氧化剂,氧化剂是电子的接受体,它得到电子后本身被还原。无机反应中常见的氧化剂一般是活泼的非金属单质(如 F_2、Cl_2、Br_2、I_2、S、P 等)和高氧化数的化合物(如 $KMnO_4$、$K_2Cr_2O_7$);还原剂一般是活泼的金属(如 Na、K、Ca、Mg、Zn 等)和低氧化数的化合物(如 KI、$FeSO_4$、$SnCl_2$ 等)。

氧化数与化合价的区别是:化合价只能是整数,而且共价数没有正负之别,氧化数可以是正、负整数或分数,甚至可以大于元素的价电子数。

任何氧化还原反应都是由两个"半反应"组成,如

$$Cu^{2+} + Fe \Longrightarrow Cu + Fe^{2+}$$

是由下列两个"半反应"组成:

还原反应:$Cu^{2+} + 2e^- \Longrightarrow Cu$

氧化反应:$Fe - 2e^- \Longrightarrow Fe^{2+}$

在半反应式中,同一元素的两种不同氧化数物种组成了氧化还原电对。用符号表示为:氧化型/还原型,如 Cu^{2+}/Cu,Fe^{2+}/Fe。电对中氧化数较大的物种为氧化型,如上述半反应中的 Cu^{2+} 和 Fe^{2+};电对中氧化数较小的物种为还原型,如上述半反应中的 Cu 和 Fe。任意一个氧化还原电对,原则上都可以构成一个半电池,其半反应一般都采用还原反应的形式书写,即

$$氧化型 + ze^- \Longleftrightarrow 还原型$$

任何氧化还原反应系统都是由两个电对构成的。

$$氧化型(2) + 还原型(1) \Longleftrightarrow 氧化型(1) + 还原型(2)$$

其中,还原型(1)为还原剂,在反应中被氧化为氧化型(1);氧化型(2)是氧化剂,在反应中被

还原为还原型(2)。在氧化还原反应中,失电子与得电子、氧化与还原、还原剂与氧化剂既是对立的,又是相互依存的,共处于同一反应中。

3.1.2 氧化还原反应方程式的配平(离子-电子法)

1. 配平原则

(1) 电荷守恒:反应中氧化剂所得电子数必须等于还原剂所失去的电子数。

(2) 质量守恒:根据质量守恒定律,方程式两边各种元素的原子总数必须各自相等,各物种的电荷数的代数和必须相等。

2. 配平的主要步骤

(1) 用离子式写出主要反应物和产物(气体、纯液体、固体和弱电解质则写分子式)。

(2) 分别写出氧化剂被还原和还原剂被氧化的半反应。

(3) 分别配平两个半反应方程式,等号两边的各种元素的原子总数各自相等且电荷数相等。

(4) 确定两个半反应方程式得、失电子数目的最小公倍数。将两个半反应方程式中各项分别乘以相应的系数,使其得、失电子数目相同。然后,将两者合并,就得到了配平的氧化还原反应的离子方程式。有时根据需要可将其改为分子方程式。

【例 3-1】 用离子电子法配平高锰酸钾和亚硫酸钾在稀硫酸中的反应

$$KMnO_4 + K_2SO_3 + H_2SO_4 \longrightarrow MnSO_4 + K_2SO_4 + H_2O$$

解:(1) 用离子式写出主要反应物和产物。

$$MnO_4^- + SO_3^{2-} + H^+ \longrightarrow Mn^{2+} + SO_4^{2-} + H_2O$$

(2) 分别写出氧化剂被还原和还原剂被氧化的半反应。

还原半反应:$MnO_4^- \longrightarrow Mn^{2+}$

氧化半反应:$SO_3^{2-} \longrightarrow SO_4^{2-}$

(3) 分别配平两个半反应方程式。首先配平原子数,然后在半反应的左边或右边加上适当电子数配平电荷数。

$$MnO_4^- + 8H^+ + 5e^- = Mn^{2+} + 4H_2O \qquad \times 2$$

$$SO_3^{2-} + H_2O = SO_4^{2-} + 2H^+ + 2e^- \qquad \times 5$$

(4) 确定两个半反应方程式得、失电子数目的最小公倍数。将两个半反应方程式中各项分别乘以相应的系数,使其得、失电子数目相同。然后,将两者合并,即得到了配平的氧化还原反应的离子方程式。

$$2MnO_4^- + 5SO_3^{2-} + 6H^+ \longrightarrow 2Mn^{2+} + 5SO_4^{2-} + 3H_2O$$

(5) 加上原来参与氧化还原反应的离子,改写成分子方程式,核对方程式两边各元素原子个数相等,完成方程式配平。

$$2KMnO_4 + 5K_2SO_3 + 3H_2SO_4 = 2MnSO_4 + 6K_2SO_4 + 3H_2O$$

利用质量守恒原理配平半反应方程式时,若反应物和生成物所含氧原子数目不同。可根据介质的酸碱性,在半反应中加 H^+、OH^- 或 H_2O,使反应式两边的氧原子数目相同。

当氧化还原反应方程式配平后,在酸性介质中不能出现 OH^-;在碱性介质中不能出现 H^+。通常的规律是:在酸性介质中,O 原子少的一侧加 H_2O,另一侧加 2 倍的 H^+;在碱性介质中,O 原子多的一侧加 H_2O,另一侧加 2 倍的 OH^-;而在中性介质中,氧原子数不平时,一律左侧加 H_2O,右侧加 2 倍的 OH^- 或 H^+。

【例 3-2】 配平在碱性介质中进行的氧化还原反应。

解: $KMnO_4 + K_2SO_3 \longrightarrow K_2MnO_4 + K_2SO_4$

$$MnO_4^- + e^- = MnO_4^{2-} \qquad \times 2$$

$$SO_3^{2-} + 2OH^- = SO_4^{2-} + H_2O + 2e^- \qquad \times 1$$

$$2MnO_4^- + SO_3^{2-} + 2OH^- = 2MnO_4^{2-} + SO_4^{2-} + H_2O$$

$$2KMnO_4 + K_2SO_3 + 2KOH = 2K_2MnO_4 + K_2SO_4 + H_2O$$

【例 3-3】 配平在中性介质中进行的氧化还原反应。

解: $KMnO_4 + K_2SO_3 \longrightarrow MnO_2 + K_2SO_4$

$$MnO_4^- + 2H_2O + 3e^- = MnO_2 + 4OH^- \qquad \times 2$$

$$SO_3^{2-} + H_2O = SO_4^{2-} + 2H^+ + 2e^- \qquad \times 3$$

$$2MnO_4^- + 3SO_3^{2-} + H_2O = 2MnO_2 + 3SO_4^{2-} + 2OH^-$$

补入合适的阴阳离子,把离子方程式改写为分子方程式。

$$2KMnO_4 + 3K_2SO_3 + H_2O = 2MnO_2 + 3K_2SO_4 + 2KOH$$

离子-电子法能反映出水溶液中反应的实质,特别对有介质参加的反应配平比较方便。此法不仅有助于书写半反应式,而且对根据反应设计原电池、书写电极反应及电化学计算都有帮助。但应注意,离子-电子法只适用于发生在溶液中的氧化还原反应的配平。

3.1.3 反应的特殊类型

1. 自氧化还原反应

同一物质,既是氧化剂,又是还原剂,但氧化、还原发生在不同元素的原子上。

例如:$KClO_3(s) \longrightarrow 2KCl(s) + 3O_2(g)$

$HgO(s) \longrightarrow 2Hg(s) + O_2(g)$

2. 歧化反应

同一物质中同一元素的原子,有的氧化数升高,有的氧化数降低,称为歧化反应。

例如:$Cl_2(g) + H_2O(l) = HOCl(aq) + HCl(aq)$

$\quad\quad\quad 0 \quad\quad\quad\quad\quad\quad\quad\quad +1 \quad\quad -1$

3.2 化学电池

化学电池起源于医学家研究的医学电现象,其中在科学界引起极大震动和兴趣的是意大利的医学和解剖学教授 L. Galvani 的"动物电"实验,提出了"动物电"的说法。意大利物理学家伏特(A. Volta)看到上述内容后,否定了"动物电"的说法,提出了"金属电"的概念。他认为,不同金属之间存在着电势差,并将导体分为两类:第一类导体是金属和某些导电固体;第二类导体是液体(电解质溶液和某些熔化的固体)。在此基础上,1800 年伏特设计并装配完成了第一个能产生持续电流的电堆(即电池)。直到科学技术高度发达的现代社会,各种电池也都是以伏特电堆的原理为基础的。

3.2.1 原电池的组成

将锌片放在硫酸铜溶液中,可以看到硫酸铜溶液的蓝色逐渐变浅,析出紫红色的铜,此现象表明 Zn 与 $CuSO_4$ 溶液之间发生了氧化还原反应。

$$Zn + CuSO_4 \rightleftharpoons Cu + ZnSO_4$$

在该反应中,Zn 与 Zn^{2+} 及 Cu 与 Cu^{2+} 间发生了电子转移,但这种电子转移不是电子的定向移动,不能产生电流。反应中化学能转变为热能,并在溶液中消耗掉了。

若该氧化还原反应在如图 3-1 所示的装置内进行时,会发现当电路接通后,检流计的指针发生偏转,这表明导线中有电流通过,此时 Zn 片开始溶解所产生的 Zn^{2+} 进入 $ZnSO_4$ 溶液中,而 $CuSO_4$ 溶液中的 C_u^{2+} 在 Cu 片上以 Cu 的形式开始沉积。由检流计指针偏转方向可知,电流方向由 Cu 电极指向 Zn 电极,而电子则从 Zn 电极流向 Cu 电极。这种将自发的氧化还原反应所产生的化学能直接转变成电能的电化学储能装置称为原电池。

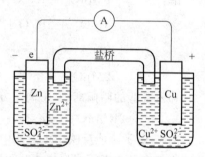

图 3-1　锌-铜原电池示意图

上述装置称为锌-铜原电池。锌-铜原电池是由两个半电池(电极)组成的,一个半电池为锌片和 $ZnSO_4$ 溶液,另一个半电池为铜片和 $CuSO_4$ 溶液,两溶液间用盐桥相连。盐桥是一支装满琼脂和饱和 KCl 溶液或饱和 KNO_3 溶液的 U 形管。其作用是沟通两个半电池,使两个半电池中的溶液都保持电中性,并组成环路,盐桥本身并不起变化。

原电池中,与电解质溶液相连的导体称为电极。其中,电子流出的电极是负极,失电子,发生氧化反应;电子流入的电极是正极,得电子,发生还原反应。在电极上发生的氧化或还原反应则称为电极反应或半电池反应。每个半电池可由同一元素的两种不同氧化态(即高氧化态和低氧化态)组成。书写电极反应和电池反应时,必须满足物质的量及电荷平衡。两个半电池反应合并构成原电池总反应,称为电池反应。

例如,锌-铜电池(Daniell Cell):

负极:$Zn - 2e^- \rightleftharpoons Zn^{2+}$　　氧化反应

正极:$Cu^{2+} + 2e^- \rightleftharpoons Cu$　　还原反应

电池反应:$Zn + Cu^{2+} \rightleftharpoons Cu + Zn^{2+}$

为了科学方便地表示原电池的结构和组成,原电池装置可用电池符号表示。如锌-铜电池可表示为

$$(-)Zn \mid Zn^{2+} (c_1) \parallel Cu^{2+} (c_2) \mid Cu(+)$$

正确书写原电池符号的规则如下:

(1) 负极写在左边,正极写在右边。

(2) 金属材料写在外面,电解质溶液写在中间。

(3) 不同相界面用"｜"隔开,同一相中不同物质之间用",",分开,用"‖"表示盐桥。

(4) 表示出相应的离子浓度或气体压力。

(5) 若电极反应中无金属导体,则需用惰性电极 Pt 电极或 C 电极,它只起导电作用,而不参与电极反应。例如:

$$(-)Pt,H_2(p) \mid H^+(c_1) \parallel Fe^{3+}(c_2),Fe^{2+}(c_3) \mid Pt(+)$$

(负极)｜电解质溶液(浓度)‖电解质溶液(浓度)｜正极

【例 3-4】　根据下列电池反应写出相应的电池符号。

(1) $H_2 + 2Ag^+ \Longrightarrow 2H^+ + 2Ag$

(2) $Cu + 2Fe^{3+} \Longrightarrow Cu^{2+} + 2Fe^{2+}$

解:(1) $(-)Pt,H_2(p) \mid H^+(c_1) \parallel Ag^+(c_2) \mid Ag(+)$

(2) $(-)Cu \mid Cu^{2+}(c_1) \parallel Fe^{3+}(c_2),Fe^{2+}(c_3) \mid Pt(+)$

3.2.2　电池的电动势

把原电池的两个电极用导线(一般用与电极材料相同的金属)连接起来时,在构成的电路中就有电流通过,这说明两个电极之间有一定的电势差存在。如同有水位差时的水自动流动一样,原电池两极间电势差的存在,说明构成原电池的两个电极各自具有不同的电极电势。也就是说,原电池中电流的产生是由两个电极的电势不同所致。

当通过原电池的电流趋于零时,两电极间的最大电势差被称为原电池的电动势。原电池正、负极之间的平衡电势差就是原电池的电动势,即

$$E = \varphi_{(+)} - \varphi_{(-)}$$

式中,E——原电池的电动势,V;

$\quad \varphi_{(+)}$——原电池正极的平衡电势,V;

$\quad \varphi_{(-)}$——原电池负极的平衡电势,V。

原电池的电动势大小不仅与电池反应中各物质的性质有关,还与系统的组成有关。当原电池中各物种均处于各物种的标准态时,测定的电动势为标准电动势,以 $E^{\ominus}$ 表示。标准状态是指电池反应中的液体或固体都是纯净物,溶液中各离子的浓度为 $1mol \cdot L^{-1}$,气体的分压为 $100kPa$。

3.3　电　极　电　势

3.3.1　电极电势的产生

在一定条件下,当把金属放入含有该金属离子的盐溶液中时,有两种反应倾向存在:一种是,金属表面的离子进入溶液和水分子结合成为水合离子,某种条件下达到平衡时金属表面带负电荷,靠近金属附近的溶液带正电荷;另一种是,溶液中的水合离子从金属表面获得电子,沉积到金属表面,平衡时金属表面带正电荷,而溶液带负电荷,金属和金属离子建立了

动态平衡

$$M \Longrightarrow M^{n+} + ne^-$$

这样,在金属和溶液的界面间,就形成了由等量异号电荷所构成的双电层。

这种金属表面与其盐溶液形成的双电层间的电势差称为该金属的电极反应电势,简称为电极电势,用符号 φ 表示。金属越活泼,溶解成离子的倾向越大,离子沉积的倾向越小,达到平衡时,电极电势越低;反之,电极电势越高。

电极电势的大小不仅取决于电极的性质,还与温度和溶液中相应离子的浓度有关。不仅金属及其盐溶液可以产生电势差,不同的金属、不同的电解质溶液之间在接触面上也可产生电势差。前面我们提到的盐桥的作用就是消除不同液体间的接界电势。

3.3.2　标准氢电极

电极电势是一个重要的物理量。到目前为止,任何一个电极其电极电势的绝对值还无法测量,但是我们可以选择某种电极作为基准,规定它的电极电势为零,通常选择标准氢电极(SHE)作为基准。将待测电极与标准氢电极组成一个原电池,通过测定该电池的电动势就可以求出待测电极的电极电势的相对值。

将一根表面镀有一层多孔的铂黑(细粉状的铂)的铂片电极,浸入氢离子浓度为 $1\,mol \cdot L^{-1}$ 的酸溶液中,在 298.15K 时不断通入压力为 100kPa 的纯氢气流,使铂黑电极上吸附的氢气达到饱和(图 3-2)。此时,H_2 与溶液中 H^+ 可达到平衡:

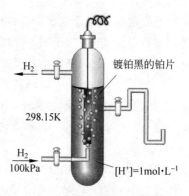

$$2H^+(aq) + 2e^- \Longrightarrow H_2(g)$$

氢电极的原电池符号可表示为:

$$Pt \mid H_2(10^5\,Pa) \mid H^+(1\,mol \cdot L^{-1})$$

或 　$H^+(1\,mol \cdot L^{-1}) \mid H_2(10^5\,Pa) \mid Pt$

规定:298.15K 时标准氢电极的还原电极电势为零,即 $\varphi^{\ominus}_{(H^+/H_2)} = 0V$。

图 3-2　标准氢电极的结构示意图

3.3.3　标准电极电势

在电化学的实际应用中,电极的标准电极电势显得更重要。参与电极反应的物质都处于标准状态(浓度 c_i 均为 $1\,mol \cdot L^{-1}$,气体的分压 p_i 为 100kPa,固体及液体都是纯净物)的电极电势称为标准电极电势,以符号 $\varphi^{\ominus}_{(氧化型/还原型)}$ 表示。电极的标准电极电势可以通过实验测得。一般情况下,令待测电极中各物质均处于标准态下,将其与标准氢电极相连接组成原电池,利用电压表测定该电池的电动势并确定其正极和负极,根据 $\varphi^{\ominus}_{(H^+/H_2)} = 0V$,$E^{\ominus} = \varphi^{\ominus}_{(+)} - \varphi^{\ominus}_{(-)}$,可推算出待测电极的标准电极电势。

例如:测定锌电极的标准电极电势。将处于标准状态的锌电极与标准氢电极组成原电池。根据检流计指针偏转方向,可知电流由氢电极通过导线流向锌电极,所以标准氢电极为正极,标准锌电极为负极。原电池符号为

$$(-)Zn \mid Zn^{2+} (1mol \cdot L^{-1}) \parallel H^+ (1mol \cdot L^{-1}) \mid H_2(10^5 Pa) \mid Pt(+)$$

电池反应为　　　　$Zn + 2H^+ \Longrightarrow Zn^{2+} + H_2$

298.15K 时,测得此原电池的标准电动势 $E^\ominus = 0.7626V$,则 $E^\ominus = \varphi_{(H^+/H_2)}^\ominus -$
$\varphi_{(Zn^{2+}/Zn)}^\ominus$,所以 $\varphi_{(Zn^{2+}/Zn)}^\ominus = -0.7626V$。

利用上述方法可以测出一系列其他电极的标准电极电势。将测得的 $\varphi^\ominus$ 按代数值由小
到大的顺序排列,可得到标准电极电势数据表(见附录 C)。显然,氢以上为负,氢以下为正。
在使用标准电极电势表时有以下几点说明:

(1)标准电极电势的符号是正或负,不因电极反应的写法而改变;

$$Zn^{2+} + 2e^- \Longrightarrow Zn, \quad \varphi_{(Zn^{2+}/Zn)}^\ominus = -0.7626V$$

$$Zn - 2e^- \Longrightarrow Zn^{2+}, \quad \varphi_{(Zn^{2+}/Zn)}^\ominus = -0.7626V$$

(2)标准电极电势仅适用于水溶液中,对非水溶液、高温反应、固相反应不适用;

(3)$\varphi^\ominus$ 与反应速率无关;

(4)标准电极电势的大小与电极反应式的计量系数无关;

(5)在不同介质中的一些电极,其电极反应和电极电势不同。

3.3.4　影响电极电势的因素——能斯特方程

标准电极电势是在标准状态下测定的,通常参考温度为 298.15K。当电极处于非标准
状态时,其电极电势的大小主要取决于构成电对物质的性质,同时也受温度、溶液中离子的
浓度、气体的压力及溶液酸碱度等因素的影响。

能斯特方程可用于求氧化还原电对在非标准状况下的电极电势,表达了电极电势与浓
度、温度压力等影响因素之间的定量关系。

对于任意给定的电极反应: a 氧化型 $+ ze^- \Longrightarrow$ 还原型

$$\varphi = \varphi^\ominus + \frac{RT}{zF} \ln \frac{[c_{(氧化型)}/c^\ominus]^a}{[c_{(还原型)}/c^\ominus]^b}$$

式中:φ——电对在任一温度、浓度时的电极电势,V;

$\quad \varphi^\ominus$——电对的标准电极电势,V;

$\quad R$——摩尔气体常数,8.314J $\cdot$ mol^{-1} $\cdot$ K^{-1};

$\quad F$——法拉第常数,96485C $\cdot$ mol^{-1};

$\quad T$——热力学温度,K;

$\quad z$——电极反应式中转移的电子数;

$\quad c_{(氧化型)}$——电极反应中氧化型物质的浓度,mol $\cdot$ L^{-1};

$\quad c_{(还原型)}$——电极反应中还原型物质的浓度,mol $\cdot$ L^{-1};

$\quad a$——电极反应中氧化型物质的化学计量系数;

$\quad b$——电极反应中氧化型物质的化学计量系数;

$\quad c^\ominus$——标准浓度,mol $\cdot$ L^{-1}。

上式为电极反应的能斯特方程,它反映了温度、浓度、压力等因素对电对的电极电势的
影响。298.15K 时,电极反应的能斯特方程可写为:

$$\varphi = \varphi^\ominus + \frac{0.0592}{z} \lg \frac{[c_{(氧化型)}/c^\ominus]^a}{[c_{(还原型)}/c^\ominus]^b}$$

使用能斯特方程时应遵循以下规则：

（1）氧化型和还原型物质浓度的指数等于电极反应中各物质的化学计量数；

（2）若有纯固体或纯液体参与电极反应,则这类物质浓度为 1,不列入方程式中；

（3）若有气体参与电极反应,则其相对浓度$(c/c^\ominus)$改用相对压力$(p/p^\ominus)$表示；

（4）能斯特方程中,溶液的浓度单位为 $mol \cdot L^{-1}$,气体的压力单位为 $kPa(p^\ominus = 100kPa)$。

利用能斯特方程可计算电极电势的大小,并判断其变化趋势。由电极反应的能斯特方程可见,当 $c_{(氧化型)}$ 或 $p_{(氧化型)}$ 逐渐增大时,电极电势将增大；当 $c_{(还原型)}$ 或 $p_{(还原型)}$ 逐渐增大时,电极电势将减小。

在有含氧酸根、氧化物或氢氧化物参与的电极反应中,H^+ 或 OH^- 浓度的变化可能会引起电极电势的改变。此外,电极反应中的氧化型或还原型物质在形成难溶电解质、配合物、弱酸或弱碱时,也都能使电极电势改变。

例如：

$$Cu^{2+} + 2e^- \rightleftharpoons Cu \qquad\qquad\qquad 0.34V$$

$$[Cu(NH_3)_4]^{2+} + 2e^- \rightleftharpoons Cu + 4NH_3 \qquad -0.065V$$

一般来说,改变离子浓度或气体的压力不会引起 φ 值很大变化,但生成沉淀、配合物,可使 φ 发生相当可观的变化。

利用能斯特方程可以计算电对在各种浓度下的电极电势。

【例 3-5】 写出下列电对的能斯特方程。

（1）Cu^{2+}/Cu

解：电极反应 $\quad Cu^{2+} + 2e^- \rightleftharpoons Cu$

$$\varphi_{(Cu^{2+}/Cu)} = \varphi_{(Cu^{2+}/Cu)}^\ominus + \frac{0.0592}{2} \lg [c_{(Cu^{2+})}/c^\ominus]$$

（2）MnO_2/Mn^{2+}

解：电极反应 $\quad MnO_2 + 4H^+ + 2e^- \rightleftharpoons Mn^{2+} + 2H_2O$

$$\varphi_{(MnO_2/Mn^{2+})} = \varphi_{(MnO_2/Mn^{2+})}^\ominus + \frac{0.0592}{2} \lg \frac{[c_{(H^+)}/c^\ominus]^4}{c_{(Mn^{2+})}/c^\ominus}$$

（3）O_2/H_2O

解：电极反应 $\quad O_2 + 4H^+ + 4e^- \rightleftharpoons 2H_2O$

$$\varphi_{(O_2/H_2O)} = \varphi_{(O_2/H_2O)}^\ominus + \frac{0.0592}{4} \lg [p_{(O_2)}/p^\ominus][c_{(H^+)}/c^\ominus]^4$$

（4）$AgCl/Ag$

解：电极反应 $\quad AgCl(s) + e^- \rightleftharpoons Ag + Cl^-$

$$\varphi_{(AgCl/Ag)} = \varphi_{(AgCl/Ag)}^\ominus + 0.0592 \lg \frac{1}{c_{(Cl^-)}/c^\ominus}$$

【例 3-6】 已知：$\varphi_{(O_2/OH^-)}^\ominus = 0.40V$,求 298.15K 下,$pH = 13$,$p_{(O_2)} = 100kPa$ 时电极反应 $O_2 + 2H_2O + 4e^- \rightleftharpoons 4OH^-$ 的电极电势。

解：$pOH = 1$，$c_{(OH^-)} = 0.1 mol \cdot L^{-1}$

$$\varphi_{(O_2/OH^-)} = \varphi^{\ominus}_{(O_2/OH^-)} + \frac{0.0592}{4} lg \frac{p_{(O_2)}/p^{\ominus}}{[c_{(OH^-)}/c^{\ominus}]^4}$$

$$= 0.40V + \frac{0.0592}{4} lg \frac{1}{0.1^4}V$$

$$= 0.459V$$

3.4　电极电势的应用

3.4.1　判断氧化剂和还原剂的强弱

利用标准电极电势可比较氧化还原反应中，氧化剂或还原剂的相对强弱。对于任意给定的电极反应（氧化型 $+ ze^- \Longrightarrow$ 还原型），电对的 $\varphi^{\ominus}$ 值越大，其氧化型物质在标准状态下是越强的氧化剂，还原型物质是越弱的还原剂。反之，电对的 $\varphi^{\ominus}$ 值越小，其氧化型物质在标准状态下是越弱的氧化剂，还原型物质是越强的还原剂。在同一电对中，氧化剂和还原剂的强弱是相对的，这种共轭关系如同酸碱的共轭关系一样。

例如，在标准电极电势表（298.15K）中，Li 是强还原剂，它是标准电极电势较小的电对（Li^+/Li）的还原型；F_2 是强氧化剂，它是标准电极电势较大的电对（F_2/F^-）的氧化型。相应地 Li^+ 是较弱的氧化剂，F^- 是较弱的还原剂。

通常实验室用的强氧化剂其电对的 $\varphi^{\ominus}$ 值往往大于 1，如 $KMnO_4$、$K_2Cr_2O_7$ 等；常用的强还原剂其电对的 $\varphi^{\ominus}$ 值往往小于零或接近于零，如 Zn、Fe 等。例如，$\varphi^{\ominus}_{(Zn^{2+}/Zn)} = -0.7626V$，$\varphi^{\ominus}_{(Cu^{2+}/Cu)} = 0.340V$，则氧化性 $Cu^{2+} > Zn^{2+}$，还原性 $Zn > Cu$。

对既有氧化性又有还原性的物质，判断其氧化性时要看其为氧化型的电对，判断其还原性时要看其为还原型的电对。例如，H_2O_2 既有氧化性又有还原性，有关电对如下：

(1) $H_2O_2 + 2H^+ + 2e^- \Longrightarrow 2H_2O$，　$\varphi^{\ominus} = 1.776V$

(2) $O_2 + 2H^+ + 2e^- \Longrightarrow H_2O_2$，　$\varphi^{\ominus} = 0.595V$

(3) $HO_2^- + H_2O + 2e^- \Longrightarrow 3OH^-$，　$\varphi^{\ominus} = 0.878V$

(4) $O_2 + H_2O + 2e^- \Longrightarrow OH^- + HO_2^-$，　$\varphi^{\ominus} = -0.076V$

从（1）和（3）可分别判断 H_2O_2 在酸性和碱性条件下的氧化性，从（2）和（4）可分别判断 H_2O_2 在酸性和碱性条件下的还原性。

3.4.2　判断氧化还原反应自发进行的方向

氧化还原反应是争夺电子的反应，自发的氧化还原反应总是在得电子能力强的氧化剂与失电子能力强的还原剂之间发生，即

$$强氧化剂 1 + 强还原剂 2 \longrightarrow 弱还原剂 1 + 弱氧化剂 2$$

1. 对角线反应法

标准电极电势表右上方的还原型物质，在标准态均能自发地与左下方的氧化型物质发

生氧化还原反应。即从标准电极电势表的右上角向左下角画对角线所连接的物质之间在标准态能自发地进行氧化还原反应。

【例 3-7】 试解释在标准状态下,三氯化铁溶液为什么可以溶解铜板?

解: $Cu^{2+} + 2e^- \Longrightarrow Cu$, $\quad \varphi^{\ominus}_{(Cu^{2+}/Cu)} = 0.34V$

$\qquad 2Fe^{3+} + 2e^- \Longrightarrow 2Fe^{2+}$, $\quad \varphi^{\ominus}_{(Fe^{3+}/Fe^{2+})} = 0.771V$

对应反应:$2Fe^{3+} + Cu \Longrightarrow 2Fe^{2+} + Cu^{2+}$

根据对角线规则,画线连接的是 Fe^{3+} 和 Cu,即 Fe^{3+} 和 Cu 之间的反应能自发进行。

2. 电动势法

按照给定反应组成原电池,用电池电动势判断氧化还原反应的自发性。当 $E > 0$ 时,反应正向自发进行;当 $E < 0$ 时,反应逆向自发进行;当 $E = 0$ 时,反应达到平衡状态。

在氧化还原反应中,氧化剂被还原,相应电对反应为原电池正极的电极反应;还原剂被氧化,相应电对反应为原电池负极的电极反应,则

$$E = \varphi_{(+)} - \varphi_{(-)} = \varphi_{(氧化剂电对)} - \varphi_{(还原剂电对)}$$

【例 3-8】 试解释在标准状态下,三氯化铁溶液为什么可以溶解铜板?

解: $Cu^{2+} + 2e^- \Longrightarrow Cu$, $\quad \varphi^{\ominus}_{(Cu^{2+}/Cu)} = 0.34V$

$\qquad 2Fe^{3+} + 2e^- \Longrightarrow 2Fe^{2+}$, $\quad \varphi^{\ominus}_{(Fe^{3+}/Fe^{2+})} = 0.771V$

对应反应:$2Fe^{3+} + Cu \Longrightarrow 2Fe^{2+} + Cu^{2+}$

电对 Fe^{3+}/Fe^{2+} 间的氧化还原反应为电池的正极反应;电对 Cu^{2+}/Cu 间的氧化还原反应为电池的负极反应。

因为:$E^{\ominus} = \varphi^{\ominus}_{(+)} - \varphi^{\ominus}_{(-)} = 0.771V - 0.34V > 0$,反应向右自发进行。故三氯化铁溶液可以氧化铜板。

【例 3-9】 已知 $\varphi^{\ominus}_{(Pb^{2+}/Pb)} = -0.126V$,$\varphi^{\ominus}_{(Sn^{2+}/Sn)} = -0.136V$,试判断反应

$$Pb^{2+} + Sn \Longrightarrow Pb + Sn^{2+}$$

(1) 在标准状态下能否自发向右进行?

(2) 当 $c_{(Sn^{2+})} = 1mol \cdot L^{-1}$、$c_{(Pb^{2+})} = 0.1mol \cdot L^{-1}$ 时能否自发向右进行?

解:(1) 按照给定反应方向,写出电极反应。

正极反应:$Pb^{2+} + 2e^- \Longrightarrow Pb$, $\quad \varphi^{\ominus}_{(Pb^{2+}/Pb)} = -0.126V$

负极反应:$Sn^{2+} + 2e^- \Longrightarrow Sn$, $\quad \varphi^{\ominus}_{(Sn^{2+}/Sn)} = -0.136V$

则有: $\qquad E^{\ominus} = \varphi^{\ominus}_{(+)} - \varphi^{\ominus}_{(-)} = \varphi^{\ominus}_{(Pb^{2+}/Pb)} - \varphi^{\ominus}_{(Sn^{2+}/Sn)}$

$$= -0.126V - (-0.136)V = 0.01V > 0$$

因此反应正向(或向右)自发进行。

(2) 当 $c_{(Sn^{2+})} = 1mol \cdot L^{-1}$,$c_{(Pb^{2+})} = 0.1mol \cdot L^{-1}$ 时,

$$\varphi_{(Pb^{2+}/Pb)} = \varphi^{\ominus}_{(Pb^{2+}/Pb)} + \frac{0.0592}{2} \lg[c_{(Pb^{2+})}/c]$$

$$= \left(-0.126 + \frac{0.0592}{2} \lg 0.1\right)V = -0.156V$$

$$E = \varphi_{(+)} - \varphi_{(-)} = \varphi_{(Pb^{2+}/Pb)} - \varphi^{\ominus}_{(Sn^{2+}/Sn)}$$

$$=-0.156\text{V}-(-0.136)\text{V}=-0.02\text{V}<0$$

因此,反应逆向(或向左)自发进行。

通常由标准电极电势很容易求得标准电池电动势 $E^{\ominus}$,但它只能用于判断标准状态下氧化还原反应的方向。对于非标准条件下的反应而言,根据经验,$E^{\ominus}>0.2\text{V}$ 时,反应正向自发进行;$E^{\ominus}\leqslant-0.2\text{V}$ 时,反应逆向自发进行;当 $-0.2\text{V}<E^{\ominus}\leqslant0.2\text{V}$ 时,必须用 E 来判断反应方向。这一经验规则在多数情况下是适用的。

3.4.3 求氧化还原反应的平衡常数

氧化还原反应进行的程度可用标准平衡常数($K^{\ominus}$)来表示,$K^{\ominus}$ 越大,则氧化还原反应进行得越完全。电化学最重要的研究成果之一是阐明了原电池的标准电动势和其氧化还原反应的标准平衡常数之间的关系。对于任意氧化还原反应:

$$a\,\text{Ox}_1+b\,\text{Red}_2 \Longrightarrow c\,\text{Red}_1+d\,\text{Ox}_2$$

由热力学相关推导可得:$\ln K^{\ominus}=\dfrac{zFE^{\ominus}}{RT}$

当 $T=298.15\text{K}$ 时,$\ln K^{\ominus}=\dfrac{zE^{\ominus}}{0.0257}$ 或 $\lg K^{\ominus}=\dfrac{zE^{\ominus}}{0.0592}$,其中 $E^{\ominus}=\varphi^{\ominus}_{(+)}-\varphi^{\ominus}_{(-)}$。

由上述关系可以看出,电动势或电极电势的测定是热力学信息的重要来源之一。可以通过 $E^{\ominus}$、E、$\varphi^{\ominus}$ 等物理量的测定或计算得到 $K^{\ominus}$。反之,由热力学数据也可以计算 $E^{\ominus}$、E、$\varphi^{\ominus}$ 等物理量。

【例 3-10】 在 298.15K 下,求电池反应 $\text{Cu}^{2+}+\text{Zn}\Longrightarrow\text{Cu}+\text{Zn}^{2+}$ 的标准平衡常数。

解:根据 $E^{\ominus}=\varphi^{\ominus}_{(+)}-\varphi^{\ominus}_{(-)}=\varphi^{\ominus}_{(\text{Cu}^{2+}/\text{Cu})}-\varphi^{\ominus}_{(\text{Zn}^{2+}/\text{Zn})}=0.34\text{V}+0.7626\text{V}=1.1026\text{V}$

则 $\lg K^{\ominus}=\dfrac{zE^{\ominus}}{0.0592}=\dfrac{2\times1.1026}{0.0592}=37.25$,故 $K^{\ominus}=1.58\times10^{37}$

通过计算可见,该反应的标准平衡常数非常大,说明反应进行得很完全。

【例 3-11】 由标准电极电势求 $\text{Ag}^++\text{Cl}^-\Longrightarrow\text{AgCl(s)}$ 的 $K^{\ominus}$ 和 K_{sp}。

解:在上述反应方程式两边各加 1 个金属 Ag,得式:

$$\text{Ag}^++\text{Cl}^-+\text{Ag}\Longrightarrow\text{AgCl(s)}+\text{Ag}$$

负极:$\text{Cl}^-+\text{Ag}-\text{e}^-\Longrightarrow\text{AgCl(s)}$, $\varphi^{\ominus}=0.2223\text{V}$

正极:$\text{Ag}^++\text{e}^-\Longrightarrow\text{Ag}$, $\varphi^{\ominus}=0.7991\text{V}$

$$\lg K^{\ominus}=\frac{0.7991-0.2223}{0.0592}=9.743$$

$$K^{\ominus}=5.62\times10^9$$

$$K_{\text{sp}}=\frac{1}{K^{\ominus}}=1.77\times10^{-10}$$

上述电池反应并非氧化还原反应,然而电对 Ag^+/Ag 与 AgCl/Ag 确实能组成原电池并产生电流。所产生的电极电势差是由于 Ag^+ 浓度不同所致。在标准状态下,Ag^+/Ag 组成的半电池中,$c_{(\text{Ag}^+)}=1.0\text{mol}\cdot\text{L}^{-1}$;而在 AgCl/Ag 半电池中,$c_{(\text{Ag}^+)}=K_{\text{sp}}\text{mol}\cdot\text{L}^{-1}$。不言而喻,$\varphi^{\ominus}_{(\text{Ag}^+/\text{Ag})}>\varphi^{\ominus}_{(\text{AgCl}/\text{Ag})}$。这类由于电极反应物种相同但浓度不同而产生电动势的原电池称为浓差电池。利用浓差电池还可以确定配离子的稳定常数。

前面的讨论仅限于热力学范畴,没有涉及反应的动力学问题。一般来说,氧化还原反应的速率比酸碱反应和沉淀反应要慢些,特别是有结构复杂的含氧酸根参与的反应更是如此。有时氧化剂与还原剂的电极电势之差已足够大,反应应该很完全,但由于反应速率很小,实际上却见不到反应发生。例如,MnO_4^- 与 Ag 在酸性溶液中的反应:

$$MnO_4^- + 5Ag + 8H^+ \rightleftharpoons Mn^{2+} + 5Ag^+ + 4H_2O$$

$$E^{\ominus} = \varphi^{\ominus}_{(MnO_4^-/Mn^{2+})} - \varphi^{\ominus}_{(Ag^+/Ag)}$$

$$= 1.51V - 0.7991V = 0.7109V > 0.2V$$

从热力学上判断,该反应能够发生,但是,实际上却难以进行。如果在溶液中引进少量的 Fe^{3+} 后,MnO_4^- 的紫色能较快地褪去。通常认为 Fe^{3+} 在该反应过程中起催化剂的作用,活化了金属银,其相关反应式如下:

$$Fe^{3+} + Ag \rightleftharpoons Fe^{2+} + Ag^+$$

由此可见,从热力学角度能够指出氧化还原反应的可能性及趋势大小,但不能说明反应速率快慢。因此,在实际情况中判断某反应能否发生时,要从热力学和动力学两个角度去分析问题。

3.4.4 元素电势图

当某元素可以形成三种或三种以上氧化数的物种时,这些物种可以组成多种不同的电对,各电对的标准电极电势可用图的形式表示出来,这种图叫做元素电势图。

画元素电势图时,可以按元素的氧化数由高到低的顺序,把各物质的化学式从左到右写出来,各不同氧化数物种之间用直线连接起来,在直线上标明两种不同氧化数物种所组成的电对的标准电极电势。例如碘在酸性溶液中的电势图为:

$$H_5IO_6 \xrightarrow{+1.644} IO_3^- \xrightarrow{+1.13} \overset{\overset{+1.19}{\overbrace{\hspace{3cm}}}}{HIO} \xrightarrow{+1.45} \underset{\underset{+0.99}{\underbrace{\hspace{3cm}}}}{I_2} \xrightarrow{+0.54} I^-$$

元素电势图对于了解元素的单质及其化合物的氧化还原性质是很有用的,现举例说明。

1. 判断歧化反应

氧化数的升高和降低发生在同一物质的同一种元素上的氧化还原反应称为歧化反应,对于下列元素电势图而言:

$$A \xrightarrow{\varphi^{\ominus}_{(左)}} B \xrightarrow{\varphi^{\ominus}_{(右)}} C$$

当 $\varphi^{\ominus}_{(右)} > \varphi^{\ominus}_{(左)}$ 时,则 B 能发生歧化反应:B=A+C;反之则不能发生歧化反应。例如,现有如下元素电势图:

$$Cu^{2+} \xrightarrow{+0.153} Cu^+ \xrightarrow{+0.521} Cu$$

由于 $\varphi^{\ominus}_{(右)} > \varphi^{\ominus}_{(左)}$,所以 Cu^+ 可发生歧化反应,生成 Cu^{2+} 和 Cu。

因为如将两相邻电对组成电池,则中间物质到右边物质的电对的还原半反应为电池正极反应,而到左边物质的反应则为负极反应。电池的电动势为 $E^{\ominus} = \varphi^{\ominus}_{(右)} - \varphi^{\ominus}_{(左)}$,若 $\varphi^{\ominus}_{(右)} > \varphi^{\ominus}_{(左)}$,$E^{\ominus} > 0$,表示电池反应可自发进行,即中间物质可发生歧化反应。

2. 判断氧化剂的相对强弱

元素电势图能更加方便地比较在标准电极电势表中某种元素不同氧化态的氧化能力,因此可用来判断不同氧化剂的相对强弱。

3.5　饱和甘汞电极

氢电极的电极电势随温度变化改变很小,这是它的优点。但是它对使用条件却要求十分严格,既不能用在含有氧化剂的溶液中,也不能用在含汞或砷的溶液中。因此,在实际应用中往往采用其他电极代替氢电极作为参比电极,其中较为常用的是甘汞电极。

饱和甘汞电极是一类金属-难溶盐电极。它由两个玻璃管组成,内套管下部有一多孔素瓷塞,并盛有汞和甘汞 Hg_2Cl_2 混合的糊状物,在其间插有作为导体的铂丝。在其外管中盛有饱和 KCl 溶液和少量 KCl 晶体(以保证 KCl 溶液处于饱和状态);外玻璃管的最底部也有一多孔素瓷塞,可允许溶液中的离子迁移。饱和甘汞电极的原电池符号可表示为:

$$Hg(l) \mid Hg_2Cl_2(s) \mid Cl^- \quad \text{或} \quad Cl^- \mid Hg_2Cl_2(s) \mid Hg(l)$$

以标准氢电极的还原电极电势为基准,可以测得饱和甘汞电极的电极电势,其值为 0.2415V。

3.6　电动势 E 与 ΔG 之间的关系

通过测定原电池的电动势,可计算出电池内发生的化学反应的相关热力学数据。

在可逆电池中进行自发反应产生电流可以做非体积功——电功。一个可逆电池经过自发的氧化还原反应产生电流(原电池放电)之后,在外界直流电源的作用下,进行原电池的逆向反应(电解池放电),系统和环境都能复原。根据物理学原理可以确定,电流所做的电功等于电路中所通过的电荷量与电势差的乘积。即

$$电功 = 电荷量 \times 电势差$$

可逆电池所做的最大电功为:

$$W_{max} = -zFE$$

式中,z 为配平的电池反应方程式中负极失去的电子数,也等于正极得到的电子数;F 为法拉第常数,即为 1mol 电子的电量,$F = 9.6485 \times 10^4 C \cdot mol^{-1}$。

热力学研究表明,在定温定压下:

$$\Delta_r G_m = W_{max}$$

即系统的 Gibbs 函数的变化等于系统所做的非体积功。根据 $W_{max} = -zFE$,上式表示为

$$\Delta_r G_m = W_{max} = -zFE$$

假定可逆电池反应是在标准状态下进行的,则上式可写为:

$$\Delta_r G_m^\ominus = -zFE^\ominus$$

根据上式可以进行反应的 Gibbs 函数的变化和电池电动势的相互换算。

3.7 计算 $\varphi^{\ominus}$ 和 E 的热力学方法

通过热力学推导能够得出：$\Delta_r G_m^{\ominus} = -zFE^{\ominus} = -zF(\varphi_{(+)}^{\ominus} - \varphi_{(-)}^{\ominus})$

式中，$\Delta_r G_m^{\ominus}$ 是化学反应的标准摩尔吉布斯函数变（单位：$J \cdot mol^{-1}$）；z 是在反应中电子的转移数；F 是法拉第常数，$96485 C \cdot mol^{-1}$；$E^{\ominus}$ 是电动势，V。

【例 3-12】 已知 $\Delta_f G_{m(Na^+)}^{\ominus} = -262 kJ \cdot mol^{-1}$，求 $\varphi_{(Na^+/Na)}$。

解： 以 $Na^+ + e^- \Longrightarrow Na$ 为半电池反应，将此半电池与标准氢电极连接成原电池：

电池反应：$Na + H^+ \Longrightarrow Na^+ + \dfrac{1}{2} H_2$

$$\Delta_r G_m^{\ominus} = [0 + (-262) - 0 - 0] kJ \cdot mol^{-1} = -262 kJ \cdot mol^{-1} = -96485 C \cdot mol^{-1} \times$$
$$[0 - \varphi_{(Na^+/Na)}^{\ominus}] V$$

$$\varphi_{(Na^+/Na)}^{\ominus} = -2.71 V$$

各电对的标准电极电势数据可查阅化学手册或附录C。附录C中的表采用的是还原电势，即电极反应为还原反应时的电极电势。根据这些，可将任意两电对组成原电池，并计算出该电池的标准电动势 $E^{\ominus}$。电极电势高的电对为正极；电极电势低的电对为负极；两电极的标准电极电势之差等于原电池的标准电动势，即 $E^{\ominus} = \varphi^{\ominus}_{(+)} - \varphi^{\ominus}_{(-)}$。

对于任一反应：$aA + bB = dD + eE$

$$\Delta_r G_m(T) = \Delta_r G_m^{\ominus}(T) + RT \ln J$$
$$-zFE = -zFE^{\ominus} + RT \ln J$$
$$E = E^{\ominus} - \frac{RT}{zF} \ln J$$

$T = 298.15 K$ 时，能斯特方程为：

$$E = E^{\ominus} - \frac{0.0592}{z} \lg J$$

3.8 电化学的应用——化学电源

化学电源又称为电池，是一种能够将自发的氧化还原反应所产生的化学能直接转变成电能的电化学储能装置。当化学电源对外电路供给能量时，所进行的过程为放电过程，反之则称为充电过程。化学电源通常是由电极材料（包含正极和负极）、电解液、隔膜及外壳构成。其中，电极材料是影响化学电源性能的主要因素，理想的电极材料应具有内阻低、电化学活性高及工作电位窗宽等特点；电解液在化学电源工作中主要起导电的作用，应具备离子传导性强、电子绝缘性好和电化学稳定性好等特点；在电化学反应过程中，隔膜能够允许正、负极之间离子电荷的交换，以保证化学电源正常工作；外壳能够防止电池短路，起到绝缘作用，同时兼具美观的效果。化学电源按其工作性质和储能方式可分为一次电池、二次电池和燃料电池三大类。与其他电源相比，化学电源具有能量密度高、能量存储速度快、使用便捷及安全可靠等特点，在日常生活、交通运输、电子通信、现代化军事及航空航天等多种领域中均获得广泛应用。

1. 一次电池

一次电池是指电池放电完毕后不能通过充电的方式使其复原的一类电池,其主要原因是电池反应或电极反应具有一定的不可逆性。一次性电池的大小和形状可根据用途来设计,其外形多为圆柱形、扣式及扁形等形式,具有能量密度高、储存时间长、使用方便、价格低廉等特点,可以单体电池或电池组的形式广泛应用于各种便携式电子设备中,如影像设备、电子玩具、照明设备、家用电器等。一次性电池中所使用的电解液通常为不具有流动性的胶状体,因而该类电池又可称为干电池,常用干电池包括锌锰干电池、锌银电池及锌汞电池等。

1) 锌锰干电池

锌锰干电池发明于 19 世纪 60 年代,具有成本低廉、携带方便、性能优异等特点,至今仍是一次电池中使用最广、产量最大的一种电池。早期的锌锰干电池以位于中心部位的碳棒上所包裹的 MnO_2 和碳粉为正极材料,以最外层的锌筒外壳为负极材料,采用含有 NH_4Cl 和 $ZnCl_2$ 的糊状混合物作为电解液,并将电解液涂在一层纤维网上后置于两极间,并对最外层的锌筒上口用沥青密封以防止内部电解液渗出(图 3-3)。基于上述结构的锌锰干电池的电池符号可表示为:

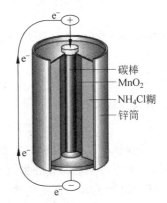

图 3-3　锌锰干电池的结构示意图

碳棒
MnO_2
NH_4Cl糊
锌筒

$$(-)Zn \mid ZnCl_2, NH_4Cl(糊状) \mid MnO_2 \mid C(+)$$

当接通外电路放电时,负极上的锌发生氧化反应:

$$Zn - 2e^- \longrightarrow Zn^{2+}$$

正极上的 MnO_2 发生还原反应:

$$2MnO_2 + 2NH_4^+ + 2e^- \longrightarrow Mn_2O_3 + 2NH_3 + H_2O$$

电池的总反应:

$$Zn + 2MnO_2 + 2NH_4^+ \longrightarrow Zn^{2+} + Mn_2O_3 + 2NH_3 + H_2O$$

通过该电池的电极及电池反应式可见,在锌锰干电池的放电过程中,Zn、MnO_2 及 NH_4Cl 都将逐渐消耗,发生不可逆的氧化还原反应,进而将化学能转换为电能。当这些物质消耗到一定程度时,电池不再放电,但废电池中的锌筒、碳棒及电解液等化学物质仍没有消耗完,易对环境造成污染,降低资源利用率,因此应对此类废电池进行集中回收处理。

目前,对于上述锌锰干电池的研究和改进较多,多数研究致力于改进其电极材料和电解液的性质及制备工艺,以期提升锌锰干电池的电化学性能。例如,对负极金属锌进行汞齐化,使其表面更加均匀,增强电极的抗腐蚀能力;在对正极材料进行改性时,通过对碳棒进行浸蜡处理及调控 MnO_2 微纳米结构等方式来提升锌锰干电池的储能表现。然而,以 NH_4Cl 和 $ZnCl_2$ 作为电解液的锌锰干电池在实际使用时仍存在一定局限性。该电池在通常情况下的电动势为 1.5V,但在实际电化学反应中,在正极附近产生的 NH_3 易被碳棒中的石墨吸收,从而引起电池电动势不断下降,降低其使用价值。此外,该电池耐寒性较差,在高寒地区无法正常工作。

碱性锌锰干电池(简称碱锰电池)是对普通锌锰干电池的改进,其作为商品电池在当前

锌粉和KOH
的混合物

MnO₂

金属外壳

图 3-4　碱性锌锰干电池
的结构示意图

的一次电池市场中保有较高的占有率。与普通锌锰干电池的结构不同,碱性锌锰干电池采用的是一种反极式的结构,以具有高电导率的糊状 KOH 或 NaOH 为电解液,以最外层的钢筒及其内部的 MnO₂、碳粉末作为正极材料,以内层的锌粉作为负极材料(图 3-4)。基于上述结构的碱性锌锰干电池的电池符号可表示为:

$$(-)Zn \mid KOH \mid MnO_2 \mid C(+)$$

当接通外电路放电时,负极上的锌发生氧化反应:

$$Zn + 2OH^- - 2e^- \longrightarrow Zn(OH)_2$$

$$Zn(OH)_2 + 2OH^- \longrightarrow [Zn(OH)_4]^{2-}$$

正极上的 MnO₂ 发生还原反应:

$$MnO_2 + H_2O + e^- \longrightarrow MnOOH + OH^-$$

$$MnOOH + H_2O + e^- \longrightarrow Mn(OH)_2 + OH^-$$

电池的总反应:

$$Zn + MnO_2 + 2H_2O + 2OH^- \longrightarrow Mn(OH)_2 + [Zn(OH)_4]^{2-}$$

由碱性锌锰干电池的电极和电池反应式可见,在电池放电过程中,正、负极均在逐渐消耗,发生不可逆的氧化还原反应,进而将化学能转换为电能。与普通锌锰干电池相比,碱性锌锰干电池具有一定的优势。第一,该电池的正极所发生的反应为部分固相反应,负极反应的产物为可溶性的 $[Zn(OH)_4]^{2-}$,且在电化学反应过程中没有气体产生,有助于减小电池的内阻,使该电池的电动势在放电过程中稳定在 1.5V 左右。第二,碱性锌锰干电池的这种反极式的结构设计更有利于增大正、负极间的接触面积,其在低放电速率下的电池容量是同等型号普通电池的 3～7 倍,在高放电速率下的电池容量更是远超后者。第三,碱性锌锰干电池中使用的电解液 KOH 具有冰点较低的特点,因此该电池可在 −40℃ 的温度下正常工作,能够应用于高寒地区。第四,由于碱性锌锰干电池采用了钢制外壳,可有效地使整个电池处于密封状态,提高了该电池的防漏特性和储存寿命。

2) 锌银电池

锌银电池是一种价格较为昂贵的高能电池,因其常被制成纽扣形状,又被称为锌银扣式电池。该电池的外壳为镀镍钢壳,采用 KOH 或 NaOH 为电解液,以氧化银(Ag₂O 或 AgO)和导电石墨粉为正极材料,以汞齐化的锌粉为负极材料,以聚乙烯接枝膜为隔膜,负极盖的四周用密封圈与正极钢壳绝缘,并将正极钢壳卷边,使整个电极形成密封状态(图 3-5)。基于上述结构的锌银电池的电池符号可表示为:

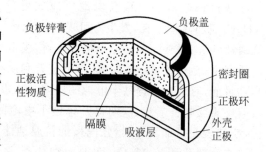

负极锌膏　　　负极盖

正极活
性物质　　　　　密封圈

正极环

隔膜　吸液层　　外壳
　　　　　　　　正极

图 3-5　锌银电池的结构示意图

$$(-)Zn \mid KOH \mid Ag_2O \mid C(+)$$

当接通外电路放电时,负极上的锌发生氧化反应:

$$Zn + 2OH^- - 2e^- \longrightarrow ZnO + H_2O$$

正极上的 Ag_2O 发生氧化反应：

$$Ag_2O + H_2O + 2e^- \longrightarrow 2Ag + 2OH^-$$

电池的总反应：

$$Zn + Ag_2O \longrightarrow ZnO + 2Ag$$

由锌汞电池的电极和电池反应可见,在电池放电时,正极和负极电极材料均在逐渐消耗,发生不可逆的氧化还原反应,将化学能转换为电能。但电解液中的 OH^- 并不参与电池反应,因此锌银电池的电动势与碱的浓度无关,通常情况下可达到 1.6V。

锌银电池的最大优点是具有较高的能量密度($100\sim150$W·h/kg),其在大电流密度下的放电性能也非常优异。此外,由于锌银电池的氧化银正极在放电过程中生成了金属银,使得电极的内阻基本不变,直到活性电极材料消耗殆尽时,电极的内阻才有明显的增加,此时电池的电压才急剧下降,因而该电池具有非常平稳的放电电压。同时,锌银电池还具有较长的储存寿命,一般可保存 $2\sim3$ 年。基于上述特点,锌银电池可广泛应用于通信、航空航天、现代军事及日用电器等领域。该电池的最大缺点在于成本昂贵,在制造过程中如何降低其成本,提高其电化学性能,是未来的发展方向。

3）锌汞电池

锌汞电池简称为汞电池,市场上销售的锌汞电池多为纽扣形状,其构成基本上与锌银扣式电池相同,以氧化汞和导电碳粉为正极材料,以汞齐化的锌粉为负极材料,以饱和的 ZnO 和 KOH 的糊状物为电解质。基于上述结构的锌汞电池的电池符号可表示为：

$$(-)Zn \mid KOH（糊状,含饱和 ZnO）\mid HgO \mid C(+)$$

当接通外电路放电时,负极上的锌汞齐发生氧化反应：

$$Zn + 2OH^- - 2e^- \longrightarrow Zn(OH)_2$$

$$Zn(OH)_2 + 2OH^- \longrightarrow [Zn(OH)_4]^{2-}$$

正极上的 HgO 发生氧化反应：

$$HgO + H_2O + 2e^- \longrightarrow Hg + 2OH^-$$

电池的总反应：

$$Zn + HgO + 2OH^- + H_2O \longrightarrow Hg + [Zn(OH)_4]^{2-}$$

由锌汞电池的电极和电池反应可见,在电池放电时,正极和负极的电极材料均在逐渐消耗,发生不可逆的氧化还原反应,进而将化学能转换为电能。

锌汞电池具有诸多优点。该电池的电动势通常为 1.35V,在放电过程中电压稳定,具有较高的电荷体积密度。此外,锌汞电池可根据实际需求制成各种形状及尺寸,同时兼具良好的机械性能及密封性,能够长期存放,还可在高温条件(如 70℃)下使用。然而,该电池的缺点也是显而易见的,其正极材料因含汞而价格较为昂贵,并有潜在的污染环境的问题,电池在低温下的性能也相对较差。

2. 二次电池

二次电池又称为蓄电池或可充电电池,是指电池在放电后可通过充电的方式使活性物质恢复到原有状态,再继续进行放电,且充、放电过程能反复多次循环进行的一类电池。二次电池的充、放电过程为一个可逆过程,实现了化学能与电能之间的相互转化,因而具备较高的能量转化率。此外,理想的二次电池还应具有能量密度高、循环稳定性好、内阻低及工作温度范围宽等特点。常见的二次电池有铅蓄电池、镉镍电池、氢镍电池及锂离子电池。

1) 铅蓄电池

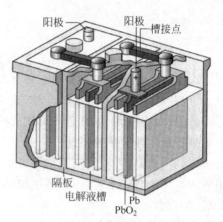

图 3-6 铅蓄电池的结构示意图

铅蓄电池由法国科学家 Gaston Plante 发明于1859 年,是目前世界上各类电池中生产量最大、应用最广的一类化学电源,因其常使用酸性电解液,故又可称为铅酸蓄电池。铅蓄电池采用涂膏式板栅结构,主要由极板、隔板、电解液及壳体等部分组成(图 3-6)。该电池使用两组栅状铅锑合金格板(相互间隔)作为电极导电材料,其中一组格板的孔穴中填充二氧化铅用作正极板,另一组格板的孔穴中填充海绵状的金属铅用作负极板,在正、负极板间用隔板隔开以避免彼此接触而引起短路,并加入质量分数大约为 30% 的硫酸溶液(密度为 1.2~1.3g/cm^3)作为电解液,通过将多片正、负极板分别并联焊接的方式组成正、负极板组以增大电池容量,将上述板组放入电池壳体中后再进行电池的密封处理。铅蓄电池在放电时相当于一个原电池的作用,其电池符号可表示为:

$$(-)Pb \mid H_2SO_4 \mid PbO_2(+)$$

当接通外电路放电时,负极上的铅粉发生氧化反应:

$$Pb + SO_4^{2-} - 2e^- \longrightarrow PbSO_4$$

正极上的 PbO_2 发生还原反应:

$$PbO_2 + SO_4^{2-} + 4H^+ + 2e^- \longrightarrow PbSO_4 + 2H_2O$$

充电时电池的总反应为:

$$Pb + PbO_2 + 2H_2SO_4 \longrightarrow 2PbSO_4 + 2H_2O$$

铅蓄电池的电动势与其电极本性及硫酸的浓度等因素有关。在一般情况下,铅蓄电池的电动势为 2.10V。由该电池在放电过程中的电极和电池反应可见,在放电后,正、负极板上都沉积有一层 $PbSO_4$,并且伴随有 H_2O 在电池中生成,这将会降低电解液中 H_2SO_4 的浓度,并使 H_2SO_4 的密度变小。正常充满电的铅蓄电池中的 H_2SO_4 密度一般为 1.2~1.3g/cm^3,若该电池放电过度,则硫酸密度将低于 1.2g/cm^3,可能会导致电池无法正常工作。此外,铅蓄电池的过度放电会使与活性物质混在一起的 $PbSO_4$ 细小晶体因团聚而变大,增加极板的电阻,并且在充电过程中难以使其复原,进而会降低铅蓄电池的容量和使用寿命。因此,铅蓄电池在使用一段时间之后,就必须为其充电,避免出现放电过度的情况。

在充电时,可将铅蓄电池与一个电压略高于它的直流电源相连接。一般情况下,将铅蓄电池的正、负极分别与直流电源的正极和负极相连,电池内部发生与放电时完全相反的电化学反应,即负极发生还原反应,正极发生氧化反应。此时的铅蓄电池相当于一个电解池,当其与直流电源形成通路时,阴极(负极)上所发生的还原反应为:

$$PbSO_4 + 2e^- \longrightarrow Pb + SO_4^{2-}$$

阳极(正极)上所发生的氧化反应为:

$$PbSO_4 + 2H_2O - 2e^- \longrightarrow PbO_2 + SO_4^{2-} + 4H^+$$

充电时电池的总反应为:

$$2PbSO_4 + 2H_2O \longrightarrow Pb + PbO_2 + 2H_2SO_4$$

由此可见,在充电时,铅蓄电池负极上的 $PbSO_4$ 被还原为 Pb,正极上的 $PbSO_4$ 被氧化为 PbO_2。铅蓄电池在充电时的两极反应为其放电时的两极反应的逆反应,其在充放电过程中相应的化学方程式为(正向为放电过程,逆向为充电过程):

$$Pb + PbO_2 + 2H_2SO_4 \longleftrightarrow 2PbSO_4 + 2H_2O$$

因此,在充电后,铅蓄电池的电极又恢复到原来状态,该电池也可继续循环使用。

　　铅蓄电池以其工艺简单、价格低廉、充放电可逆性好、工作电压稳定、温度适用范围广及可完全回收利用等特点,被广泛应用于多个领域,如汽车和柴油汽车的启动电源、搬运车辆和潜艇的动力电源以及变电站的备用电源等,是现今应用最广泛、技术最成熟的二次电源,占有85%以上的市场份额。然而,铅蓄电池也存在自身重量较大、比能量较小、循环使用寿命短和对环境腐蚀性强等问题,需要在未来进一步改进。

　　2) 镉镍电池

　　镉镍电池由瑞典科学家 Waldmar Jungner 发明于1899年,是最早出现的干式充电电池。镉镍电池的发展历程主要可分为三个阶段:第一阶段,20世纪前50年研制生产有极板盒(或袋式)的镉镍电池,主要用作牵引、启动及照明时的电源;第二阶段,20世纪50年代研制生产的烧结式镉镍电池,主要用作坦克、飞机、火箭等的各种发动机的启动电源;第三阶段,20世纪60年代研制生产的密封型的镉镍电池,作为一种高效的电化学储能设备广泛应用于航空航天领域中。镉镍电池通常采用氢氧化钾等碱性物质作为电解液,故又可称为碱性镍镉电池。该电池常采用密封型结构,以加入导电碳粉的羟基氧化镍为正极材料,以海绵状的金属镉为负极材料,将活性物质包在穿孔钢带中,加压成型后即成为电池的正、负板,并且正、负极板间用耐碱的硬橡胶绝缘棍或有孔的聚氯乙烯瓦楞板隔开,以防止电池短路(图3-7)。通过提高负极容量、在正极中添加氢氧化镉、使用具有渗透性的微孔隔膜及使用密封圈封接等方式可显著提升电池的密封性,从而有效避免电解液润湿的金属镉负极被氧气所氧化,有助于提高镉镍电池的循环寿命。

⊕电极

正极(+)
NiOOH

隔膜

负极(−)
Cd

隔膜

⊖电极

图 3-7　镉镍电池的结构示意图

　　镉镍电池在放电时相当于一个原电池,其电池符号可表示为:

$$(-)Cd \mid KOH \mid NiOOH(+)$$

当接通外电路放电时,负极上的金属镉发生氧化反应:

$$Cd + 2OH^- - 2e^- \longrightarrow Cd(OH)_2$$

正极上的 NiOOH 发生还原反应:

$$NiOOH + H_2O + e^- \longrightarrow Ni(OH)_2 + OH^-$$

电池的总反应:

$$Cd + 2NiOOH + 2H_2O \longrightarrow Cd(OH)_2 + 2Ni(OH)_2$$

　　由该电池在放电过程中的电极和电池反应可见,位于负极的金属镉被氧化,失去电子后变为 Cd^{2+},随后立即与 OH^- 生成 $Cd(OH)_2$,并沉积在负极极板上。与此同时,正极上的

NiOOH 接受负极传来的电子,发生还原反应,生成 $Ni(OH)_2$ 并附着于正极极板上,该过程生成的 OH^- 又会回到电解液中,从而保证电解液中的 OH^- 浓度不会随着时间的增加而下降。

在充电过程中,将镉镍电池的正、负极分别与外接直流电源的正极和负极相连,此时正、负极的化学变化正好与放电时相反,即负极发生还原反应,正极发生氧化反应。当镉镍电池与直流电源形成通路时,阴极(负极)上所发生的还原反应为:

$$Cd(OH)_2 + 2e^- \longrightarrow Cd + 2OH^-$$

阳极(正极)上所发生的氧化反应为:

$$Ni(OH)_2 + OH^- - e^- \longrightarrow NiOOH + H_2O$$

充电时电池的总反应为:

$$Cd(OH)_2 + 2Ni(OH)_2 \longrightarrow Cd + 2NiOOH + 2H_2O$$

由此可见,在充电时,镉镍电池负极上的 $Cd(OH)_2$ 被还原为 Cd,其正极上的 $Ni(OH)_2$ 被氧化为 $NiOOH$。

镉镍电池在充电和放电过程中,碱性电解液只起导电作用,并不直接参与电化学反应。此外,该电池在放电过程中消耗水分子,在充电过程中又生成水分子,从而使电解液浓度在充放电过程中变化不大。因此,镉镍电池在放电时的两极反应与其充电时的两极反应互为逆反应,其在充放电过程中相应的化学方程式为(正向为放电过程,逆向为充电过程):

$$Cd + 2NiOOH + 2H_2O \longleftrightarrow Cd(OH)_2 + 2Ni(OH)_2$$

作为一种非常理想的直流供电电源,镍镉电池具有诸多优点。第一,镍镉电池以金属容器制成,具有机械性强、密闭性好等特点,因而不会出现漏液情况。第二,该电池使用寿命较长,可重复 500 次以上的充放电过程。第三,镍镉电池的内阻较小,具有良好的大电流放电特性,耐过充电和过放电的能力较强。第四,该电池的储存寿命长且限制条件少,在长期储存后仍可正常充电使用。然而,镍镉电池仍存在一些问题,其中最为致命的就是该电池存在"记忆效应"。所谓"记忆效应"就是指电池使用过程中,在电量还没有全部放尽时就对其进行充电,久而久之将会引起电池容量的降低,从而大大缩短电池的寿命。因此,在对镍镉电池进行充放电操作时,应该选择合理的充、放电方法来减轻"记忆效应"。

3)氢镍电池

氢镍电池由素有"太阳能光伏之父"之称的美国科学家 Stanford Ovshinsky 发明于 1982 年,是一种新型的二次电池。氢镍电池设计理念源于镉镍电池,它继承了镉镍电池的优点,同时有效地改善了镉镍电池中存在的记忆效应及镉污染等问题。氢镍电池的特点是采用储氢合金作为其负极材料,通过利用储氢合金在电化学过程中可逆地吸收和放出氢这一特性来进行能量的存储,从而合理地利用了氢能源进行电化学储能,因而其一经问世就受到人们的广泛关注。目前,国际市场上氢镍电池的年生产量约 7 亿只,日本的氢镍电池产业规模和年产量高居世界各国前列,有多达 8 家的氢镍电池制造厂,美国和德国仅次于日本,我国研制开发的氢镍电池原材料加工技术也日趋成熟。

氢镍电池的结构与镉镍电池类似,采用密封型的结构,以氢氧化钾等碱性物质为电解液,以加入导电碳粉的羟基氧化镍为正极材料,以储氢合金为负极材料,如镧镍合金 $(LaNi_x)$、镍钛合金或混合稀土镍合金等,将正、负极材料制成正、负极极板后用隔膜间隔开彼此,然后密封在钢壳中制成电池。氢镍电池在放电时相当于一个原电池,其电池符号可表示为：

$$(-)\mathrm{MH}_x \mid \mathrm{KOH} \mid \mathrm{NiOOH}(+)$$

当接通外电路放电时，负极上的电极材料发生氧化反应：

$$\mathrm{MH}_x + x\mathrm{OH}^- - x\mathrm{e}^- \longrightarrow \mathrm{M} + x\mathrm{H}_2\mathrm{O}(\mathrm{MH}_x：吸附氢原子的储氢合金材料)$$

正极上的 NiOOH 发生还原反应：

$$\mathrm{NiOOH} + \mathrm{H}_2\mathrm{O} + \mathrm{e}^- \longrightarrow \mathrm{Ni(OH)}_2 + \mathrm{OH}^-$$

电池的总反应：

$$\mathrm{MH}_x + x\mathrm{NiOOH} \longrightarrow x\mathrm{Ni(OH)}_2 + \mathrm{M}$$

由该电池在放电过程中的电极和电池反应可见，负极上的 MH_x 失电子被氧化，所释放出的 H^+ 与电解液中的 OH^- 相结合生成 $\mathrm{H}_2\mathrm{O}$。同时，正极上的 NiOOH 得电子被还原，生成的 $\mathrm{Ni(OH)}_2$ 沉积在正极极板上，并释放出 OH^- 到电解液中。

充电时，氢镍电池的正、负两极上所发生的化学反应正好与放电时相反，即负极发生还原反应，正极发生氧化反应。当该电池与直流电源形成通路时，阴极（负极）上所发生的还原反应为：

$$\mathrm{M} + x\mathrm{H}_2\mathrm{O} + x\mathrm{e}^- \longrightarrow \mathrm{MH}_x + x\mathrm{OH}^-$$

阳极（正极）上所发生的氧化反应为：

$$\mathrm{Ni(OH)}_2 + \mathrm{OH}^- - \mathrm{e}^- \longrightarrow \mathrm{NiOOH} + \mathrm{H}_2\mathrm{O}$$

充电时电池的总反应为：

$$x\mathrm{Ni(OH)}_2 + \mathrm{M} \longrightarrow \mathrm{MH}_x + x\mathrm{NiOOH}$$

由该电池在充电过程中的电化学反应可见，负极上发生还原反应，使储氢合金进行氢能的存储，并释放出 OH^- 至电解液中。同时，正极上反应消耗 OH^-，使 $\mathrm{Ni(OH)}_2$ 被氧化为 NiOOH。

通过比较氢镍电池的放电过程和充电过程可以发现，该电池发生放电反应时，氢由负极向正极传递，在发生充电反应时，氢由正极向负极传递，并且在整个充、放电过程中，电解液没有出现增减的现象，说明氢镍电池的放电反应和充电反应具有高度的可逆性，在充、放电过程中相应的化学方程式为（正向为放电过程，逆向为充电过程）：

$$\mathrm{MH}_x + x\mathrm{NiOOH} \xrightleftharpoons{} x\mathrm{Ni(OH)}_2 + \mathrm{M}$$

与镉镍电池相比，虽然氢镍电池的电动势与其相近（$1.2\sim1.3\mathrm{V}$），但氢镍电池的能量密度却是镉镍电池的 1.5 倍，循环寿命也更长，且对环境无污染。此外，氢镍电池在充放电过程中无记忆效应，可进行大电流充、放电，承受过充电、过放电的能力也较强。基于上述这些优点，镉镍电池可应用于航空航天、电子通信、电气设备制造等领域中。然而，由于氢镍电池所使用的负极材料大多为稀土类的合金材料，因而其成本较高，要想实现大规模生产还有许多工作有待完成。

4）锂离子电池

锂离子电池是指分别以两个能可逆地嵌入和脱出锂离子的化合物作为正、负极的一类电池的总称。该类电池反应已不再是一般电池中的氧化还原反应，而是在充、放电过程中 Li^+ 在化合物晶格中所进行的可逆的嵌入与脱出反应。1992 年日本索尼公司发布首个商用锂离子电池。锂离子电池的实用化，大大减轻和减小了人们日常所使用的移动电话、笔记本电脑、数码相机等携带型电子设备的重量和体积。为了表彰科学工作者在锂离子电池研发领域所做出的贡献,瑞典皇家科学院宣布,将 2019 年诺贝尔化学奖分别授予美国科学家 John Goodenough、英国科学家 Stanley Whittingham 及日本科学家 Akira Yoshino,其获奖原因为:"他们创造了一个可充电的世界。"

锂离子电池主要由正负两极、电解液、隔膜和电池外壳组成(图 3-8)。该电池的正极材料一般采用嵌锂过渡金属氧化物,如钴酸锂($LiCoO_2$)、镍酸锂($LiNiO_2$)、锰酸锂($LiMn_2O_4$)及磷酸铁锂($LiFePO_4$)等,并配有厚度为 $10\sim20\mu m$ 的电解铝箔作为导电集流体。锂离子电池的负极材料通常选择电位尽可能接近锂电位的可嵌入锂的化合物,如石墨、碳纳米管等,导电集流体使用厚度 $7\sim15\mu m$ 的电解铜箔。在正、负极之间放入带有微孔结构的薄膜,可让锂离子自由通过,而使电子不能通过。电解液通常以无机锂盐为溶质,如六氟磷酸锂($LiPF_6$)、高氯酸锂($LiClO_4$)及四氟硼酸锂($LiBF_4$)等,采用有机溶剂作为溶剂,如乙烯碳酸酯(EC)、丙烯碳酸酯(PC)等,将溶质与溶剂按照一定比例混合后就可用作锂离子电池的电解液使用。此外,锂离子电池的外壳可分为钢壳、铝壳、镀镍铁壳及铝塑膜(软包装)等,具有防爆、耐高温、耐腐蚀等特性。

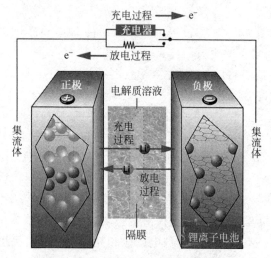

图 3-8 锂离子电池的结构示意图

锂离子电池在放电时相当于一个原电池的作用,以溶有 $LiPF_6$ 的有机溶剂为电解液,该电池符号可表示为:

$$(-)Li_xC_6 \mid LiPF_6,有机溶剂 \mid Li_{1-x}MO_2(+)(M:金属原子)$$

当接通外电路放电时,负极上的电极材料发生氧化反应:

$$Li_xC_6 - xe^- \longrightarrow xLi^+ + 6C$$

此时,正极上的 $Li_{1-x}MO_2$ 发生还原反应:

$$Li_{1-x}MO_2 + xLi^+ + xe^- \longrightarrow LiMO_2$$

电池的总反应:

$$Li_xC_6 + Li_{1-x}MO_2 \longrightarrow LiMO_2 + 6C$$

由锂离子电池的电极与电池反应可见,在放电时,负极上的电极材料失电子,发生氧化反应,Li^+ 从负极材料的晶格中脱出,在电场的作用下,经过电解液后,嵌入到正极材料的晶格中,使正极上的电极材料得电子,发生还原反应,从而令正极富锂、负极贫锂。正、负极上的电极材料在嵌入和脱出锂离子时相对金属锂的电位的差值就是锂离子电池的工作电压。

对锂离子电池进行充电时,其正、负两极上发生的化学反应正好与放电时相反。当该电池与直流电源形成通路时,阴极(负极)上发生的还原反应为:

$$x\,Li^+ + 6C + x\,e^- \longrightarrow Li_x C_6$$

此时,阳极(正极)上所发生的氧化反应为:

$$LiMO_2 - x\,e^- \longrightarrow Li_{1-x} MO_2 + x\,Li^+$$

充电时电池的总反应为:

$$LiMO_2 + 6C \longrightarrow Li_x C_6 + Li_{1-x} MO_2$$

由此可见,当对锂离子电池充电时,正极上的电极材料失电子,发生氧化反应,Li^+ 从正极材料的晶格中脱出,在电场的作用下,经过电解液运动到负极,嵌入负极电极材料的晶格中,使负极材料得电子,发生还原反应,从而令正极贫锂、负极富锂,所嵌入的锂离子越多,充电容量越高。

通过上述分析可见,锂离子电池的充、放电过程,实际上就是锂离子在正、负极上的电极材料之间往返的嵌入与脱出的过程,同时还伴随有与锂离子等当量电子的嵌入和脱出过程,因此,锂离子电池也被形象地称为"摇椅电池",其在充、放电过程中相应的化学方程式为(正向为放电过程,逆向为充电过程):

$$Li_x C_6 + Li_{1-x} MO_2 \longleftrightarrow LiMO_2 + 6C$$

作为新一代可充电的绿色电池,锂离子电池具有许多优势。第一,单体锂离子电池的工作电压可高达 3.7～3.8V,是镉镍电池和氢镍电池的 3 倍之多。第二,锂离子电池具有较高的能量密度,通常情况下可达 460～600W·h/kg,已接近其理论值的 88%,是铅酸电池的6～7 倍。第三,锂离子电池的电化学循环稳定性较高,一般可达 1000 次以上,以磷酸铁锂为正极材料所组装的电池可达 8000 次。第四,锂离子电池无记忆效应,且不含镉、铅、汞等对环境有污染的元素,具有绿色环保的特点。第五,该电池具有高低温适应性强的特点,可在 -25～45℃ 的环境下使用,随着电解液和电极材料的改进,有望使工作温度扩宽到 -40～70℃。然而,锂离子电池还存在一些问题。例如,该电池的容量会随着充、放电次数的增多而缓慢衰退;锂离子电池在过充或过放时易导致电池寿命缩短;在制备过程中,电池的成品率较低等。目前,锂离子电池已广泛应用于清洁能源的储能电源系统、邮电通信的不间断电源系统以及电动交通工具、现代军事装备、航空航天等多个领域。随着先进材料技术的进步以及人们对锂离子电池在设计、制造及检测等方面认识的不断加深,锂离子电池在未来一定会有广阔的发展前景。

3. 燃料电池

燃料电池由素有"燃料电池之父"之称的英国科学家 William Grove 发明于 1839 年,是一种将燃料和氧化剂所具有的化学能直接转换成电能的连续发电装置。它是继水力、热能和原子能发电之后的第四类发电技术,因而又将其称为电化学发电器。燃料电池与其他电池的本质区别在于其能量供给的连续性,其正常工作时所需的燃料和氧化剂是从外部不断供给的,同时将电极反应产物不断排出。该电池一般以还原剂(如氢气、甲醇、煤气或天然气等)为燃料,作为负极的反应物质,以氧化剂(如氧气、空气等)作为正极的反应物质,其所使用的电极材料多以兼具催化特性的贵金属及多孔材料为主,电解质可为液态(酸性或碱性)、固态、熔融盐或是高聚合物电解质离子交换膜。燃料电池的主要特点是不受卡诺循环限制，将化学能转换为电能的效率在理论上高达100%，实际中也能够达到45%~60%，该电池还具有排放废弃物少、噪声污染低、建设周期短、安全可靠性高等特点，是一种极具发展潜力的动力电源，常见的燃料电池有氢氧燃料电池、甲醇燃料电池等。但由于燃料电池成本较高，除了航空航天、军事等领域外，如何将燃料电池转向民用领域是当今一个重要的研究课题。

1) 氢氧燃料电池

氢氧燃料电池是一种常见的燃料电池，该电池采用质量分数为35%的氢氧化钾溶液为电解液，以碳电极为正极材料，以多孔活性炭或多孔镍为负极材料，并在正、负极电极材料表面分散有一定量的催化剂(如Pt、Pd、Ag等)(图3-9)。氢氧燃料电池在工作时，以氢气作为燃料从外部通向负极，以氧气为氧化剂从外部通向正极，氢气和氧气在电极上催化剂的作用下发生电化学反应，通过燃料的不断燃烧，将化学能转化为电能。氢氧燃料电池在放电时相当于一个原电池，该电池的电池符号可表示为：

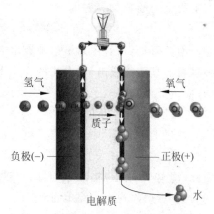

$$(-)C \mid H_2 \mid KOH(\omega_B = 35\%) \mid O_2 \mid C(+)$$

氢气

氧气

质子

负极(-)

正极(+)

电解质

水

图3-9　氢氧燃料电池的结构示意图

当氢气和氧气从外部输入到电池中时，在催化剂的作用下，氢气在负极与电解质的界面上发生氧化反应：

$$H_2 + 2OH^- - 2e^- \longrightarrow 2H_2O$$

此时，氧气在正极与电解质的界面上发生还原反应：

$$O_2 + 2H_2O + 4e^- \longrightarrow 4OH^-$$

氢氧燃料电池的总反应：

$$2H_2 + O_2 \longrightarrow 2H_2O$$

由氢氧燃料电池的电极与电池反应可见，当电路接通后，氢气在负极上催化剂的作用下失电子，消耗OH^-，发生氧化反应，所释放出电子沿外电路移向正极，正极上的氧气在催化剂的作用下，得电子，发生还原反应，又生成了OH^-，因此，氢氧燃料电池的电化学总反应中，电解液没有出现增减的现象，其实质相当于氢气在氧气中的燃烧反应。

作为燃料电池中的重要一员，氢氧燃料电池单体的实际工作电压可达0.8~1.0V，其理论比能量高达3600W·h/kg，同时还具有超高的能量转换率，最高时可超过80%。此外，氢氧燃料电池中所使用的氢气和氧气在自然界中来源广泛，且该电池的电池总反应的产物是水，具有绿色环保的特点。但氢氧燃料电池的成本较高，且燃料氢气在生产及存储等方面还存在一些问题，需要在未来的相关研究中不断改进。目前，氢氧燃料电池已广泛应用于航空航天、现代军事、动力电源及家用电源等多个领域中，其在未来的发展空间十分广阔。

2) 甲醇燃料电池

甲醇燃料电池是一种在低温下能将化学能直接转化为电能的发电装置，该燃料电池与氢氧燃料电池的结构相近，但不以氢气作为燃料，而是直接使用甲醇水溶液或蒸气甲醇作为燃料供给的来源，因此也称其为直接甲醇燃料电池。甲醇燃料电池可采用硫酸或氢氧化钾作为电极液，其负极材料多为金属镍，正极材料多为活性炭，并在正、负电极材料表面负载少量贵金属催化剂(图 3-10)。当甲醇燃料电池工作时,以甲醇溶液或蒸气甲醇作为燃料从外部通向负极,以氧气为氧化剂从外部通向正极,在催化剂的作用下,甲醇与氧气发生电化学反应,所产生的能量就以电能的形式释放出来。甲醇燃料电池在放电时可看作一个原电池,若以硫酸作为电解液,其电池符号可表示为:

$$(-)Ni \mid CH_3OH \mid H_2SO_4 \mid O_2 \mid C(+)$$

当接通外电路放电时,在催化剂的作用下,甲醇在负极与电解质的界面上发生氧化反应:

$$CH_3OH + H_2O - 6e^- \longrightarrow CO_2 + 6H^+$$

此时,氧气在正极与电解质的界面上发生还原反应:

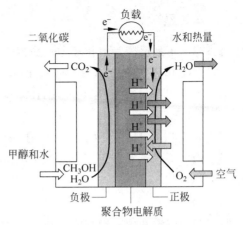

图 3-10 甲醇燃料电池的结构示意图

$$O_2 + 4H^+ + 4e^- \longrightarrow 2H_2O$$

甲醇燃料电池的总反应:

$$2CH_3OH + 3O_2 \longrightarrow 2CO_2 + 4H_2O$$

由此可见,在甲醇燃料电池工作时,通过催化剂的作用,使甲醇在负极上失电子,发生氧化反应,所产生的 H^+ 在电解液中运动并迁移到正极一侧,产生的 CO_2 以气泡的形式排出。此外,负极上失去的电子通过外电路传递给正极,使得正极上的氧气在催化剂作用下被来自负极的 H^+ 电化学还原,所生成的 H_2O 以蒸汽或液态形式与反应尾气一同排出。因此,甲醇燃料电池的电池反应实质上相当于甲醇在氧气中的燃烧反应。

甲醇燃料电池具有体积小巧、适用温度范围宽、理论比能量高及绿色环保等优点,同时该电池以甲醇作为燃料,相比于氢氧燃料电池中的氢气燃料更容易储存和运输。然而,该电池负极的甲醇燃料易渗透到正极表面,使贵金属催化剂中毒,进而大大提高成本,且其实际能量转化率也有待提高。甲醇燃料电池的相关研究仍处于早期阶段,现已成功在便携式电子设备等领域中广泛应用,未来将在新能源市场中占据重要地位。

习 题

1. 判断题

【3-1】 $2H_2O_2 \longrightarrow 2H_2O + O_2$ 是分解反应,也是氧化还原反应,因此所有的分解反应都是氧化还原反应。( )

【3-2】 $2CCl_4 + CrO_4^{2-} \longrightarrow 2COCl_2 + CrO_2Cl_2 + 2Cl^-$,这是一个氧化还原反应。( )

【3-3】 在氧化还原反应中,氧化剂得电子,还原剂失电子。( )

【3-4】 在 $3Ca + N_2 \longrightarrow Ca_3N_2$ 反应中,N_2 是氧化剂。( )

【3-5】 理论上所有氧化还原反应都能借助一定的装置组成原电池;相应的电池反应也必定是氧化还原反应。( )

2. 单选题

【3-6】 下列反应为氧化还原反应的是(　　)。

A. $CH_3CSNH_2 + H_2O \longrightarrow CH_3COONH_4 + H_2S$

B. $XeF_6 + H_2O \longrightarrow XeOF_4 + HF$

C. $2XeF_6 + SiO_2 \longrightarrow 2XeOF_4 + SiF_4$

D. $XeF_2 + C_6H_6 \longrightarrow C_6H_5F + HF + Xe$

【3-7】 下列电对作为原电池的半电池,不需要使用惰性电极的是(　　)。

A. $AgCl/Ag$ 　　　　　　　　　　　B. PbO_2/Pb^{2+}

C. O_2/OH^- 　　　　　　　　　　　D. Sn^{4+}/Sn^{2+}

【3-8】 将银和硝酸银溶液组成的半电池与锌和硝酸锌溶液组成的半电池通过盐桥构成原电池,该电池符号是(　　)。

A. $(-)Ag|AgNO_3(aq)\parallel Zn(NO_3)_2(aq)|Zn(+)$

B. $(-)Zn|Zn(NO_3)_2(aq)\parallel AgNO_3(aq)|Ag(+)$

C. $(-)Ag,AgNO_3(aq)\parallel Zn(NO_3)_2(aq)|Zn(+)$

D. $(-)Ag|AgNO_3(aq)|Zn(NO_3)_2(aq)|Zn(+)$

【3-9】 下列有关氧化还原反应和原电池的叙述中,错误的是(　　)。

A. 从理论上讲,凡是氧化还原反应都有可能组成原电池

B. 只要原电池的两极的电极电势不相等,就能产生电动势

C. 电对相同的两个半电池,不能发生氧化还原反应,也不能组成原电池

D. 在一个原电池中,总是电极电势高的电对作正极,电极电势低的作负极

【3-10】 关于 Cu-Zn 原电池的下列叙述中,错误的是(　　)。

A. 盐桥中的电解质可保持两个半电池中的电荷平衡

B. 盐桥用于维持氧化还原反应的进行

C. 盐桥中的电解质不能参与电池反应

D. 电子通过盐桥流动

3. 填空题

【3-11】 在 $NaBH_4$ 中,B 的氧化值为_____,H 的氧化值为_____。

【3-12】 在反应 $H_3AsO_4 + Zn + HNO_3 \longrightarrow AsH_3 + Zn(NO_3)_2 + H_2O$ 中,被氧化的物质是_____,被还原的物质是_____;氧化剂是_____,还原剂是_____。

【3-13】 对于任意状态下的氧化还原反应,当相应原电池的电动势 $E > 0V$,反应向_____进行。该反应的标准平衡常数与电动势 E _____关。

【3-14】 电对 H^+/H_2,其电极电势随溶液的 pH 增大而_____;电对 O_2/OH^-,其电极电势随溶液的 pH 增大而_____。

4. 计算题

【3-15】 已知:$\varphi^{\ominus}_{(A^{2+}/A)} = -0.1296V$, $\varphi^{\ominus}_{(B^{2+}/B)} = -0.1000V$。将 A 金属插入金属离子

B^{2+} 的溶液中,开始时 $c_{(B^{2+})}=0.110mol \cdot L^{-1}$,求平衡时 A^{2+} 和 B^{2+} 的浓度各是多少?

【3-16】 已知 298.15K 时,$\varphi^{\ominus}_{(MnO_4^-/Mn^{2+})}=1.51V$,$\varphi^{\ominus}_{(Fe^{3+}/Fe^{2+})}=0.771V$。用 $KMnO_4$ 溶液滴定 $FeSO_4$ 溶液,两者在酸性溶液中发生氧化还原反应。

(1) 写出相关反应的离子方程式,计算 298.15K 时该反应的标准平衡常数 $K^{\ominus}$;

(2) 若开始时 $c_{(Fe^{2+})}=5.000 \times 10^{-2}mol \cdot L^{-1}$,$c_{(MnO_4^-)}=1.000 \times 10^{-2}mol \cdot L^{-1}$,$V_{(Fe^{2+})}=20.00mL$,则反应达到平衡时,需要多少毫升 $KMnO_4$ 溶液;

(3) 平衡时,若 $c_{(H^+)}=0.2000mol \cdot L^{-1}$,则 $c_{(Mn^{2+})}$、$c_{(Fe^{3+})}$、$c_{(MnO_4^-)}$、$c_{(Fe^{2+})}$ 各为多少?

(4) 平衡时 $\varphi_{(MnO_4^-/Mn^{2+})}$、$\varphi_{(Fe^{3+}/Fe^{2+})}$ 各为多少?

【3-17】 已知 HCl 和 HI 溶液都是强酸,但 Ag 不能从 HCl 溶液置换出 H_2,却能从 HI 溶液中置换出 H_2,请通过计算加以解释。已知 $\varphi^{\ominus}_{(Ag^+/Ag)}=0.7991V$,AgCl 的 $K_{sp}=1.77 \times 10^{-10}$,AgI 的 $K_{sp}=8.52 \times 10^{-17}$。

【3-18】 某学生为测定 CuS 的溶度积常数,设计如下原电池:正极为铜片浸在 $0.1mol \cdot L^{-1}Cu^{2+}$ 的溶液中,再通入 H_2S 气体使之达到饱和;负极为标准锌电极。测得电池电动势为 0.670V。已知 $\varphi^{\ominus}_{(Cu^{2+}/Cu)}=0.34V$,$\varphi^{\ominus}_{(Zn^{2+}/Zn)}=-0.7626V$,$H_2S$ 的 $K_{a_1}=1.1 \times 10^{-7}$,$K_{a_2}=1.3 \times 10^{-13}$,求 CuS 的溶度积常数。

【3-19】 已知 $\varphi^{\ominus}_{(Cu^{2+}/Cu)}=0.34V$,$\varphi^{\ominus}_{(Cu^{2+}/Cu^+)}=0.159V$,$K_{sp(CuCl)}=1.2 \times 10^{-6}$,通过计算求反应 $Cu^{2+}+Cu+2Cl^- {=\!=\!=} 2CuCl$ 能否自发进行,并求反应的平衡常数 $K^{\ominus}$。

【3-20】 已知 $\varphi^{\ominus}_{(Tl^{3+}/Tl^+)}=1.25V$,$\varphi^{\ominus}_{(Tl^{3+}/Tl)}=0.72V$,设计下列三个标准电池:

(1) $(-)Tl|Tl^+ \parallel Tl^{3+}|Tl(+)$

(2) $(-)Tl|Tl^+ \parallel Tl^{3+},Tl^+|Pt(+)$

(3) $(-)Tl|Tl^{3+} \parallel Tl^{3+},Tl^+|Pt(+)$

请写出每一个电池的电池反应式。

【3-21】 对于反应 $Cu^{2+}+2I^- {=\!=\!=} CuI+\frac{1}{2}I_2$,若 Cu^{2+} 的起始浓度为 $0.10mol \cdot L^{-1}$,I^- 的起始浓度为 $0.50mol \cdot L^{-1}$,计算反应达平衡时留在溶液中的 Cu^{2+} 浓度。已知 $\varphi^{\ominus}_{(Cu^{2+}/Cu^+)}=0.159V$,$\varphi^{\ominus}_{(I_2/I^-)}=0.5355V$,$K_{sp(CuI)}=1.27 \times 10^{-12}$。

【3-22】 假定其他离子的浓度为 $1.0mol \cdot L^{-1}$,气体的分压为 10^5Pa,欲使下列反应能自发进行,要求 HCl 的最低浓度是多少?已知 $\varphi^{\ominus}_{(Cr_2O_7^{2-}/Cr^{3+})}=1.36V$,$\varphi^{\ominus}_{(Cl_2/Cl)}=1.3583V$,$\varphi^{\ominus}_{(MnO_2/Mn^{2+})}=1.23V$。

(1) $MnO_2+4HCl {=\!=\!=} MnCl_2+Cl_2+2H_2O$

(2) $K_2Cr_2O_7+14HCl {=\!=\!=} 2KCl+2CrCl_3+3Cl_2+7H_2O$

【3-23】 已知 $\varphi^{\ominus}_{(Ag^+/Ag)}=0.7991V$,$\varphi^{\ominus}_{(O_2/OH^-)}=0.401V$,$\varphi^{\ominus}_{(H^+/H_2)}=0V$;$K_{稳([Ag(CN)_2]^-)}=1.26 \times 10^{21}$。通过计算回答:

(1) 在碱性条件下通入空气时 Ag 能否溶于 KCN 溶液;

(2) Ag 能否从 KCN 溶液中置换出 H_2。

【3-24】 向 $1.0 \mathrm{mol \cdot L^{-1}}$ 的 $\mathrm{Ag^+}$ 溶液中滴加过量的液态汞,充分反应后测得溶液中 $\mathrm{Hg_2^{2+}}$ 浓度为 $0.311 \mathrm{mol \cdot L^{-1}}$,反应式为 $2\mathrm{Ag^+} + 2\mathrm{Hg} = 2\mathrm{Ag} + \mathrm{Hg_2^{2+}}$。

(1) 已知 $\varphi^{\ominus}_{(\mathrm{Ag^+/Ag})} = 0.7991 \mathrm{V}$,求 $\varphi^{\ominus}_{(\mathrm{Hg_2^{2+}/Hg})}$。

(2) 若将反应剩余的 $\mathrm{Ag^+}$ 和生成的 Ag 全部除去,再向溶液中加入 KCl 固体使 $\mathrm{Hg_2^{2+}}$ 生成 $\mathrm{Hg_2Cl_2}$ 沉淀后溶液中 $\mathrm{Cl^-}$ 浓度为 $1.0 \mathrm{mol \cdot L^{-1}}$。将此溶液与标准氢电极组成原电池,测得电动势为 $0.280 \mathrm{V}$。请给出该电池的电池符号。

(3) 若在(2)的溶液中加入过量 KCl 使 KCl 达饱和,再与标准氢电极组成原电池,测得电池的电动势为 $0.240 \mathrm{V}$,求饱和溶液中 $\mathrm{Cl^-}$ 的浓度。

(4) 求下面电池的电动势。(已知 $K_{a(\mathrm{HAc})} = 1.8 \times 10^{-5}$)

$(-)\mathrm{Pt} | \mathrm{H_2}(10^5 \mathrm{Pa}) | \mathrm{HAc}(1.0 \mathrm{mol \cdot L^{-1}}) \parallel \mathrm{Hg_2^{2+}}(1.0 \mathrm{mol \cdot L^{-1}}) | \mathrm{Hg}(+)$

【3-25】 已知:$\mathrm{MnO_4^-} + 8\mathrm{H^+} + 5\mathrm{e^-} \Longleftrightarrow \mathrm{Mn^{2+}} + 4\mathrm{H_2O}$,$\varphi^{\ominus}_{(\mathrm{MnO_4^-/Mn^{2+}})} = 1.51 \mathrm{V}$。

$\mathrm{Fe^{3+}} + \mathrm{e^-} \Longleftrightarrow \mathrm{Fe^{2+}}$,$\varphi^{\ominus}_{(\mathrm{Fe^{3+}/Fe^{2+}})} = 0.771 \mathrm{V}$。

(1) 判断下列反应的方向:$\mathrm{MnO_4^-} + 8\mathrm{H^+} + 5\mathrm{Fe^{2+}} \Longleftrightarrow \mathrm{Mn^{2+}} + 5\mathrm{Fe^{3+}} + 4\mathrm{H_2O}$

(2) 将这两个半电池组成原电池,用电池符号表示该原电池的组成,标明正负极,并计算其电动势。

(3) 当氢离子浓度为 $10.0 \mathrm{mol \cdot L^{-1}}$,其他各离子浓度为 $1.00 \mathrm{mol \cdot L^{-1}}$ 时,计算该电池的电动势。

【3-26】 写出按下列各反应设计成的原电池符号,并计算各原电池的 E(注:浓度单位均为 $\mathrm{mol \cdot L^{-1}}$)。

(1) $\mathrm{Zn(s)} + \mathrm{Ni^{2+}}(0.080) \longrightarrow \mathrm{Zn^{2+}}(0.020) + \mathrm{Ni(s)}$

(2) $\mathrm{Cr_2O_7^{2-}}(1.0) + 6\mathrm{Cl^-}(10) + 14\mathrm{H^+}(10) \longrightarrow 2\mathrm{Cr^{3+}}(1.0) + 3\mathrm{Cl_2}(100\mathrm{kPa})\uparrow + 7\mathrm{H_2O(l)}$

【3-27】 求下列情况下 $298.15 \mathrm{K}$ 时有关电对的电极电势:

(1) 金属铜放在 $0.50 \mathrm{mol \cdot L^{-1}}$ 的 $\mathrm{Cu^{2+}}$ 溶液中,求 $\varphi_{(\mathrm{Cu^{2+}/Cu})}$。

(2) 在上述(1)的溶液中加入固体 $\mathrm{Na_2S}$,使溶液中的 $c_{(\mathrm{S^{2-}})} = 1.00 \mathrm{mol \cdot L^{-1}}$,求 $\varphi_{(\mathrm{Cu^{2+}/Cu})}$。

(3) $100 \mathrm{kPa}$ 氢气通入 $0.10 \mathrm{mol \cdot L^{-1}}$ HCl 溶液中,求 $\varphi_{(\mathrm{H^+/H_2})}$。

(4) 在 $1.0 \mathrm{L}$ 上述(3)的溶液中加入 $0.1 \mathrm{mol}$ 固体 NaOH(忽略体积变化),求 $\varphi_{(\mathrm{H^+/H_2})}$。

(5) 在 $1.0 \mathrm{L}$ 上述(3)的溶液中加入 $0.1 \mathrm{mol}$ 固体 NaOAc(忽略体积变化),求 $\varphi_{(\mathrm{H^+/H_2})}$。

第4章

配位化合物与配位平衡

化学家们发现,自然界中绝大多数无机化合物都是以配位化合物(简称配合物)的形式存在的。配位化合物具有较为复杂的结构,是现代无机化学重要的研究对象。

配位化合物具有多种独特的性能,在分析化学、生物化学、电化学、催化动力学等方面有着广泛的应用,在科学研究和生产实践中日益起着越来越重要的作用。工业分析、催化、金属的分离和提取、电镀、环保、医药工业、印染工业、化学纤维工业以及生命科学、人体健康等,无一不与配位化合物密切相关。这一领域的发展,已经形成了一门独立的分支学科——配位化学。配位化合物的形成及其结构具有其自身的规律性,不能简单地用经典的价键理论来加以解释,为此在本章专门对配位化合物、配位平衡及其应用加以讨论。

4.1 配位化合物

实验室常见的 NH_3、H_2O、$CuSO_4$、$AgCl$ 等化合物之间,还可以进一步形成一些复杂的化合物,如 $[Cu(NH_3)_4]SO_4$、$[Cu(H_2O)_4]SO_4$、$[Ag(NH_3)_2]Cl$。这些化合物都含有在溶液中较难离解、可以像一个简单离子一样参加反应的复杂离子。这些由一个简单阳离子和一定数目的中性分子或阴离子以配位键相结合,所形成的具有一定特性的带电荷的复杂离子叫做配离子。

配离子可分为配阳离子(如 $[Cu(NH_3)_4]^{2+}$、$[Ag(NH_3)_2]^+$ 等)和配阴离子(如 $[PtCl_6]^{2-}$、$[Fe(CN)_6]^{4-}$ 等)。另外,还有一些不带电荷的电中性的复杂化合物,如 $[CoCl_3(NH_3)_3]$、$[Ni(CO)_4]$、$[Fe(CO)_5]$ 等,也叫做配合物。

由此,可以把配位化合物粗略定义为由中心离子(中心原子)与配位体以配位键相结合而成的复杂化合物。

多数配离子既能存在于晶体中,也能存在于水溶液中。

明矾 $[KAl(SO_4)_2 \cdot 12H_2O]$ 是一种分子间化合物,但是在其晶体中仅含有 K^+、Al^{3+}、SO_4^{2-} 和 H_2O 等简单离子和分子,溶于水后其性质如同简单 K_2SO_4 和 $Al_2(SO_4)_3$ 的混合水溶液一样。我们称明矾为复盐(double salt),复盐不是配位化合物。

4.1.1 配位化合物的组成

由配离子形成的配位化合物,如 $[Cu(NH_3)_4]SO_4$ 和 $K_4[Fe(CN)_6]$,由内界和外界两部分组成的。内界为配位化合物的特征部分,由中心离子和配体结合而成(用方括号标出),不在内界的其他离子构成外界。

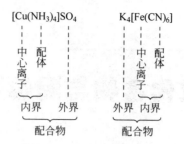

电中性的配合物,如$[CoCl_3(NH_3)_3]$、$[Ni(CO)_4]$等,没有外界。

1. 中心离子

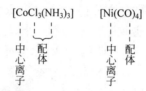

中心离子(central ion,用 M 表示,也叫做配合物的形成体)位于内界的中心,一般为带正电荷的阳离子。

常见的中心离子为过渡金属元素离子,如 Cr^{3+}、Fe^{3+}、Cu^{2+} 等,也可以是中性原子和高氧化态的非金属元素,如 $[Ni(CO)_4]$ 中的 Ni 原子,$[SiF_6]^{2-}$ 中的 Si(Ⅳ)。

2. 配位体

与中心离子(或原子)结合的中性分子或阴离子叫做配位体(ligand,用 L 表示),简称配体。例如 NH_3、H_2O、CO、OH^-、CN^-、X^-(卤素阴离子)等。提供配体的物质叫做配位剂,如 NaOH、KCN 等。有时配位剂本身就是配体,如 NH_3、H_2O、CO 等。

配体中提供孤对电子与中心离子(或原子)以配位键相结合的原子叫做配位原子。配位原子主要是那些电负性较大的 F、Cl、Br、I、O、S、N、P、C 等非金属元素的原子。

可以按一个配体中所含配位原子的数目不同,将配体分为单齿配体和多齿配体。

单齿配体(unidentate ligand)中只含有一个配位原子,如 NH_3、OH^-、X^-、CN^-、SCN^- 等。

多齿配体(multidentate ligand)中含有两个或两个以上的配位原子,如 $C_2O_4^{2-}$、乙二胺($NH_2C_2H_4NH_2$,常缩写为 en)、NH_2CH_2COOH 等。多齿配体的多个配位原子可以同时与一个中心离子结合,所形成的配合物特称为螯合物。

3. 配位数

与中心离子(或原子)直接以配位键相结合的配位原子的总数叫做该中心离子(或原子)的配位数(coordination number)。

例如,在 $[Ag(NH_3)_2]^+$ 中,中心离子 Ag^+ 的配位数为 2;

在 $[Cu(NH_3)_4]^{2+}$ 中,中心离子 Cu^{2+} 的配位数为 4;

在 $[Fe(CO)_5]$ 中,中心原子 Fe 的配位数为 5;

在 $[Fe(CN)_6]^{4-}$ 和 $[CoCl_3(NH_3)_3]$ 中,中心离子 Fe^{2+} 和 Co^{3+} 的配位数皆为 6。

多齿配体的数目不等于中心离子的配位数。$[Pt(en)_2]^{2+}$ 中的 en 是双齿配体,因此 Pt^{2+} 的配位数不是 2 而是 4。

目前,在配合物中中心离子的配位数可以从 1 到 12,其中最常见的为 6 和 4。

中心离子配位数的大小,与中心离子和配体的性质(它们的电荷、半径、中心离子的电子层构型等)以及形成配合物时的外界条件(如浓度、温度等)有关。

增大配体的浓度或降低反应的温度,都将有利于形成高配位数的配合物。

4. 配离子的电荷数

配离子的电荷数等于中心离子和配体二者电荷数的代数和。

4.1.2　配位化合物的命名

配位化合物的命名遵循 1979 年中国化学会无机化学专业委员会制定的汉语命名原则进行。命名时阴离子在前,阳离子在后,称为某化某或某酸某。

命名时按以下顺序进行:配体数目(用倍数词头二、三、四等表示)——配体名称——合——中心离子(用罗马数字标明氧化数)。

配位个体的命名顺序为:有多种配体时,阴离子配体先于中性分子配体,无机配体先于有机配体,简单配体先于复杂配体,同类配体按配位原子元素符号的英文字母顺序排列。不同配体名称之间以圆点“·”分开。

例如:
(1) 含配阳离子的配合物

$[Cu(NH_3)_4]SO_4$	硫酸四氨合铜(Ⅱ)
$[Co(NH_3)_6]Cl_3$	三氯化六氨合钴(Ⅲ)
$[CrCl_2(H_2O)_4]Cl$	一氯化二氯·四水合铬(Ⅲ)
$[Co(NH_3)_5(H_2O)]Cl_3$	三氯化五氨·一水合钴(Ⅲ)

(2) 含配阴离子的配合物

$K_4[Fe(CN)_6]$	六氰合铁(Ⅱ)酸钾
$K[PtCl_5(NH_3)]$	五氯·一氨合铂(Ⅳ)酸钾
$K_2[SiF_6]$	六氟合硅(Ⅳ)酸钾

(3) 电中性配合物

$[Fe(CO)_5]$	五羰基合铁
$[Co(NO_2)_3(NH_3)_3]$	三硝基·三氨合钴(Ⅲ)
$[PtCl_4(NH_3)_2]$	四氯·二氨合铂(Ⅳ)

4.2　配位平衡及其影响因素

与多元弱酸(弱碱)的解离相类似,多配体的配离子在水溶液中的解离是分步进行的,最后达到某种平衡状态。配离子的解离反应的逆反应是配离子的形成反应,其形成反应也是分步进行的,最后也达到了某种平衡状态。这就是配位平衡。

4.2.1 配离子的稳定常数 $K_稳$

配离子形成反应达到平衡时的平衡常数,称为配离子的稳定常数(stability constant)。在溶液中配离子的形成是分步进行的,每一步都相应有一个稳定常数,称为逐级稳定常数(或分步稳定常数)。

例如,考虑 $[Cu(NH_3)_4]^{2+}$ 配离子的形成过程:

$$Cu^{2+} + NH_3 \rightleftharpoons [Cu(NH_3)]^{2+}$$

$$K_{稳_1} = \frac{[Cu(NH_3)^{2+}]}{[Cu^{2+}][NH_3]} = 10^{4.31}$$

$$[Cu(NH_3)]^{2+} + NH_3 \rightleftharpoons [Cu(NH_3)_2]^{2+}$$

$$K_{稳_2} = \frac{[Cu(NH_3)_2^{2+}]}{[Cu(NH_3)^{2+}][NH_3]} = 10^{3.67}$$

$$[Cu(NH_3)_2]^{2+} + NH_3 \rightleftharpoons [Cu(NH_3)_3]^{2+}$$

$$K_{稳_3} = \frac{[Cu(NH_3)_3^{2+}]}{[Cu(NH_3)_2^{2+}][NH_3]} = 10^{3.04}$$

$$[Cu(NH_3)_3]^{2+} + NH_3 \rightleftharpoons [Cu(NH_3)_4]^{2+}$$

$$K_{稳_4} = \frac{[Cu(NH_3)_4^{2+}]}{[Cu(NH_3)_3^{2+}][NH_3]} = 10^{2.30}$$

请注意平衡常数表达式中配离子电荷的表示法。

逐级稳定常数随着配位数的增加而减小。因为配位数增加时,配体之间的斥力增大,同时中心离子对每个配体的吸引力减小,故配离子的稳定性减弱。

逐级稳定常数的乘积等于该配离子的总稳定常数:

$$Cu^{2+} + 4NH_3 \rightleftharpoons [Cu(NH_3)_4]^{2+}$$

$$K_稳 = K_{稳_1} \cdot K_{稳_2} \cdot K_{稳_3} \cdot K_{稳_4} = \frac{[Cu(NH_3)_4^{2+}]}{[Cu^{2+}][NH_3]^4} 10^{13.32}$$

$K_稳$ 值越大,表示该配离子在水中越稳定。因此,从 $K_稳$ 的大小可以判断配位反应完成的程度,判断其能否用于滴定分析。一些常见配离子的稳定常数见附录 D。

若将逐级稳定常数依次相乘,就得到各级累积稳定常数(β_i):

$$\beta_1 = K_{稳_1} = \frac{[Cu(NH_3)^{2+}]}{[Cu^{2+}][NH_3]}$$

$$\beta_2 = K_{稳_1} \cdot K_{稳_2} = \frac{[Cu(NH_3)_2^{2+}]}{[Cu^{2+}][NH_3]^2}$$

$$\beta_3 = K_{稳_1} \cdot K_{稳_2} \cdot K_{稳_3} = \frac{[Cu(NH_3)_3^{2+}]}{[Cu^{2+}][NH_3]^3}$$

$$\beta_4 = K_{\text{稳}_1} \cdot K_{\text{稳}_2} \cdot K_{\text{稳}_3} \cdot K_{\text{稳}_4} = K_{\text{稳}} = \frac{[Cu(NH_3)_4^{2+}]}{[Cu^{2+}][NH_3]^4}$$

配离子在水溶液中会发生逐级解离,这些解离反应是配离子各级形成反应的逆反应,解离生成了一系列各级配位数不等的配离子,其各级解离的程度可用相应的逐级不稳定常数 $K_{\text{不稳}}$ 表示,例如,在水溶液中的离解如下。

$$[Cu(NH_3)_4]^{2+} \Longrightarrow [Cu(NH_3)_3]^{2+} + NH_3$$

$$K_{\text{不稳}_1} = \frac{[Cu(NH_3)_3^{2+}][NH_3]}{[Cu(NH_3)_4^{2+}]} = 10^{-2.30}$$

$$[Cu(NH_3)_3]^{2+} \Longrightarrow [Cu(NH_3)_2]^{2+} + NH_3$$

$$K_{\text{不稳}_2} = \frac{[Cu(NH_3)_2^{2+}][NH_3]}{[Cu(NH_3)_3^{2+}]} = 10^{-3.04}$$

$$[Cu(NH_3)_2]^{2+} \Longrightarrow [Cu(NH_3)]^{2+} + NH_3$$

$$K_{\text{不稳}_3} = \frac{[Cu(NH_3)^{2+}][NH_3]}{[Cu(NH_3)_2^{2+}]} = 10^{-3.67}$$

$$[Cu(NH_3)]^{2+} \Longrightarrow Cu^{2+} + NH_3 \quad Cu^{2+} + NH_3$$

$$K_{\text{不稳}_4} = \frac{[Cu^{2+}][NH_3]}{[Cu(NH_3)^{2+}]} = 10^{-4.31}$$

显然,逐级不稳定常数分别与相对应的逐级稳定常数互为倒数:

$$K_{\text{不稳}_1} = \frac{1}{K_{\text{稳}_4}}, \quad K_{\text{不稳}_2} = \frac{1}{K_{\text{稳}_3}}, \quad K_{\text{不稳}_3} = \frac{1}{K_{\text{稳}_2}}, \quad K_{\text{不稳}_4} = \frac{1}{K_{\text{稳}_1}}$$

同样

$$[Cu(NH_3)_4]^{2+} \Longrightarrow Cu^{2+} + 4NH_3$$

$$K_{\text{不稳}} = K_{\text{不稳}_1} \cdot K_{\text{不稳}_2} \cdot K_{\text{不稳}_3} \cdot K_{\text{不稳}_4} = \frac{1}{K_{\text{稳}}} = 10^{-13.32}$$

$K_{\text{稳}}$、β_i 和 $K_{\text{不稳}}$ 在使用时注意切勿混淆。

必须注意,在 $[Cu(NH_3)_4]^{2+}$ 的水溶液中,总存在有 $[Cu(NH_3)_3]^{2+}$、$[Cu(NH_3)_2]^{2+}$ 和 $[Cu(NH_3)]^{2+}$ 等各级配位数低的离子,因此不能认为溶液中 $[Cu^{2+}]$ 与 $[NH_3]$ 之比是 1:4 的关系。

还必须指出,只有在相同类型的情况下,才能根据 $K_{\text{稳}}$ 值的大小直接比较配离子的稳定性。

一般配离子的逐级稳定常数彼此相差不大,因此在计算离子浓度时必须考虑各级配离子的存在。但在实际工作中,一般总是加入过量的配位剂,这时金属离子将绝大部分处在最高配位数的状态,其他较低级的配离子可忽略不计。此时若只求简单金属离子的浓度,只需按总的 $K_{\text{不稳}}$(或 $K_{\text{稳}}$)进行计算,这样可使计算大为简化。

4.2.2 配离子稳定常数的应用

配离子 $ML_x^{(n-x)+}$、金属离子 M^{n+} 及配体 L^- 在水溶液中存在下列平衡：

$$M^{n+} + x\,L^- \Longleftrightarrow ML_x^{(n-x)+}$$

如果向溶液中加入某种试剂(包括酸、碱、沉淀剂、氧化还原剂或其他配位剂)，由于这些试剂与 M^{n+} 或 L^- 可能发生各种化学反应，必将导致上述配位平衡发生移动，其结果是原溶液中各组分的浓度发生变动。这过程涉及的就是配位平衡与其他化学平衡之间相互联系的多重平衡。

利用配离子的稳定常数 $K_稳$，可以计算配合物溶液中有关离子的浓度，判断配位平衡与沉淀溶解平衡之间、配位平衡与配位平衡之间相互转化的可能性，计算有关氧化还原电对的电极电势。

1. 计算配合物溶液中有关离子的浓度

【例 4-1】 计算溶液中与 $1.0 \times 10^{-3}\,mol \cdot L^{-1}\,[Cu(NH_3)_4]^{2+}$ 和 $1.0\,mol \cdot L^{-1}\,NH_3$ 处于平衡状态的游离 Cu^{2+} 浓度。

解：
$$Cu^{2+} + 4NH_3 \Longleftrightarrow [Cu(NH_3)_4]^{2+}$$

平衡浓度/$(mol \cdot L^{-1})$ x 1.0 1.0×10^{-3}

已知 $[Cu(NH_3)_4]^{2+}$ 的 $K_稳 = 10^{13.32} = 2.09 \times 10^{13}$，将上述各项平衡浓度代入稳定常数表达式：

$$\frac{[Cu(NH_3)_4^{2+}]}{[Cu^{2+}][NH_3]^4} = K_稳$$

$$\frac{1.0 \times 10^{-3}\,mol \cdot L^{-1}}{x \cdot (1.0)^4\,mol \cdot L^{-1}} = 2.09 \times 10^{13}$$

$$x = \frac{1.0 \times 10^{-3}\,mol \cdot L^{-1}}{2.09 \times 10^{13}} = 4.78 \times 10^{-17}\,mol \cdot L^{-1}$$

游离 Cu^{2+} 的浓度为 $4.78 \times 10^{-17}\,mol \cdot L^{-1}$。

2. 配位平衡与沉淀溶解平衡之间的转化

【例 4-2】 若在 $1.0L$【例 4-1】所述的配合物溶液中加入 $0.0010\,mol$ NaOH，问有无 $Cu(OH)_2$ 沉淀生成？若加入 $0.0010\,mol$ Na_2S，有无 CuS 沉淀生成？

解：(1) 当加入 $0.0010\,mol$ NaOH 后，溶液中的 $[OH^-] = 0.0010\,mol \cdot L^{-1}$

$$K_{sp[Cu(OH)_2]} = 2.2 \times 10^{-20}$$

该溶液中相应离子浓度幂的乘积：

$$[Cu^{2+}][OH^-]^2 = 4.78 \times 10^{-17} \times (1.0 \times 10^{-3})^2 = 4.78 \times 10^{-23} < K_{sp[Cu(OH)_2]}$$

故加入 $0.0010\,mol$ NaOH 后，无 $Cu(OH)_2$ 沉淀生成。

（2）若加入 0.0010mol Na_2S 后，溶液中的 $[S^{2-}]=0.0010mol \cdot L^{-1}$（未考虑 S^{2-} 的水解）

$$K_{sp(CuS)}=6.3 \times 10^{-36}$$

该溶液中相应离子浓度幂的乘积：

$$[Cu^{2+}][S^{2-}]=4.78 \times 10^{-17} \times 1.0 \times 10^{-3}=4.78 \times 10^{-20}>K_{sp(CuS)}$$

故加入 0.0010mol Na_2S 后，有 CuS 沉淀产生。

【例 4-3】　已知 AgCl 的 $K_{sp(AgCl)}=1.77 \times 10^{-10}$，AgBr 的 $K_{sp(AgBr)}=5.35 \times 10^{-13}$。试比较完全溶解 0.010mol 的 AgCl 和完全溶解 0.010mol 的 AgBr 所需要的 NH_3 的浓度（以 $mol \cdot L^{-1}$ 表示）。

解：AgCl 在 NH_3 中的溶解反应为：

$$AgCl + 2NH_3 \Longleftrightarrow [Ag(NH_3)_2]^+ + Cl^-$$

其平衡常数为：

$$K_c = \frac{[Ag(NH_3)_2^+][Cl^-]}{[NH_3]^2}$$

$$= \frac{[Ag(NH_3)_2^+][Ag^+][Cl^-]}{[Ag^+][NH_3]^2}$$

$$= K_{稳[Ag(NH_3)_2^+]} \cdot K_{sp(AgCl)}$$

已知：

$$K_{sp(AgCl)}=1.77 \times 10^{-10}$$

查附录 D 得知：

$$K_{稳[Ag(NH_3)_2^+]}=1.12 \times 10^7$$

则

$$K_c=1.12 \times 10^7 \times 1.77 \times 10^{-10}=1.98 \times 10^{-3}$$

平衡时，

$$[NH_3]=\sqrt{\frac{[Ag(NH_3)_2^+][Cl^-]}{K_c}}$$

设 AgCl 溶解后，全部转化为 $[Ag(NH_3)_2]^+$，则 $[Ag(NH_3)_2]^+=0.01mol \cdot L^{-1}$（严格地讲，由于 $[Ag(NH_3)_2]^+$ 的离解，应略小于 $0.01mol \cdot L^{-1}$），$[Cl^-]=0.01mol \cdot L^{-1}$，有

$$[NH_3]=\sqrt{\frac{0.010 \times 0.010}{1.98 \times 10^{-3}}}mol \cdot L^{-1}=0.22mol \cdot L^{-1}$$

在溶解 0.010mol AgCl 的过程中，消耗 NH_3 的浓度为：

$$2 \times 0.010mol \cdot L^{-1}=0.020mol \cdot L^{-1}$$

故溶解 0.010mol AgCl 所需要的 NH_3 的原始浓度为：

$$0.22mol \cdot L^{-1}+0.020mol \cdot L^{-1}=0.24mol \cdot L^{-1}$$

同理，可以求出溶解 0.010mol AgBr 所需要的 NH_3 的浓度至少为 $4.11mol \cdot L^{-1}$。

有关配位平衡与沉淀溶解平衡之间的相互转化关系，可以用下述实验事实说明之。在 $AgNO_3$ 溶液中，加入数滴 KCl 溶液，立即产生白色 AgCl 沉淀。再滴加氨水，由于生成 $[Ag(NH_3)_2]^+$，AgCl 沉淀即发生溶解。若向此溶液中再加入少量 KBr 溶液，则有淡黄色 AgBr 沉淀生成。再滴加 $Na_2S_2O_3$ 溶液，则 AgBr 又将溶解。如若再向溶液中滴加 KI 溶液，则又将析出溶解度更小的黄色 AgI 沉淀。再滴加 KCN 溶液，AgI 沉淀又复溶解。此时

若再加入$(NH_4)_2S$溶液，则最终生成棕黑色的Ag_2S沉淀。以上各步实验过程为：

$$Ag^+(aq) + Cl^-(aq) \xrightleftharpoons{\hspace{3cm}} AgCl(s)$$

（加沉淀剂）　$K_{sp} = 1.77 \times 10^{-10}$　　　　　　$+$

　　　　　　　　　　　　　　　　$2NH_3(aq)$（加配位剂）

　　　　　　　　　　$K_{稳} = 1.12 \times 10^{-7}$　

$$2NH_3(aq) + AgBr(s) \xrightleftharpoons{\hspace{3cm}} [Ag(NH_3)_2]^+(aq) + Br^-(aq)$$

$+$　　　　　　$K_{sp} = 5.35 \times 10^{-13}$　　　　　　　　　　（加沉淀剂）

$2S_2O_3^{2-}(aq)$（加配位剂）

$K_{稳} = 2.88 \times 10^{13}$　

$$[Ag(S_2O_3^{2-})_2]^{3-}(aq) + I^-(aq) \xrightleftharpoons{\hspace{3cm}} AgI(s)$$

（加沉淀剂）　　　　　　　　　　$+$

（加配位剂）$2CN^-(aq)$

$K_{稳} = 1.26 \times 10^{21}$　

$$2CN^-(aq) + 1/2Ag_2S(s) \xrightleftharpoons{\hspace{3cm}} [Ag(CN)_2]^-(aq) + 1/2S^{2-}(aq)$$

$K_{sp} = 2.0 \times 10^{-49}$　　　　　　　　（加沉淀剂）

与沉淀生成和溶解相对应的分别是配合物的解离和形成，决定上述各反应方向的是$K_{稳}$和K_{sp}的相对大小以及配位剂与沉淀剂的浓度。配合物的$K_{稳}$值越大，沉淀越易溶解形成相应配合物；而沉淀的K_{sp}越小，则配合物越易解离转变成相应的沉淀。

3. 配位平衡之间的转化

配离子之间的相互转化，和配离子与沉淀之间的转化类似，转化反应向着生成更稳定的配离子的方向进行。两种配离子的稳定常数相差越大，转化将越完全。

【例 4-4】向含有$[Ag(NH_3)_2]^+$的溶液中分别加入 KCN 和 $Na_2S_2O_3$，此时发生下列反应：

$$[Ag(NH_3)_2]^+ + 2CN^- \rightleftharpoons [Ag(CN)_2]^- + 2NH_3 \tag{1}$$

$$[Ag(NH_3)_2]^+ + 2S_2O_3^{2-} \rightleftharpoons [Ag(S_2O_3)_2]^{3-} + 2NH_3 \tag{2}$$

试问，在相同的情况下，哪个转化反应进行得较完全？

解：反应式(1)的平衡常数表示为：

$$K_1 = \frac{[Ag(CN)_2^-][NH_3]^2}{[Ag(NH_3)_2^+][CN^-]^2}$$

$$= \frac{[Ag(CN)_2^-][NH_3]^2[Ag^+]}{[Ag(NH_3)_2^+][CN^-]^2[Ag^+]}$$

$$= \frac{K_{稳}[Ag(CN)_2^-]}{K_{稳}[Ag(NH_3)_2^+]}$$

$$= \frac{1.26 \times 10^{21}}{1.12 \times 10^{7}} = 1.13 \times 10^{14}$$

同理,可求出反应式(2)的平衡常数 $K_2 = 2.57 \times 10^6$。

由计算得知,反应式(1)的平衡常数 K_1 比反应式(2)的平衡常数 K_2 大,说明反应(1)比反应(2)进行得较完全。

4. 计算氧化还原电对的电极电势

氧化还原电对的电极电势会因配合物的生成而改变,相应物质的氧化还原性能也会发生改变。

【例 4-5】 已知 $\varphi^{\ominus}_{(Au^+/Au)} = 1.692V$,$[Au(CN)_2]^-$ 的 $K_{稳} = 1.99 \times 10^{38}$,试计算 $\varphi^{\ominus}_{\{[Au(CN)_2]^-/Au\}}$ 的值?

解:首先根据题意,要计算 $\varphi^{\ominus}_{\{[Au(CN)_2]^-/Au\}}$ 的值,配离子 $[Au(CN)_2]^-$ 和配体 CN^- 的浓度均为 $1mol \cdot L^{-1}$,则可以由 $K_{稳}$ 计算平衡时相应 Au^+ 的浓度。

$$[Au(CN)_2]^- \rightleftharpoons Au^+ + 2CN^-$$

$$K_c = \frac{[Au^+][CN^-]^2}{[Au(CN)_2^-]}$$

$$= \frac{1}{K_{稳\{[Au(CN)_2]^-\}}}$$

则

$$[Au^+] = \frac{1}{K_{稳\{[Au(CN)_2]^-\}}} = 5.03 \times 10^{-39} mol \cdot L^{-1}$$

将 $[Au^+]$ 代入能斯特方程式:

$$\varphi^{\ominus}_{\{[Au(CN)_2]^-/Au\}} = \varphi_{(Au^+/Au)} = \varphi^{\ominus}_{(Au^+/Au)} + 0.0592 lg[Au^+]$$

$$= (1.692 + 0.0592 lg 5.03 \times 10^{-39})V$$

$$= -0.575V$$

可以看出,当 Au^+ 形成稳定的 $[Au(CN)_2]^-$ 配离子后,$\varphi_{(Au^+/Au)}$ 减小,此时 Au 的还原能力增强,即在配体 CN^- 存在时 Au 易被氧化为 $[Au(CN)_2]^-$,这就是湿法冶金提炼金所依据的原理。

4.3 配位化合物的分类及配位理论

4.3.1 配位化合物的分类及特性

配位化合物的范围极广,主要有两类。

1. 简单配位化合物

简单配位化合物是指由单齿配体与中心离子配位结合形成的配位化合物,如

$[Ag(NH_3)_2]^+$、$[Cu(NH_3)_4]^{2+}$等。

2. 螯合物

螯合物(chelate)又称内配合物,是一类由多齿配体和中心离子结合形成的具有环状结构的配位化合物。

例如,多齿配体乙二胺中有两个 N 原子可以作为配位原子,能同时与配位数为 4 的 Cu^{2+} 配位,形成具有环状结构的螯合物$[Cu(en)_2]^{2+}$。

$$
\begin{array}{c}
CH_2\!-\!H_2N\!:\qquad :NH_2\!-\!CH_2 \\
|\qquad\qquad\qquad\qquad\qquad | \qquad +Cu^{2+}+ \\
CH_2\!-\!H_2N\!:\qquad :NH_2\!-\!CH_2
\end{array}
\Longrightarrow
\left[
\begin{array}{c}
CH_2\!-\!H_2N\!:\qquad :NH_2\!-\!CH_2 \\
|\qquad\searrow Cu \swarrow\qquad | \\
CH_2\!-\!H_2N\!:\qquad :NH_2\!-\!CH_2
\end{array}
\right]^{2+}
$$

二乙二胺合铜(Ⅱ)离子

大多数螯合物具有五原子环或六原子环。

1) 螯合剂

能和中心离子形成螯合物的、含有多齿配体的配位剂,称为螯合剂(chelating agents)。常见的螯合剂是含有 N、O、S、P 等配位原子的有机化合物。

螯合剂的特点:螯合剂中必须含有两个或两个以上能给出孤对电子的配位原子,这些配位原子的位置必须适当,相互之间一般间隔两个或三个其他原子,以形成稳定的五原子环或六原子环。

一个螯合剂所提供的配位原子,可以相同,如乙二胺中的两个 N 原子,也可以不同,如氨基乙酸(NH_2CH_2COOH)中的 N 原子和 O 原子。

氨羧配位剂是最常见的螯合剂,许多是以氨基二乙酸[$-N(CH_2COOH)_2$]为基体的有机化合物。除氨基二乙酸外,还有氨三乙酸:

$$
:N
\begin{cases}
CH_2COOH \\
CH_2COOH \\
CH_2COOH
\end{cases}
$$

乙二胺四乙酸(EDTA):

$$
\begin{array}{c}
HOOCCH_2 \qquad\qquad\qquad\qquad CH_2COOH \\
\diagdown\diagup \\
N\!-\!CH_2\!-\!CH_2\!-\!N \\
\diagup\diagdown \\
HOOCCH_2 \qquad\qquad\qquad\qquad CH_2COOH
\end{array}
$$

乙二醇二乙醚二胺四乙酸(EGTA):

$$
\begin{array}{c}
\qquad\qquad\qquad\qquad\qquad CH_2COOH \\
\qquad\qquad\qquad\qquad\qquad\diagup \\
CH_2\!-\!O\!-\!CH_2\!-\!CH_2\!-\!N \\
|\qquad\qquad\qquad\qquad\qquad\diagdown \\
|\qquad\qquad\qquad\qquad\qquad CH_2COOH \\
| \\
|\qquad\qquad\qquad\qquad\qquad CH_2COOH \\
|\qquad\qquad\qquad\qquad\qquad\diagup \\
CH_2\!-\!O\!-\!CH_2\!-\!CH_2\!-\!N \\
\qquad\qquad\qquad\qquad\qquad\diagdown \\
\qquad\qquad\qquad\qquad\qquad CH_2COOH
\end{array}
$$

乙二胺四丙酸(EDTP)：

$$
\begin{array}{c}
\mathrm{CH_2-N} \begin{array}{l} \mathrm{CH_2CH_2COOH} \\ \\ \mathrm{CH_2CH_2COOH} \end{array} \\
\\
\mathrm{CH_2-N} \begin{array}{l} \mathrm{CH_2CH_2COOH} \\ \\ \mathrm{CH_2CH_2COOH} \end{array}
\end{array}
$$

2）螯合物的特性

（1）特殊稳定性

螯合物比具有相同配位原子的非螯合物要稳定，在水中更难离解。因为要使螯合物完全离解为金属离子和配体，对于二齿配体所形成的螯合物，需要同时破坏两个键；对于三齿配体所形成的螯合物，则需要同时破坏三个键。故螯合物的稳定性随螯合物中环数的增多而显著增强，这一特点称为螯合效应。

螯合环的大小会影响螯合物的稳定性。一般以具有五元环或六元环的螯合物最稳定。

（2）颜色

许多螯合物都具有颜色。例如，在弱碱性条件下，丁二酮肟与 Ni^{2+} 形成鲜红色的二丁二酮肟合镍螯合物沉淀：

$$
2\ \begin{array}{c} \mathrm{CH_3-C=N-OH} \\ | \\ \mathrm{CH_3-C=N-OH} \end{array} + Ni^{2+} = \left[\begin{array}{c} \mathrm{CH_3-C=N} \cdots \mathrm{O\cdots H-O} \cdots \mathrm{N=C-CH_3} \\ Ni \\ Ni \\ \mathrm{CH_3-C=N} \cdots \mathrm{O-H\cdots O} \cdots \mathrm{N=C-CH_3} \end{array} \right] \downarrow + 2H^{+}
$$

该反应可用于定性检验 Ni^{2+} 的存在，也可用来定量测定 Ni^{2+} 的含量。

4.3.2　配位化合物的价键理论

配位化合物中的化学键，是指配位化合物内中心离子（或原子）与配体之间的化学键。

1931 年，鲍林首先将分子结构的价键理论应用于配位化合物，后经他人修正补充，逐步完善形成了近代配位化合物的价键理论。

1. 配位化合物价键理论的基本要点

价键理论认为：中心离子（或原子）M 与配体 L 形成配位化合物时，中心离子（或原子）以空的杂化轨道，接受配体提供的孤对电子，形成 σ 配键（一般用 M←L 表示），即中心离子（或原子）空的杂化轨道与配位原子的孤对电子所在的原子轨道重叠，形成配位共价键。中心离子杂化轨道的类型与配位离子的空间构型和配位化合物类型（内轨型或外轨型配位化合物)密切相关。

2. 配位化合物的形成和空间构型

由于中心离子的杂化轨道具有一定的方向性,所以配位化合物具有一定的空间构型。以下分别举例加以说明。

1)$[Ni(NH_3)_4]^{2+}$ 的形成

$_{28}Ni^{2+}$ 的价电子层结构为:

$$_{28}Ni^{2+} \quad \text{⟲⟲⟲⟩⟩ ○ ○○○}$$
3d　　　　4s　　4p

当 Ni^{2+} 与四个氨分子接近,结合为 $[Ni(NH_3)_4]^{2+}$ 时,Ni^{2+} 的价电子层能级相近的一个 4s 和三个 4p 空轨道杂化,形成四个等价的 sp^3 杂化轨道,容纳四个氨分子中的四个 N 原子提供的四对孤对电子,形成四个配键(虚线内杂化轨道中的共用电子对是由氮原子提供的):

$$[Ni(NH_3)_4]^{2+} \quad \text{⟲⟲⟲⟩⟩} \quad \boxed{\text{⟲⟲⟲⟲}}$$
3d　　　　　　　sp^3杂化轨道

所以,$[Ni(NH_3)_4]^{2+}$ 的空间构型为正四面体。Ni^{2+} 位于正四面体的中心,四个配位原子 N 在正四面体的四个顶角上(见表 4-1)。

表 4-1　常见轨道杂化类型与配位化合物的空间构型

杂化类型	配位数	空间构型	实　　例
sp	2	直线型(linear) ○—●—○	$[Cu(NH_3)_2]^+$、$[Ag(NH_3)_2]^+$、$[CuCl_2]^-$、$[Ag(CN)_2]^-$
sp^2	3	平面三角形 (planar triangle)	$[CuCl_3]^{2-}$、$[HgI_3]^-$、$[Cu(CN)_3]^{2-}$
sp^3	4	正四面体形 (tetrahedron)	$[Ni(NH_3)_4]^{2+}$、$[Zn(NH_3)_4]^{2+}$、$[Ni(CO)_4]$、$[HgI_4]^{2-}$、$[BF_4]^-$
dsp^2	4	正方形 (square planar)	$[Ni(CN)_4]^{2-}$、$[Cu(NH_3)_4]^{2+}$、$[PtCl_4]^{2-}$、$[Cu(H_2O)_4]^{2+}$

杂化类型	配位数	空间构型	实　例
dsp^3	5	三角双锥形 (trigonal bipyramid)	$[Fe(CO)_5]$、$[Ni(CN)_5]^{3-}$
sp^3d^2	6	正八面体 (octahedron)	$[FeF_6]^{3-}$、$[Fe(H_2O)_6]^{3+}$、$[Co(NH_3)_6]^{2+}$
d^2sp^3	6		$[Fe(CN)_6]^{3-}$、$[Fe(CN)_6]^{4-}$、 $[Co(NH_3)_6]^{3+}$、$[PtCl_6]^{2-}$

2) $[Ni(CN)_4]^{2-}$ 的形成

当 Ni^{2+} 与四个 CN^- 接近,结合为 $[Ni(CN)_4]^{2-}$ 时,Ni^{2+} 在配体 CN^- 的影响下,3d 电子重新分布,原有自旋平行的未成对电子数减小,空出一个 3d 轨道,与一个 4s,两个 4p 空轨道杂化,形成四个等价的 dsp^2 杂化轨道,容纳四个 CN^- 中的四个 C 原子所提供的四对孤对电子,形成四个配键:

四个 dsp^2 杂化轨道位于同一平面上,相互间的夹角为 $90°$,各杂化轨道的方向是从平面正方形的中心指向四个顶角,所以 $[Ni(CN)_4]^{2-}$ 的空间构型为平面正方形。Ni^{2+} 位于正方形的中心,四个配位原子 C 在正方形的四个顶角上(见表 4-1)。

3) $[FeF_6]^{3-}$ 的形成

$_{26}Fe^{3+}$ 的价电子层结构为:

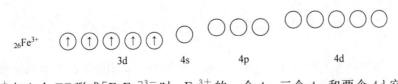

当 Fe^{3+} 与六个 F^- 形成 $[FeF_6]^{3-}$ 时,Fe^{3+} 的一个 4s,三个 4p 和两个 4d 空轨道杂化,形成六个等价的 sp^3d^2 杂化轨道,容纳由六个 F^- 提供的六对孤对电子,形成六个配键。六个 sp^3d^2 杂化轨道在空间是对称分布的,指向正八面体的六个顶角,轨道间的夹角为 $90°$。所以 $[FeF_6]^{3-}$ 的空间构型为正八面体形。Fe^{3+} 位于正八面体的中心,六个配离子在正八面体的六个顶角上(见表 4-1)。

4) $[Fe(CN)_6]^{3-}$ 的形成

当 Fe^{3+} 与 CN^- 结合时，Fe^{3+} 在配体 CN^- 的影响下，3d 电子重新分布，原有自旋平行的未成对电子数减少，空出两个 3d 轨道，与一个 4s、三个 4p 空轨道杂化，形成六个 d^2sp^3 杂化轨道（正八面体形），容纳六个 CN^- 中的六个 C 原子所提供的六对孤对电子，形成六个配键：

$[Fe(CN)_6]^{3-}$ 　⬤⬤⬤ ⎡⬤⬤⬤⬤⬤⬤⎤
　　　　　　　3d　　　　　d^2sp^3杂化轨道

六个 d^2sp^3 杂化轨道是空间对称分布的，指向正八面体的六个顶角。所以 $[Fe(CN)_6]^{3-}$ 的空间构型为正八面体构型（见表 4-1）。

常见轨道杂化类型与配合物空间构型的关系列于表 4-1。可见，中心离子所采用的杂化轨道类型与配位化合物的空间构型以及中心离子的配位数有明确的对应关系。

3. 外轨型配合物与内轨型配合物

1) 外轨型配合物

$[Ni(NH_3)_4]^{2+}$ 和 $[FeF_6]^{3-}$ 中，中心离子 Ni^{2+} 和 Fe^{3+} 分别以最外层的 ns、np 和 ns、np、nd 轨道组成 sp^3 和 sp^3d^2 杂化轨道，再与配位原子成键，所以这样形成的配键称为外轨配键，所形成的配合物称为外轨型（outer orbital）配合物。属于外轨型配合物的还有 $[HgI_4]^{2-}$、$[CdI_4]^{2-}$、$[Fe(H_2O)_6]^{3+}$、$[Co(H_2O)_6]^{3-}$、$[CoF_6]^{3-}$、$[Co(NH_3)_6]^{2+}$ 等。

在形成外轨型配合物时，中心离子的电子排布不受配体的影响，仍保持自由离子的电子层构型，所以配合物中心离子的未成对电子数和自由离子的未成对电子数相同，此时具有较多的未成对电子数。

2) 内轨型配合物

$[Ni(CN)_4]^{2-}$ 和 $[Fe(CN)_6]^{3-}$ 中，中心离子 Ni^{2+} 和 Fe^{3+} 分别以次外层 $(n-1)d$ 和外层的 ns、np 轨道组成 dsp^2 和 d^2sp^3 杂化轨道，再与配位原子成键，这样形成的配键称为内轨配键，所形成的配合物为内轨型（inner orbital）配合物。属于内轨型配合物的还有 $[Cu(CN)_4]^{2-}$、$[Fe(CN)_6]^{4-}$、$[Co(NH_3)_6]^{3+}$、$[Co(CN)_6]^{4-}$、$[PtCl_6]^{2-}$ 等。

形成内轨型配合物时，中心离子的电子排布在配体的影响下发生了变化，配合物中心离子的未成对电子数比自由离子的未成对电子数少，此时具有较少的未成对电子数，共用电子对深入到了中心离子的内层轨道。

配合物是内轨型还是外轨型，主要取决于中心离子的电子构型、离子所带的电荷和配体的性质。

具有 d^{10} 构型的离子，如 $Zn^{2+}(3d^{10})$、$Ag^+(4d^{10})$，只能用外层轨道形成外轨型配合物；

具有 d^8 构型的离子，如 Ni^{2+}、Pt^{2+}、Pd^{2+} 等，大多数情况下形成内轨型配合物；

具有其他构型的离子，既可形成内轨型，也可形成外轨型配合物。

中心离子电荷的增多有利于形成内轨型配合物。因为中心离子的电荷较多时，它对配位原子的孤对电子的引力较强；$(n-1)d$ 轨道中电子数较少，也有利于中心离子空出内层 d 轨道参与成键。如 $[Co(NH_3)_6]^{2+}$ 为外轨型，而 $[Co(NH_3)_6]^{3+}$ 为内轨型。

通常,电负性大的 F、O 等原子,不易给出孤对电子,在形成配合物时,中心离子外层轨道与之成键,因此倾向于形成外轨型配合物。电负性较小的 C 原子作配位原子时(如在 CN^- 中)则倾向于形成内轨型配合物。而 N 原子(如在 NH_3 中),则随中心离子的不同,既有外轨型,也有内轨型配合物。

不同配体对形成内轨型配合物的影响大体上有如下规律:

$CO > CN^- > NO_2^- > en > RNH_2 > NH_3 > H_2O > C_2O_4^{2-} > OH^- > F^- > Cl^- > SCN^- > S^{2-} > Br^- > I^-$

一般情况下,NH_3 以前的配体容易形成内轨型配合物;NH_3 以后的配体容易形成外轨型配合物;NH_3 则视中心离子的情况不同而不同。但例外也不少,如 $[PtCl_6]^{2-}$ 是内轨型配合物,等等。

4. 配位化合物的稳定性和磁性

1)配位化合物的稳定性

对于同一中心离子,由于 sp^3d^2 杂化轨道的能量比 d^2sp^3 杂化轨道的能量高;sp^3 杂化轨道的能量比 dsp^2 杂化轨道的能量高,故同一中心离子形成相同配位数的配离子时,一般内轨型配合物比外轨型配合物要稳定,在溶液中内轨型配合物比外轨型配合物要难离解。例如,$[Fe(CN)_6]^{3-}$ 比 $[FeF_6]^{3-}$ 要稳定,$[Ni(CN)_4]^{2-}$ 比 $[Ni(NH_3)_4]^{2+}$ 要稳定。

配合物的键型也影响到配合物的氧化还原性质。

2)配位化合物的磁性

物质的磁性是指在外加磁场的影响下,物质所表现出来的顺磁性或反磁性。

物质的磁性与组成物质的原子、分子或离子的性质有关,而主要是与物质中电子的自旋运动有关。如果物质中正自旋电子数和反自旋电子数相等(即电子皆已成对),电子自旋所产生的磁效应相互抵消,物质就不被外磁场所吸引,表现为反磁性。而如果物质中正、反自旋电子数不等时(即有成单电子)则总磁效应就不能相互抵消,多出的一种自旋电子所产生的磁矩就使物质可被外磁场所吸引,表现为顺磁性。所以,物质的磁性强弱与物质内部未成对的电子数多少有关。

物质的磁性强弱用磁矩(μ)表示:

$\mu = 0$ 的物质,其中电子皆已成对,具有反磁性;

$\mu > 0$ 的物质,其中有未成对电子,具有顺磁性。

假定配体中的电子皆已成对,则 d 区过渡元素所形成的配离子的磁矩可用下式作近似计算:

$$\mu = \sqrt{n(n+2)} \tag{4-1}$$

μ 的单位为玻尔磁子,简写为 B. M.。n 为中心离子的未成对电子数。

根据式(4-1),可计算出与未成对电子数 $n = 1 \sim 5$ 相对应的理论 μ 值。因此,由磁天平测定了配合物的磁矩,就可以了解中心离子的未成对电子数,进而可以确定该配合物是内轨型还是外轨型配合物。

例如,Fe^{3+} 中有 5 个未成对 d 电子,根据式(4-1)可算出 Fe^{3+} 的磁矩的理论值为:

$$\mu_{理} = \sqrt{5(5+2)} \text{B. M.} = 5.92 \text{B. M.}$$

实验测得$[FeF_6]^{3-}$的磁矩为 5.90B.M.,故可以推知,$[FeF_6]^{3-}$中仍有 5 个未成对电子,Fe^{3+}以 sp^3d^2 杂化轨道与 F^- 结合,形成外轨配键。而实验测得$[Fe(CN)_6]^{3-}$的磁矩为 2.0B.M.,此数值与根据式(4-1)计算出的具有一个未成对电子时对应的磁矩理论值 1.73B.M. 很接近,表明在成键过程中,中心离子的 d 电子发生了重新分布,未成对的 d 电子数减少了,Fe^{3+}以 d^2sp^3 杂化轨道与 CN^- 结合,形成内轨配键。

价键理论根据配离子形成时所采用的杂化轨道类型成功地说明了配离子的空间结构,解释了外轨型与内轨型配合物的稳定性和磁性差别,但是其应用价值有一定的局限性。例如,它不能解释配合物的可见和紫外吸收光谱以及过渡金属配合物普遍具有特征颜色的现象。因此从 20 世纪 50 年代后期以来,价键理论已逐渐为配合物的晶体场理论和配位场理论所取代,有兴趣的读者可以参阅有关书刊。

4.3.3 配位平衡及其影响因素

1. EDTA 与金属离子的配合物

1)EDTA

在与金属离子配合的各种配位剂中,氨羧配位剂是一类十分重要的化合物,它们可与金属离子形成很稳定的螯合物。目前配位滴定中最重要、应用最广的氨羧配位剂是乙二胺四乙酸(EDTA)。乙二胺四乙酸为四元弱酸,常用 H_4Y 表示。乙二胺四乙酸两个羧基上的 H^+ 常转移到 N 原子上,形成双偶极离子:

$$
\begin{array}{ccc}
\text{HOOCH}_2\text{C} & & \text{CH}_2\text{COO}^- \\
\diagdown \underset{H}{} & & \underset{H}{} \diagup \\
\text{N}\!-\!\text{CH}_2\!-\!\text{CH}_2\!-\!\text{N} \\
\diagup \overset{+}{} & & \overset{+}{} \diagdown \\
{}^-\text{OOCH}_2\text{C} & & \text{CH}_2\text{COOH}
\end{array}
$$

由于乙二胺四乙酸在水中的溶解度很小(室温下,每 100mL 水中只能溶解 0.02g),故常用它的二钠盐($Na_2H_2Y \cdot 2H_2O$,一般也称 EDTA)。它的溶解度较大(室温下,每 100mL 水中能溶解 11.2g),其饱和溶液的浓度约为 $0.3mol \cdot L^{-1}$。

在酸度很高的溶液中,EDTA 的两个羧基负离子可再接受两个 H^+,形成 H_6Y^{2+},这时,EDTA 就相当于一个六元酸。

2)金属离子-EDTA 配合物的特点

EDTA 的配位能力很强,它能通过 2 个 N 原子、4 个 O 原子总共 6 个配位原子与金属离子结合,形成很稳定的具有 5 个五原子环的螯合物,它甚至能和很难形成配合物的、半径较大的碱土金属离子(如 Ca^{2+}、Sr^{2+}、Ba^{2+} 等)形成稳定的螯合物。一般情况下,EDTA 与一至四价金属离子都能形成配位比 1:1 的易溶于水的螯合物。

$$Ca^{2+} + Y^{4-} \rightleftharpoons CaY^{2-}$$

$$Fe^{3+} + Y^{4-} \rightleftharpoons FeY^-$$

$$Sn^{4+} + Y^{4-} \rightleftharpoons SnY$$

Ca^{2+}、Fe^{3+} 与 EDTA 的螯合物的结构如图 4-1 所示。

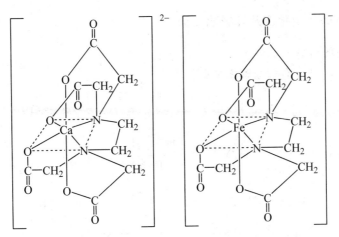

图 4-1　Ca^{2+}、Fe^{3+} 与 EDTA 的螯合物结构示意图

　　EDTA 与金属离子生成螯合物时,不存在分步配位现象,螯合物都比较稳定,所以配位反应比较完全。故在用作配位滴定反应时,分析结果的计算就十分方便。

　　无色金属离子与 EDTA 形成的螯合物仍为无色,这有利于用指示剂确定滴定终点。有色金属与 EDTA 形成的螯合物的颜色将加深。

　　以上特点说明 EDTA 和金属离子的配位反应能符合滴定分析的要求。

　　由于金属离子与 EDTA 形成 1∶1 的螯合物,为了讨论的方便,常可略去离子的电荷。

$$M + Y \rightleftharpoons MY$$

其稳定常数为:

$$K_{MY} = \frac{[MY]}{[M][Y^{4-}]} = \frac{[MY]}{[M][Y]} \tag{4-2}$$

　　螯合物的稳定性主要决定于金属离子和配体的性质。在一定的条件下,每一螯合物都有其特有的稳定常数。一些常见金属离子与 EDTA 形成的螯合物的稳定常数可参见附录 E。

　　附录 E 所列 K_{MY} 数据是指配位反应达到平衡,且 EDTA 全部为 Y^{4-} 时的稳定常数,而并未考虑 EDTA 可能还以其他的形式存在。但是,仅在 pH>12 的强碱性溶液中,$[Y]_总$ 才等于$[Y^{4-}]$;且在金属离子的浓度未受其他条件影响时,式(4-2)才适用。

　　由附录 E 可见,金属离子与 EDTA 形成的螯合物大多比较稳定,但是随金属离子的不同,差别仍然较大:

　　碱金属离子的螯合物最不稳定;

　　碱土金属离子的螯合物,$\lg K_{MY} \approx 8 \sim 11$;

　　过渡元素、稀土元素、Al^{3+} 的螯合物,$\lg K_{MY} \approx 15 \sim 19$;

　　三价、四价金属离子和 Hg^{2+} 的螯合物,$\lg K_{MY} > 20$。

　　这些螯合物稳定性的差别,主要取决于金属离子本身的电荷、半径和电子层结构。

　　此外,溶液的酸度、温度和其他配位剂的存在等外界因素也影响螯合物的稳定性。其中,以酸度的影响最为重要。

2. 配位反应的完全程度及其影响因素

1) EDTA 的解离平衡

在水溶液中,EDTA 有六级解离平衡:

$$H_6Y^{2+} \rightleftharpoons H^+ + H_5Y^+, \qquad \frac{[H^+][H_5Y^+]}{[H_6Y^{2+}]} = K_1 = 10^{-0.9}$$

$$H_5Y^+ \rightleftharpoons H^+ + H_4Y, \qquad \frac{[H^+][H_4Y]}{[H_5Y^+]} = K_2 = 10^{-1.6}$$

$$H_4Y \rightleftharpoons H^+ + H_3Y^-, \qquad \frac{[H^+][H_3Y^-]}{[H_4Y]} = K_3 = 10^{-2.0}$$

$$H_3Y^- \rightleftharpoons H^+ + H_2Y^{2-}, \qquad \frac{[H^+][H_2Y^{2-}]}{[H_3Y^-]} = K_4 = 10^{-2.67}$$

$$H_2Y^{2-} \rightleftharpoons H^+ + HY^{3-}, \qquad \frac{[H^+][HY^{3-}]}{[H_2Y^{2-}]} = K_5 = 10^{-6.16}$$

$$HY^{3-} \rightleftharpoons H^+ + Y^{4-}, \qquad \frac{[H^+][Y^{4-}]}{[HY^{3-}]} = K_6 = 10^{-10.26}$$

在任何水溶液中,EDTA 总是以 H_6Y^{2+}、H_5Y^+、H_4Y、H_3Y^-、H_2Y^{2-}、HY^{3-}、Y^{4-} 等 7 种形式存在的。各种存在形式的分布系数与溶液 pH 的关系如图 4-2 所示。

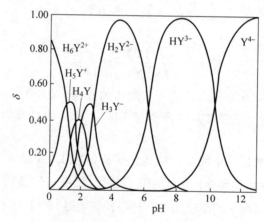

图 4-2   EDTA 溶液中各种存在形式的分布系数与溶液 pH 的关系曲线

可以看出,酸度越高,$[Y^{4-}]$ 越小;酸度越低,$[Y^{4-}]$ 越大。

在 pH$<$0.9 的强酸性溶液中,EDTA 主要以 H_6Y^{2+} 的形式存在;

在 pH$=$0.9$\sim$1.6 的溶液中,EDTA 主要以 H_5Y^+ 的形式存在;

在 pH$=$1.6$\sim$2.0 的溶液中 EDTA 主要以 H_4Y 的形式存在;

在 pH$=$2.0$\sim$2.67 的溶液中,EDTA 的主要存在形式是 H_3Y^-;

在 pH$=$2.67$\sim$6.16 的溶液中,EDTA 的主要存在形式是 H_2Y^{2-};

在 pH 很大(pH$\geqslant$12)的碱性溶液中,EDTA 才几乎完全以 Y^{4-} 的形式存在。

2）配位反应的副反应和副反应系数

在 EDTA 滴定中,被测金属离子 M 与 Y 配位,生成配合物 MY,这是主反应。与此同时,反应物 M、Y 及反应产物 MY 也可能与溶液中的其他组分发生各种副反应。

$$
\begin{array}{ccccc}
\mathrm{M} & + & \mathrm{Y} & \rightleftharpoons & \mathrm{MY} & \text{主反应} \\
\mathrm{OH^-}\;\;\;\mathrm{L} & & \mathrm{H^+}\;\;\;\mathrm{N} & & \mathrm{H^+}\;\;\;\mathrm{OH^-} & \\
\mathrm{M(OH)}\;\;\;\mathrm{ML} & & \mathrm{HY}\;\;\;\mathrm{NY} & & \mathrm{MHY}\;\;\;\mathrm{MOHY} & \Big\}\text{副反应}\\
\vdots\;\;\;\;\;\;\vdots & & \vdots & & & \\
\mathrm{M(OH)}_n\;\;\;\mathrm{ML}_n & & \mathrm{H_6Y} & & & \\
\text{羟基配位}\;\;\text{辅助配位} & & \text{酸效应}\;\;\text{干扰离子} & & \text{混合配位效应} & \\
\text{效应}\;\;\;\;\;\text{效应} & & \text{副反应} & &
\end{array}
$$

这些副反应的发生都将影响主反应进行的程度,从而影响到 MY 的稳定性。反应物 M、Y 的副反应将不利于主反应的进行,而反应产物 MY 的副反应则有利于主反应。

为了定量地表示副反应进行的程度,引入副反应系数 α。根据平衡关系计算副反应的影响,即求得未参加主反应的组分 M 或 Y 的总浓度与平衡浓度[M]或[Y]的比值,就得到副反应系数 α。

下面着重讨论酸效应和配位效应这两种副反应及副反应系数。

（1）EDTA 的酸效应与酸效应系数 $\alpha_{Y(H)}$

由于 H^+ 与 Y^{4-} 之间发生副反应,就使 EDTA 参加主反应的能力下降,这种现象称为酸效应。

酸效应的大小用酸效应系数 $\alpha_{Y(H)}$ 来衡量。酸效应系数表示未参加配位反应的 EDTA 的各种存在形式的总浓度与能参加配位反应的 Y^{4-} 的平衡浓度之比:

$$
\begin{aligned}
\alpha_{Y(H)} &= \frac{[Y_{总}]}{[Y^{4-}]} \\
&= \frac{[Y^{4-}]+[HY^{3-}]+[H_2Y^{2-}]+[H_3Y^-]+[H_4Y]+[H_5Y^+]+[H_6Y^{2+}]}{[Y^{4-}]} \\
&= 1 + \frac{[H^+]}{K_6^\ominus} + \frac{[H^+]^2}{K_6^\ominus K_5^\ominus} + \frac{[H^+]^3}{K_6^\ominus K_5^\ominus K_4^\ominus} + \frac{[H^+]^4}{K_6^\ominus K_5^\ominus K_4^\ominus K_3^\ominus} \\
&\quad + \frac{[H^+]^5}{K_6^\ominus K_5^\ominus K_4^\ominus K_3^\ominus K_2^\ominus} + \frac{[H^+]^6}{K_6^\ominus K_5^\ominus K_4^\ominus K_3^\ominus K_2^\ominus K_1^\ominus}
\end{aligned}
$$

溶液的 pH 越小,即[H^+]越大,$\alpha_{Y(H)}$ 就越大,表示 Y^{4-} 的平衡浓度越小,EDTA 的副反应越严重。故 $\alpha_{Y(H)}$ 反映了副反应进行的严重程度。

在多数的情况下,[Y]$_总$ 总是大于[Y^{4-}]的。只有在 pH≥12 时,EDTA 的酸效应系数 $\alpha_{Y(H)}$ 才等于 1,[Y]$_总$ 才几乎等于有效浓度[Y^{4-}],此时没有发生副反应。

在不同 pH 时的酸效应系数 $\alpha_{Y(H)}$ 列于表 4-2 中。以 pH-lg$\alpha_{Y(H)}$ 作图,所得的曲线可以见图 4-4。

表 4-2   不同 pH 时的 $\lg\alpha_{Y(H)}$

pH	$\lg\alpha_{Y(H)}$	pH	$\lg\alpha_{Y(H)}$	pH	$\lg\alpha_{Y(H)}$	pH	$\lg\alpha_{Y(H)}$	pH	$\lg\alpha_{Y(H)}$
0.0	23.64	2.0	13.51	4.0	8.44	6.0	4.65	8.5	1.77
0.4	21.32	2.4	12.19	4.4	7.64	6.4	4.06	9.0	1.29
0.8	19.08	2.8	11.09	4.8	6.84	6.8	3.55	9.5	0.83
1.0	18.01	3.0	10.60	5.0	6.45	7.0	3.32	10.0	0.45
1.4	16.02	3.4	9.70	5.4	5.69	7.5	2.78	11.0	0.07
1.8	14.27	3.8	8.85	5.8	4.98	8.0	2.26	12.0	0.00

从表 4-2 可以看出，多数情况下 $\alpha_{Y(H)}$ 不等于 1，$[Y]_{总}$ 不等于 $[Y^{4-}]$。而前面讨论的式(4-2)中的稳定常数 K_{MY} 是 $[Y]_{总}=[Y^{4-}]$ 时的稳定常数，故不能在 pH<12 时应用。要了解不同酸度下配合物 MY 的稳定性，就必须从 $[Y^{4-}]$ 与 $[Y]_{总}$ 的关系来考虑。因为

$$[Y^{4-}]=\frac{[Y_{总}]}{\alpha_{Y(H)}}$$

将上式代入式(4-2)，有

$$K_{MY}=\frac{[MY]}{[M][Y^{4-}]}=\frac{[MY]\cdot\alpha_{Y(H)}}{[M][Y]_{总}}$$

整理后得：

$$\frac{[MY]}{[M][Y]_{总}}=\frac{K_{MY}}{\alpha_{Y(H)}}=K'_{MY} \tag{4-3a}$$

式中，K'_{MY} 是考虑了酸效应后 MY 配合物的稳定常数，称为条件稳定常数，即在一定酸度条件下用 EDTA 溶液总浓度 $[Y]_{总}$ 表示的稳定常数。

条件稳定常数的大小说明在溶液酸度影响下配合物 MY 的实际稳定程度。

式(4-3a)在实际应用中常以对数形式表示，即

$$\lg K'_{MY}=\lg K_{MY}-\lg\alpha_{Y(H)} \tag{4-3b}$$

条件稳定常数 K'_{MY} 可通过式(4-3)由 K_{MY} 和 $\alpha_{Y(H)}$ 计算而得，它随溶液 pH 的变化而变化。

应用条件稳定常数 K'_{MY} 比用稳定常数 K_{MY} 能更正确地判断金属离子 M 和 Y 的配位情况，故 K'_{MY} 在选择配位滴定的 pH 条件时有着十分重要的意义。

【例 4-6】   计算 pH=2.0 和 pH=5.0 时的 $\lg K'_{ZnY}$ 值。

解：查附录 E，知 $\lg K_{ZnY}=16.5$

当 pH=2.0 时，$\lg K\alpha_{Y(H)}=13.5$，由式(4-3b)得：

$$\lg K'_{ZnY}=\lg K_{ZnY}-\lg\alpha_{Y(H)}=16.5-13.5=3.0$$

当 pH=5.0 时，$\lg K\alpha_{Y(H)}=6.5$，由式(4-3b)得：

$$\lg K'_{ZnY}=\lg K_{ZnY}-\lg\alpha_{Y(H)}=16.5-6.5=10.0$$

可见，若在 pH=2.0 时滴定 Zn^{2+}，由于副反应严重，ZnY 很不稳定，配位反应进行不完全。而在 pH=5.0 时滴定 Zn^{2+}，$\lg K'_{ZnY}=10.0$，ZnY 就很稳定，配位反应可以进行得很完全。

从表 4-2 和式(4-3)可知，pH 越大，$\lg\alpha_{Y(H)}$ 值越小，副反应越小，条件稳定常数 $K_{MY'}$ 越

大，配位反应越完全，对配位滴定越有利。然而要注意的是，pH 太大时，许多金属离子会发生水解生成沉淀，此时就难以用 EDTA 直接滴定该种金属离子了。而 pH 降低，条件稳定常数 $K_{MY'}$ 就减小，对于稳定性较高的配合物，溶液的 pH 即使稍低些，可能仍然可以进行准确滴定，而对于稳定性较差的配合物，若溶液的 pH 低，可能就无法进行准确滴定了。因此滴定不同的金属离子时，有着不同的最低允许 pH。

（2）金属离子 M 的副反应及其副反应系数 α_M

金属离子 M 若发生副反应，结果会使金属离子参加主反应的能力下降。金属离子 M 的副反应系数用 α_M 表示，它表示未与 Y 配位的金属离子各种存在形式的总浓度 $[M]_总$ 与游离金属离子浓度 $[M]$ 之比：

$$\alpha_M = \frac{[M]_总}{[M]}$$

在进行配位滴定时，为了掩蔽干扰离子，常加入某些其他的配位剂 L，这些配位剂称为辅助配位剂。辅助配位剂 L 与被滴定的金属离子发生的副反应称为辅助配位效应，其副反应系数用 $\alpha_{M(L)}$ 表示：

$$\alpha_{M(L)} = \frac{[M]+[ML]+[ML_2]+\cdots+[ML_n]}{[M]}$$
$$= 1+\beta_1[L]+\beta_2[L]^2+\cdots+\beta_n[L]^n$$

其中，β_i 为金属离子与辅助配位剂 L 形成配合物的各级累积稳定常数。

由溶液中的 OH^- 与金属离子 M 形成羟基配合物所引起的副反应称为羟基配位效应，其副反应系数用 $\alpha_{M(OH)}$ 表示：

$$\alpha_{M(OH)} = \frac{[M]+[M(OH)]+[M(OH)_2]+\cdots+[M(OH)_n]}{[M]}$$
$$= 1+\beta_1[OH^-]+\beta_2[OH^-]^2+\cdots+\beta_n[OH^-]^n$$

其中，β_i 为金属离子羟基配合物的各级累积稳定常数。

对含有辅助配位剂 L 的溶液，α_M 应包括 $\alpha_{M(L)}$ 和 $\alpha_{M(OH)}$ 两项，即

$$\alpha_M = \frac{[M]_总}{[M]} = \frac{[M]+[ML]+\cdots+[ML_n]+[M(OH)]+\cdots+[M(OH)_n]}{[M]}$$
$$= \alpha_{M(L)} + \alpha_{M(OH)} - 1 \approx \alpha_{M(L)} + \alpha_{M(OH)}$$

利用金属离子的副反应系数 α_M，可以在其他配位剂 L 存在时，对有关平衡进行定量处理。

将式 $\alpha_M = \frac{[M]_总}{[M]}$ 代入式（4-2），整理后可得：

$$\frac{[MY]}{[M]_总[Y^{4-}]} = \frac{K_{MY}}{\alpha_M} = K'_{MY} \tag{4-4}$$

这是只考虑金属离子副反应（辅助配位效应和羟基配位效应）时 MY 配合物的条件稳定常数。

由于 EDTA 的酸效应总是存在的，因此在其他配位剂 L 存在时，应该同时考虑 α_M 和 $\alpha_{Y(H)}$，此时的条件稳定常数 K'_{MY} 就为：

$$\frac{[MY]}{[M]_{总}[Y]_{总}} = \frac{K_{MY}}{\alpha_M \alpha_{Y(H)}} = K'_{MY} \qquad (4\text{-}5a)$$

或表示为：
$$\lg K'_{MY} = \lg K_{MY} - \lg \alpha_M - \lg \alpha_{Y(H)} \qquad (4\text{-}5b)$$

条件稳定常数 K'_{MY} 是在一定外因（H^+ 和 L）条件的影响下，用副反应系数校正后 MY 配合物的实际稳定常数。应用 K'_{MY} 能更正确地判断 MY 配合物在该条件下的稳定性。

（3）MY 配合物的副反应系数 α_{MY}

在酸度较高时，MY 配合物会与 H^+ 发生副反应，生成酸式配合物 MHY；在碱度较高时，MY 会与 OH^- 发生副反应，生成 $M(OH)Y$、$M(OH)_2Y$ 等碱式配合物，这两种副反应称为混合配位效应。其结果会使平衡右移，总的配合物略有增加，也就是使配合物的稳定性略有增大。但是这些混合配合物一般不太稳定，可以忽略不计。

以上讨论可见，配位滴定中的影响因素很多，在一般情况下，主要是 EDTA 的酸效应和 M 的配位效应。

确定 EDTA 滴定金属离子的适宜酸度范围时，首先要考虑酸效应，溶液的 pH 应大于允许的最小 pH。其次，溶液的 pH 不能太大，不能有金属离子的水解产物析出。此外，还应考虑到金属指示剂的变色对 pH 的要求，同时亦要考虑避免其他共存金属离子的干扰。综合考虑这些因素后，就能确定滴定某金属离子的适宜 pH 范围。在实际工作中，这一 pH 范围是通过选用合适的缓冲溶液来加以控制的。

但也应该指出，如果加入了辅助配位剂，它与金属离子形成的配合物比 EDTA 形成的配合物更稳定，则将会掩蔽金属离子，使其不能被 EDTA 滴定。

4.3.4　配位滴定法

配位滴定要求配位反应定量、完全，即条件稳定常数 K'_{MY} 要大，必须符合一定的化学计量关系，并有指示终点的适宜方法。为此必须了解配位滴定对 K'_{MY} 的要求以及如何确定配位滴定的合适的实验条件。

1. 滴定曲线和滴定条件

1）化学计量点时的 pM

一般情况下，EDTA 与被测金属离子 M 之间的配位比为 1∶1，但由于 EDTA 有酸效应，M 有辅助配位效应和羟基配位效应，使得配位滴定远比酸碱滴定要复杂。由于条件稳定常数 K'_{MY} 随滴定反应条件而变化，故欲使 K'_{MY} 在滴定过程中基本不变，常用酸碱缓冲溶液来控制溶液的酸度。

随着滴定剂 EDTA 的加入，溶液中被滴金属离子的浓度不断下降，在化学计量点附近，被滴金属离子浓度的负对数 $pM(pM = -\lg[M])$ 将发生突变。

以滴定剂 EDTA 加入的体积 V 为横坐标，pM 为纵坐标，作 $pM\text{-}V_{EDTA}$ 图，即可以得到配位滴定的滴定曲线。

通常仅需计算化学计量点时的 pM，并以此作为选择指示剂的依据。由式（4-5a）

$$K'_{MY} = \frac{[MY]}{[M]_{总}[Y]_{总}}$$

以及化学计量点时的$[M]_总=[Y]_总$,且该配合物 MY 较为稳定,则在化学计量点时 MY 离解很少,可以忽略,故有:

$$[M]_总=\sqrt{\frac{[MY]}{K'_{MY}}} \tag{4-6}$$

若滴定剂与被测金属离子的初始分析浓度相等,则$[MY]$即为金属离子初始分析浓度之半。

【例 4-7】　分别在 pH＝10.0 和 pH＝9.0 时,用 $0.01000\text{mol} \cdot \text{L}^{-1}$ EDTA 溶液滴定 $20.00\text{mL}0.01000\text{mol} \cdot \text{L}^{-1}\text{Ca}^{2+}$,计算滴定至化学计量点时的 pCa。

解：查附录 E,可得 CaY 的 $\lg K_稳=10.70$。

查表当 pH＝10.0 时,$\lg\alpha_{Y(H)}=0.45$。

因未加其他配位剂,故 $\lg\alpha_M=0$。

所以由式(4-5b)得:

$$\begin{aligned}
\lg K'_稳 &= \lg K_{MY}-\lg\alpha_M-\lg\alpha_{Y(H)} \\
&= \lg K'_稳-\lg\alpha_{Y(H)} \\
&= 10.70-0.45=10.25 \\
K'_稳 &= 10^{10.25}=1.8\times10^{10}
\end{aligned}$$

在化学计量点时,Ca^{2+} 与 Y 全部配合生成 CaY 配合物,但溶液中仍有如下平衡:

$$\text{CaY} \Longrightarrow \text{Ca}^{2+}+\text{Y}^{2-}$$

Ca^{2+} 无副反应,所以有

$$K'_稳=\frac{[\text{CaY}]}{[\text{Ca}^{2+}][\text{Y}]_总}$$

因为此时$[\text{Ca}^{2+}]=[\text{Y}]_总$,所以

$$[\text{Ca}^{2+}]=\sqrt{\frac{[\text{CaY}]}{K'_稳}}$$

而 CaY 的 $K'_稳=1.8\times10^{10}$,CaY 在此时很稳定,基本上不离解,故有:

$$[\text{CaY}]=0.01000\text{mol} \cdot \text{L}^{-1}\times\frac{20.00\text{mL}}{(20.00+20.00)\text{mL}}=0.005000\text{mol} \cdot \text{L}^{-1}$$

所以

$$\text{Ca}^{2+}=\sqrt{\frac{0.005000}{1.8\times10^{10}}}\text{mol} \cdot \text{L}^{-1}=5.3\times10^{-7}\text{mol} \cdot \text{L}^{-1}$$

$$\text{pCa}=6.3$$

在 pH＝9.0 时,EDTA 滴定 Ca^{2+} 至化学计量点时的 pCa 也可以同样计算得到,为 5.9。

按照相同的方法,还可以计算出在其他 pH 条件下,EDTA 滴定 Ca^{2+} 至化学计量点时的 pCa。

不同 pH 条件下,以 $0.01000\text{mol} \cdot \text{L}^{-1}$ EDTA 滴定 $0.01000\text{mol} \cdot \text{L}^{-1}$ Ca^{2+} 的滴定曲线见图 4-3。

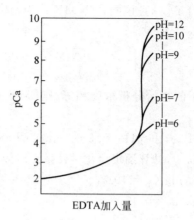

图 4-3　不同 pH 条件下以 $0.01000\,\text{mol} \cdot \text{L}^{-1}$ EDTA 滴定 $0.01000\,\text{mol} \cdot \text{L}^{-1}$ Ca^{2+} 的滴定曲线

2）金属离子被准确滴定的条件

滴定突跃的大小是决定滴定准确度的重要依据。影响滴定突跃的主要因素是 K'_{MY} 和被测金属离子的浓度 c_M。

从图 4-3 可以看出，用 EDTA 溶液滴定一定浓度的 Ca^{2+} 时，Ca^{2+} 浓度的变化情况即滴定曲线突跃的大小随溶液 pH 而变化，这是由于 CaY 的条件稳定常数 K'_{CaY} 随 pH 而发生改变的缘故。

pH 越大，条件稳定常数 K'_{MY} 越大，配合物越稳定，滴定曲线化学计量点附近的 pCa 突跃就越大；pH 越小，该突跃就越小。当 pH=7 时，$\lg K'_{CaY}=7.3$，图 4-3 中滴定曲线的突跃范围就很小了。

在金属离子浓度 c_M 一定的条件下，K'_{MY} 越大，滴定突跃就越大。当 $\lg K'_{MY} \leqslant 8$ 时，在化学计量点前后 MY 的离解已经不能忽略，因此计算 $[M]_{总}$ 和 $[Y]_{总}$ 时，必须考虑 MY 的离解所产生的 M 和 Y。当 $\lg K'_{MY} \leqslant 7$ 时，滴定突跃已小于 0.3pM 单位（见图 4-3）。因此，当金属离子浓度一定时，溶液 pH 不同会使 K'_{MY} 改变，影响到滴定突跃的大小。提高 pH，降低酸度，使 $\lg \alpha_{Y(H)}$ 减小，可以提高 $\lg K'_{MY}$，从而扩大滴定的突跃范围。

由此可见，溶液 pH 的选择在 EDTA 配位滴定中非常重要。因此，每种金属离子都有一个能被定量滴定的允许最低 pH（即允许最高酸度）。

在配位滴定中，若滴定误差不超过 0.1%，就可认为金属离子已被定量滴定。为达到这样的准确度，除了 c_M 和 K'_{MY} 要足够大以外，还要选择较为灵敏的指示剂，以在较小的 ΔpM 范围内能看到明晰的终点。实践和理论都已证明，若同时满足如下两个条件，金属离子 M 便能被定量滴定。

（1）

$$c_M K'_{稳} \geqslant 10^6 \tag{4-7a}$$

或

$$\lg(c_M K'_{稳}) \geqslant 10^6 \tag{4-7b}$$

（2）终点突跃 ΔpM$\geqslant$0.2。有灵敏可靠的指示剂和判断终点的方法。

显然 $c_M K'_{稳}$ 越大，滴定突跃越大，反应进行得越完全。

3）酸效应曲线

人们把各种金属离子能被定量滴定的允许最低 pH 与其 $\lg K_{稳}$ 的关系作图,就得到如图 4-4 所示的曲线,通常称为酸效应曲线。

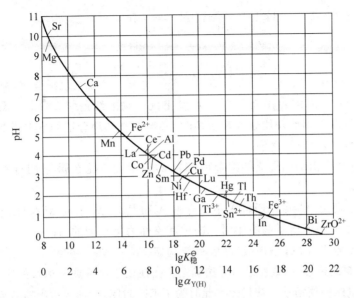

图 4-4　EDTA 的酸效应曲线(金属离子浓度为 $0.01\text{mol} \cdot \text{L}^{-1}$)

在图 4-4 中不仅可以查到定量滴定某种金属离子的允许最低 pH,而且可以预计可能存在的干扰离子。例如,pH ≈ 3.3 可以滴定 Pb^{2+} 离子,但其允许最低 pH $\leqslant 3.3$ 的 Cu^{2+}、Ni^{2+}、Sn^{2+}、Fe^{3+} 等离子肯定会干扰 Pb^{2+} 离子的滴定,而其允许最低 pH 稍大于 3.3 的 Al^{3+}、Zn^{2+}、Cd^{2+} 等离子也会有一定的干扰,而其允许最低 pH 很大的 Ca^{2+}、Mg^{2+} 等离子就不会有干扰了。

利用酸效应曲线,我们还可以判断两种金属离子能否分步连续滴定。

2. 金属指示剂的作用原理

配位滴定法中最常使用金属指示剂来指示溶液中金属离子浓度的变化以确定终点的到达。

金属指示剂是一些有机染料,它能与金属离子形成与游离指示剂本身颜色不同的有色配合物:

$$M + In \Longrightarrow MIn$$
$$\text{颜色甲} \qquad\quad \text{颜色乙}$$

滴定中随着 EDTA 的加入,游离金属离子逐步形成 MY 配合物。待接近化学计量点时,继续加入 EDTA,由于 EDTA 夺取指示剂配合物 MIn 中的金属离子,使指示剂 In 游离出来,溶液显示游离 In 的颜色,指示滴定终点的到达。

$$MIn + Y \Longrightarrow MY + In$$
$$\text{颜色乙} \qquad\qquad\quad \text{颜色甲}$$

配位滴定中使用的金属指示剂必须具备以下条件:

（1）金属指示剂配合物 MIn 与指示剂 In 的颜色应有显著不同。

金属指示剂多是有机弱酸，颜色随 pH 而变化，因此必须控制合适的 pH 范围。例如，铬黑 T 在水溶液中有如下平衡：

$$H_2In^- \underset{+H^+}{\overset{-H^+}{\rightleftharpoons}} HIn^{2-} \underset{+H^+}{\overset{-H^+}{\rightleftharpoons}} In^{3-}$$

红色　　　　蓝色　　　　橙色

pH < 6.3，　pH = 8 ~ 11，　pH > 12

由于铬黑 T 与 Ca^{2+}、Mg^{2+}、Zn^{2+}、Cd^{2+} 等金属离子形成红色配合物，显然铬黑 T 只有在 pH 为 8 ~ 11 时使用，终点由金属离子-铬黑 T 配合物的红色变成游离铬黑 T 指示剂的蓝色，颜色变化才显著。因此使用金属指示剂时，必须注意选用合适的 pH 范围。

（2）MIn 配合物的稳定性要适当。

金属离子与金属指示剂形成的配合物 MIn 的稳定性应比金属与 EDTA 形成的配合物 MY 的稳定性略低。

若 MIn 过于稳定，以至于 EDTA 不能夺取 MIn 中的 M 生成 MY，即使过了化学计量点也不变色，这就失去了指示剂的作用。这种现象称为指示剂的封闭。

例如，在 pH 为 10 时以铬黑 T 为指示剂滴定 Ca^{2+}、Mg^{2+} 的总量，Al^{3+}、Fe^{3+}、Cu^{2+}、Co^{2+}、Ni^{2+} 等会封闭铬黑 T，致使终点无法确定。往往由于试剂或蒸馏水的质量差，含有微量的上述离子，而也能够使指示剂被封闭。此时为了消除封闭，可加入适当的掩蔽剂与干扰离子生成更加稳定的配合物以掩蔽干扰离子。如果干扰离子的量太大，也可将干扰离子预先分离出去。Al^{3+} 对铬黑 T 的封闭可以加入三乙醇胺予以消除。Cu^{2+}、Co^{2+}、Ni^{2+} 可用 KCN 加以掩蔽。Fe^{3+} 则可先用抗坏血酸还原成 Fe^{2+} 后，再加入 KCN 生成 $[Fe(CN)_6]^{4-}$ 加以掩蔽。

但如果金属指示剂配合物 MIn 太不稳定，则在化学计量点前指示剂就开始游离出来，使终点变色不敏锐，终点将过早出现而产生误差。

故 MIn 配合物的稳定性要适当。

（3）指示剂与金属离子的反应必须进行迅速、灵敏，且有良好的变色可逆性。MIn 配合物应易溶于水。

MIn 配合物若是胶体或沉淀，将使 Y 与 MIn 的交换反应变慢，终点拖长，这种现象称为指示剂的僵化。为了避免僵化现象，可以加入有机溶剂或加热以增大 MIn 的溶解度。例如，用 PAN 作指示剂时，经常加入乙醇或在加热条件下进行滴定。

部分常用金属指示剂列于表 4-3 中。

表 4-3　常用金属指示剂

指示剂	使用 pH 范围	颜色变化		直接滴定离子	指示剂配制	注意事项
		In	MIn			
铬黑 T （EBT）	7 ~ 10	蓝	酒红	pH 10：Mg^{2+}、Zn^{2+}、Cd^{2+}、Pb^{2+}、Mn^{2+}、稀土	1：100NaCl （固体）	Fe^{3+}、Al^{3+} 等有封闭
二甲酚橙 （XO）	<6	黄	红	pH<1：ZrO^{2+} pH 1 ~ 3：Bi^{3+}、Th^{4+} pH 5 ~ 6：Zn^{2+}、Pb^{2+}、Cd^{2+}、Hg^{2+}、稀土	0.5%水溶液	Fe^{3+}、Al^{3+} 等有封闭

续表

指示剂	使用pH 范围	颜色变化		直接滴定离子	指示剂配制	注意事项
		In	MIn			
PAN	2～12	黄	红	pH 2～3：Bi^{3+}、Th^{4+} pH 4～5：Cu^{2+}、Ni^{2+}	0.1％乙醇溶液	
酸性铬蓝 K（ACBK）	8～13	蓝	红	pH 10：Mg^{2+}、Zn^{2+} pH 13：Ca^{2+}	1：100NaCl（固体）	
磺基水杨酸（SSA）		无色	紫红	pH 1.5～3：Fe^{3+}（加热）	2％水溶液	SSA 本身无色,终点红→黄(FeY^-)

金属指示剂大多为含双键的有色化合物,易被日光、空气、氧化剂所分解而变质,在水溶液中多不稳定,故最好现用现配。若用中性盐按一定比例配成固体混合物则较稳定。例如,铬黑 T 和钙指示剂常用固体 NaCl 或 KCl 作稀释剂配制。

3. 提高配位滴定选择性的方法

当滴定单独一种金属离子 M 时,若满足 $\lg(c_M K'_{MY}) \geqslant 6$ 的条件,就可以准确滴定 M,误差小于 0.1％。

由于 EDTA 能和许多金属离子形成稳定的配合物,被滴定溶液中常可能有多种金属离子共存,而在滴定时可能产生干扰,故判断能否进行分别滴定,是配位滴定中极为重要的问题。

当溶液中有 M、N 两种金属离子共存时,如不考虑金属离子的羟基配位效应和辅助配位效应等因素,且 $K'_{MY} > K'_{NY}$,则要准确选择滴定 M,而又要求共存的 N 不干扰,一般必须满足以下 2 个条件:

$$（1）\qquad \frac{c_M K'_{MY}}{c_N K'_{NY}} \geqslant 10^5 \qquad\qquad (4-8a)$$

或表示成

$$\lg(c_M K'_{MY}) - \lg(c_N K'_{NY}) \geqslant 5 \qquad\qquad (4-8b)$$

$$（2）\qquad\qquad \lg(c_M K'_{MY}) \geqslant 6$$

提高配位滴定选择性的方法常用的有以下几种。

1) 控制酸度进行分步滴定

若溶液中同时有两种或两种以上的离子,而它们与 EDTA 形成配合物的稳定常数的差别又足够大,符合式(4-8),则可以控制溶液的酸度,使其只能满足某一种离子完全配位时的最小 pH,以及防止该离子水解析出沉淀的最大 pH,此时仅有该离子与 EDTA 形成配合物,其余离子与 EDTA 不配位,从而可以避免干扰,实现分步滴定。

例如,当溶液中 Bi^{3+}、Pb^{2+} 浓度皆为 10^{-2} mol·L^{-1} 时,欲选择滴定 Bi^{3+}。从附录 E 可知,$\lg K_{BiY} = 27.8$,$\lg K_{PbY} = 18.3$。根据式(4-8b),$\Delta \lg K = 27.8 - 18.3 = 9.5 > 5$,故可以选择滴定 Bi^{3+} 而 Pb^{2+} 不干扰。根据式(4-7b)和式(4-3b),$\lg \alpha_{Y(H)} \leqslant \lg K_{MY} - 8$,可确定滴

定允许的最小 pH。此例中 $[Bi^{3+}]=10^{-2}$ mol·L^{-1}，可由图 4-4EDTA 的酸效应曲线直接查到滴定 Bi^{3+} 允许的最小 pH，约为 0.7，即要求在 pH≥0.7 时滴定 Bi^{3+}。但在 pH 大于 1.5 时，Bi^{3+} 已开始水解析出沉淀。通盘考虑这两个因素，最后确定在 pH≈1 时滴定 Bi^{3+}、Pb^{2+} 溶液中的 Bi^{3+}，此时 Pb^{2+} 不产生干扰。

采用同样的方法可以确定，Pb^{2+} 可在 pH 4～6 之间进行滴定。

二甲酚橙指示剂可与 Bi^{3+}、Pb^{2+} 生成红色配合物，它可在 pH≈1 时指示 Bi^{3+} 的滴定终点。滴定完 Bi^{3+} 后再加入六次甲基四胺缓冲溶液，调节溶液 pH 至 5～6，继续滴定溶液中的 Pb^{2+}，滴定终点也由二甲酚橙指示剂指示。应用此法可以通过控制酸度在同一个溶液中既分步又连续地滴定 Bi^{3+} 和 Pb^{2+}。

当溶液中有两种以上金属离子共存时，能否用控制溶液酸度的方法分步进行滴定，应首先考虑配合物稳定常数最大和较大的两种离子。

也要指出，在确定滴定的适宜 pH 范围时，还应注意所选用指示剂的合适 pH 范围。例如，滴定 Fe^{3+} 时，用磺基水杨酸作指示剂，在 pH=1.5～2.2 范围内，它与 Fe^{3+} 形成的配合物呈现红色。若控制在此 pH 范围，用 EDTA 直接滴定 Fe^{3+} 离子，终点由红色变亮黄色，Al^{3+}、Ca^{2+} 及 Mg^{2+} 不干扰。

2）使用掩蔽的方法进行分别滴定

若被测金属离子 M 的配合物与干扰离子 N 的配合物的稳定常数相差不够大，就不能用控制酸度的方法进行分步滴定。若加入一种试剂能与干扰离子 N 反应，降低溶液中 N 的浓度，可减小或消除 N 对 M 的干扰，此法叫做掩蔽法。应用掩蔽方法时，一般干扰离子 N 的存在量不能太大。若干扰离子 N 的量为待测离子 M 的 100 倍，则使用掩蔽的方法就很难得到满意的结果。

常用的掩蔽方法有配位掩蔽法、氧化还原掩蔽法和沉淀掩蔽法等，以配位掩蔽法用得最多。

（1）配位掩蔽法

利用干扰离子与掩蔽剂形成的配合物远比干扰离子与 EDTA 形成的配合物稳定，从而消除干扰。

例如，用 EDTA 滴定水中的 Ca^{2+}、Mg^{2+} 以测定水的硬度时，Fe^{3+}、Al^{3+} 等离子对测定有干扰。可加入三乙醇胺与 Fe^{3+}、Al^{3+} 生成更加稳定的配合物，从而掩蔽 Fe^{3+}、Al^{3+} 等离子不至于干扰测定。

配位掩蔽剂必须具备下列条件：

① 干扰离子与掩蔽剂形成的配合物应远比与 EDTA 形成的配合物稳定，且应为无色或浅色。

② 掩蔽剂不与待测离子配位，即使形成配合物，其稳定性也应远小于待测离子与 EDTA 配合物的稳定性，这样在滴定时才能被 EDTA 置换。

③ 掩蔽剂应用有一定的 pH 范围，且应符合滴定时所要求的 pH 范围。

一些常用的配位掩蔽剂见表 4-4。

表 4-4　常用的配位掩蔽剂

名　称	pH 范围	被掩蔽的离子	备　注
KCN	>8	Co^{2+}、Ni^{2+}、Cu^{2+}、Zn^{2+}、Hg^{2+}、Cd^{2+}、Ag^+ 及铂族元素	剧毒！需在碱性溶液中使用
NH_4F	4~6 10	Al^{3+}、$Ti(\mathrm{IV})$、Sn^{4+}、Zr^{4+}、$W(\mathrm{VI})$等 Al^{3+}、Mg^{2+}、Ca^{2+}、Sr^{2+}、Ba^{2+} 及稀土元素	
三乙醇胺	10 11~12	Al^{3+}、Sn^{4+}、$Ti(\mathrm{IV})$、Fe^{3+} Fe^{3+}、Al^{3+} 及少量 Mn^{2+}	先在酸性溶液中加入三乙醇胺,再调 pH
二巯基丙醇	10	Hg^{2+}、Cd^{2+}、Zn^{2+}、Bi^{3+}、Pb^{2+}、Ag^+、Sn^{4+}、少量 Cu^{2+}、Co^{2+}、Ni^{2+}、Fe^{3+}	
酒石酸	氨性溶液	Fe^{3+}、Al^{3+}	

（2）沉淀掩蔽法

加入选择性沉淀剂,使干扰离子形成沉淀,并在沉淀的存在下直接进行配位滴定的方法。

例如,在 Ca^{2+}、Mg^{2+} 共存的溶液中,加入 NaOH 溶液使 pH$>$12,则 Mg^{2+} 生成 $Mg(OH)_2$ 沉淀,采用钙指示剂可以用 EDTA 滴定钙。

沉淀掩蔽法不是一种理想的掩蔽方法,因为要求用于沉淀掩蔽法的沉淀反应必须具备下列条件:

① 沉淀的溶解度要小,应反应完全,否则掩蔽效果不好;

② 生成的沉淀应是无色或浅色致密的,最好是晶形沉淀,吸附作用很小。否则,由于颜色深、体积庞大,吸附待测离子或指示剂而影响终点观察和测定结果。

一些常用的沉淀掩蔽剂列于表 4-5 中。

表 4-5　常用的沉淀掩蔽剂

名　称	被掩蔽的离子	待测定的离子	pH 范围	指示剂
NH_4F	Ca^{2+}、Sr^{2+}、Ba^{2+}、Mg^{2+}、Ti^{4+}、Al^{3+}、稀土	Zn^{2+}、Cd^{2+}、Mn^{2+}	10	铬黑 T
NH_4F	Ca^{2+}、Sr^{2+}、Ba^{2+}、Mg^{2+}、Ti^{4+}、Al^{3+}、稀土	Cu^{2+}、Co^{2+}、Ni^{2+}	10	紫脲酸铵
K_2CrO_4	Ba^{2+}	Sr^{2+}	10	MgY＋铬黑 T
Na_2S 或铜试剂	Hg^{2+}、Pb^{2+}、Bi^{3+}、Cu^{2+}、Cd^{2+} 等	Ca^{2+}、Mg^{2+}	10	铬黑 T

将一些离子掩蔽,对某种离子进行滴定以后,使用一种试剂(称为解蔽剂)将被掩蔽的离子从掩蔽配合物中释放出来,再进行滴定,称为解蔽。

（3）氧化还原掩蔽法

加入一种氧化还原剂,变更干扰离子的价态,以消除其干扰。

例如,用 EDTA 滴定 Bi^{3+}、Zr^{4+} 时,溶液中如果存在 Fe^{3+} 就有干扰。此时可加入抗坏血酸,将 Fe^{3+} 还原成 Fe^{2+}。由于 FeY^{2-} 的稳定常数($\lg K_{FeY^{2-}}=14.33$)比 FeY^- 的稳定常

数($\lg K_{FeY^-} = 24.23$)小得多,因而能够避免干扰。

常用的还原剂有抗坏血酸、羟氨、半胱氨酸等,其中有些还原剂(如 $Na_2S_2O_3$)同时又是配位剂。

有些干扰离子(如 Cr^{3+})的高氧化态酸根阴离子($Cr_2O_7^{2-}$)对 EDTA 滴定不发生干扰,因此可以预先将低氧化态的干扰离子氧化成高氧化态酸根阴离子,以消除干扰。

3)选用其他滴定剂

除 EDTA 外,其他配位剂,如 EGTA、EDTP 等氨羧配位剂与金属离子形成配合物的稳定性各不相同,可以根据需要选择不同的配位剂进行滴定,以提高滴定的选择性。

4)分离除去干扰离子或分离待测定离子

在利用酸效应分别滴定、掩蔽干扰离子、应用其他滴定剂都有困难时,只有对干扰离子进行预先分离。

4. 配位滴定方式及其应用

配位滴定可以采用直接滴定、返滴定、置换滴定和间接滴定等不同的方式进行,从而大大扩充了配位滴定法的应用范围,使周期表中大多数的元素都能用配位滴定法进行测定。改变滴定的方式,在有些情况下还能提高配位滴定的选择性。

1)直接滴定法

若金属离子与 EDTA 的反应满足以下滴定要求,就可用 EDTA 标准溶液直接滴定待测离子:① $\lg(c_M K'_{MY}) \geqslant 6$;②配位反应的速率很快;③有变色敏锐的指示剂,没有封闭现象;④在滴定条件下被测离子不发生水解或沉淀反应。

直接滴定法迅速方便,一般情况下引入误差较小。大多数金属离子都可以采用 EDTA 直接滴定。

例如,用 EDTA 测定水的总硬度。测定水的总硬度实际上是测定水中 Ca^{2+}、Mg^{2+} 的总量,以每升水中含 $CaCO_3$(或 CaO)的质量(mg)来表示水的硬度。可以量取一定体积的水样,以 NH_3-NH_4Cl 缓冲溶液控制溶液的 $pH \approx 10$,以铬黑 T 作指示剂,用 EDTA 标准溶液直接滴定至溶液由酒红色变为纯蓝色,即为滴定终点。

2)返滴法

即先加入一定量的过量 EDTA 标准溶液,使待测离子 M 完全配位,过量的 EDTA 再用其他金属离子 N 的标准溶液返滴定。Al^{3+}、Cr^{3+} 等离子与 EDTA 的配位速率很慢,本身又易水解或封闭指示剂,可用此法。

例如,测定复方氢氧化铝等铝盐药物中的 Al_2O_3 的含量时,由于 Al^{3+} 易形成一系列多羟配合物,这类多羟配合物与 EDTA 配位的速率较慢,Al^{3+} 对二甲酚橙等指示剂有封闭作用。为此可先加入一定量的过量 EDTA 标准溶液,煮沸后再用 Cu^{2+} 或 Zn^{2+} 标准溶液返滴定剩余的 EDTA。

又如,测定 Ba^{2+} 时没有变色敏锐的合适指示剂,可加入一定量的过量 EDTA 溶液,与 Ba^{2+} 配位后,用铬黑 T 作指示剂,再用 Mg^{2+} 标准溶液返滴定剩余的 EDTA。

作为返滴定剂的金属离子 N,它与 EDTA 的配合物 NY 必须有足够的稳定性,以保证测定的准确度。但若 NY 比 MY 更稳定,则会发生以下置换反应:

$$N + MY \rightleftharpoons NY + M$$

导致 M 的测定结果将偏低。

3）置换滴定法

利用置换反应置换出等物质的量的另一金属离子或置换出等物质的量的 EDTA，然后再滴定。Ba^{2+}、Sr^{2+} 等离子虽能与 EDTA 形成稳定的配合物，但缺少变色敏锐的合适指示剂，可用此法。

例如，测定 Ba^{2+} 时，可先加入适当的 MY 配合物（常用 MgY^{2-} 或 ZnY^{2-}），使待测离子 Ba^{2+} 与 MY 中的 EDTA 配位，置换出其中的金属离子 M^{2+}，然后再用 EDTA 滴定 M^{2+}：

$$Ba^{2+} + MgY^{2-} = BaY^{2-} + Mg^{2+}$$
$$Mg^{2+} + Y^{4-} = MgY^{2-}$$

又如，测定有 Cu^{2+}、Zn^{2+} 等离子共存的 Al^{3+}，可先加入过量 EDTA，并加热使 Al^{3+} 和共存的 Cu^{2+}、Zn^{2+} 等离子都与 EDTA 配位，然后在 pH＝5～6 时，用二甲酚橙作指示剂，用 Zn^{2+} 标准溶液返滴定过量的 EDTA。再加入 NH_4F，使 AlY^- 转变为更加稳定的配合物 AlF_6^{3-}，释放出的 EDTA 再用 Cu^{2+} 标准溶液滴定：

$$AlY^- + 6F^- = AlF_6^{3-} + Y^{4-}$$
$$Y^{4-} + Cu^{2+} = CuY^{2-}$$

4）间接滴定法

若待测离子（如 SO_3^{2-}、PO_4^{3-} 等离子）不与 EDTA 形成配合物，或待测离子（如 Na^+ 等）与 EDTA 形成的配合物不稳定，此时可以采用间接滴定。即加入一定量过量的能与 EDTA 形成稳定配合物的金属离子作沉淀剂沉淀待测离子，过量沉淀剂再用 EDTA 滴定。或将沉淀分离、溶解后，再用 EDTA 滴定其中的金属离子。

例如，测定 PO_4^{3-}，可加入一定量过量的 $Bi(NO_3)_3$，使生成 $BiPO_4$ 沉淀，再用 EDTA 滴定剩余的 Bi^{3+}。

又如，测定 Na^+，可加入醋酸铀酰锌作沉淀剂，使之生成 $NaZn(UO_2)_2(Ac)_9 \cdot x\,H_2O$ 沉淀，将该沉淀分离、溶解后，再用 EDTA 滴定锌。

4.4　配位化合物的应用

1. 在元素分离和化学分析中的应用

在定性分析中，广泛应用配位化合物的形成反应以达到离子分离和鉴定的目的。

1）离子的分离

两种离子中若仅有一种离子能和某配位剂形成配位化合物，这种配位剂即可用于分离这两种离子。

例如，向含有 Zn^{2+} 和 Al^{3+} 的混合溶液中加入氨水，此时 Zn^{2+} 与 Al^{3+} 均能够与氨水形成氢氧化物沉淀：

$$Zn^{2+} + 2NH_3 + 2H_2O = Zn(OH)_2 \downarrow + 2NH_4^+$$
$$Al^{3+} + 3NH_3 + 3H_2O = Al(OH)_3 \downarrow + 3NH_4^+$$

但在加入更多的氨水后，$Zn(OH)_2$ 可与 NH_3 形成 $[Zn(NH_3)_4]^{2+}$ 溶解而进入溶液中：

$$Zn(OH)_2 + 4NH_3 \rightleftharpoons [Zn(NH_3)_4]^{2+} + 2OH^-$$

Al(OH)$_3$ 沉淀则不能与 NH$_3$ 形成配合物,从而达到了分离 Zn^{2+} 与 Al^{3+} 的目的。

2)离子的定性鉴定

不少配位剂能和特定金属离子形成特征的有色配位化合物或沉淀,具有很高的灵敏度和专属性,可用作鉴定该离子的特征试剂。

例如,Fe^{3+} 与 KSCN 形成特征的血红色的 $[Fe(NCS)_n]^{3-n}$:

$$Fe^{3+} + nSCN^- \rightleftharpoons [Fe(NCS)_n]^{3-n} \quad (n = 1 \sim 6)$$

可定性鉴定 Fe^{3+},也可根据溶液红色的深浅,用比色法确定溶液中 Fe^{3+} 的含量。

又如,利用 K$_4$[Fe(CN)$_6$] 可与 Fe^{3+} 和 Cu^{2+} 分别形成 Fe$_4$[Fe(CN)$_6$]$_3$ 蓝色沉淀和 Cu$_2$[Fe(CN)$_6$] 红棕色沉淀,可以据此定性鉴定 Fe^{3+} 和 Cu^{2+}。

3)定量测定

配位滴定法是一种十分重要的定量分析方法,它利用配位剂与金属离子之间的配位反应来准确测定金属离子的含量,应用十分广泛。

一些配位剂也常常用作分光光度法中的显色剂。

4)掩蔽剂

在鉴定含有多种离子的混合溶液中的某一种离子时,溶液中的其他离子可能会对鉴定结果形成干扰,因此必须先消除共存离子的干扰,再进行离子的鉴定。掩蔽剂是指用以掩蔽干扰离子的试剂,借助掩蔽剂与干扰离子间的掩蔽反应,使干扰离子形成稳定的配位化合物,从而降低干扰离子的浓度,有效消除其对于主反应的干扰。

例如,在含有 Co^{2+} 和 Fe^{3+} 的混合溶液中加入 KSCN 检出 Co^{2+} 时,利用了下列反应:

$$[Co(H_2O)_6]^{2+} + 4SCN^- \rightleftharpoons [Co(NCS)_4]^{2-} + 6H_2O$$

粉红色　　　　　　　　　　　宝石蓝

但 Fe^{3+} 也可与 SCN$^-$ 反应,形成血红色的 $[Fe(NCS)]^{2+}$,妨碍了对 Co^{2+} 的鉴定。如果预先在鉴定溶液中加入足量的 NaF 或 NH$_4$F,使 Fe^{3+} 生成稳定的无色 $[FeF_6]^{3-}$,就可以防止 Fe^{3+} 对 Co^{2+} 鉴定的干扰。这种防止干扰的作用称为掩蔽效应,所用配位剂 NaF 就称为掩蔽剂。

5)离子交换分离

离子交换是借助固态离子交换剂(常用离子交换树脂)中的离子与电解质溶液中的离子进行交换,以达到提取或去除溶液中某些离子的目的,是一种重要的固液分离方法,具有使用方便、分离效率高、应用范围广等特点,可广泛应用于化工、冶金及水处理等领域。

配位化学在离子交换中具有重要的作用。当向含有多种金属离子的溶液中加入某种配位剂时,溶液中的金属离子与配位剂间的作用会出现如下情况:①某些金属离子不与配合剂作用;②某些金属离子与配合剂形成配阴离子;③某些金属离子与配合剂形成配阳离子;④某些金属离子与配合剂形成中性配合物。在此基础上,选用离子交换树脂对上述所形成的物质进行分离,可大大提高分离效率。

例如,铀是核燃料中的重要组分,其形成配合物的能力较强,在溶液中能够与阴离子形成配阴离子,因此在对核废料进行后处理时,可向废料中加入苏打水或硫酸,使铀转化为 $[U_2(CO_3)_3]^{4-}$ 配离子或 $[U_2(SO_4)_3]^{4-}$ 配离子,而其他金属离子具有这种配位能力的极少,从而可通过阴离子交换树脂将铀的配阴离子与其他金属离子分离。此外,贵金属离子通常也具有一定的配位能力,可以应用离子交换法进行分离。在含钯和铱金属离子的混合溶液中,当加入氯化铵溶液时,溶液中的钯离子会转化成 $[Pd(NH_3)_4]^{2+}$,而铱离子会以 $[IrCl_6]^{2-}$ 或 $[IrCl_3]^{3-}$ 的形式存在,利用阳离子交换树脂可对 $[Pd(NH_3)_4]^{2+}$ 进行吸附,从而实现两种金属离子的分离。

2. 在工业上的应用

1) 提炼金属

配位化合物主要用于湿法冶金。湿法冶金就是用特殊的水溶液直接从矿石中将金属以化合物的形式浸取出来,再进一步还原为金属的过程,广泛用于从矿石中提取稀有金属和有色金属。在湿法冶金中金属配位化合物的形成起着重要的作用。

例如,在金的提取中,因为 $\varphi^{\ominus}_{(Au^+/Au)}$(1.68V)远大于 $\varphi^{\ominus}_{(O_2/OH^-)}$(0.401V),金不能被 O_2 氧化。但当有 NaCN 存在时,由于形成 $[Au(CN)_2]^-$, $\varphi^{\ominus}_{\{[Au(CN)_2]^-/Au\}}$(-0.56V)比 $\varphi^{\ominus}_{(O_2/OH^-)}$ 数值小得多,因而空气中的 O_2 可在 NaCN 存在时将矿石中的金氧化为 $[Au(CN)_2]^-$:

$$4Au + 8CN^- + 2H_2O + O_2 \Longrightarrow 4[Au(CN)_2]^- + 4OH^-$$

然后再用锌还原 $[Au(CN)_2]^-$,即可得到单质金:

$$Zn + 2[Au(CN)_2]^- \Longrightarrow 2Au + [Zn(CN)_4]^{2-}$$

2) 分离金属

例如,由天然铝矾土(主要成分是水合氧化铝)制取 Al_2O_3 时,首先要使铝与杂质铁分离,分离的基础就是 Al^{3+} 可与过量的 NaOH 溶液形成可溶性的 $[Al(OH)_4]^-$ 进入溶液:

$$Al_2O_3 + 2OH^- + 3H_2O \Longrightarrow 2[Al(OH)_4]^-$$

而 Fe^{3+} 与 NaOH 反应则形成 $Fe(OH)_3$ 沉淀,澄清后加以过滤,即可除去杂质铁。

3) 电镀

电镀是通过电解使阴极上析出均匀、致密、光亮的金属层的过程。大多数金属从其水合离子溶液中析出时只能获得晶粒粗大且无光泽的镀层。若在电镀液中加入适当的配位剂与金属离子生成较难还原的配离子,降低金属晶体的形成速率,便可得到均匀、致密、光滑的镀层。以往电镀上常用有毒的 CN^- 作配体,现在更多采用了无氰电镀。如氨三乙酸根与 Zn^{2+} 生成配离子,作辅助配位剂的 NH_4^+ 离解出的 NH_3 也可与 Zn^{2+} 形成一系列的配位化合物,可以降低 Zn^{2+} 浓度,减缓 Zn 的析出速率,从而得到均匀、细致的锌镀层。

配位化合物还广泛用于催化、印染、化肥、农药等工业中,以及改良土壤、防腐工艺、硬水软化等。

4) 工业水处理

水是人类在内所有生命赖以生存的自然资源,对其进行净化处理具有重要意义。在实际工业生产中,对于用水量较大的锅炉用水、冷却水等,一般采用水循环的方式进行供水。在此过程中,硬水中所含的钙、镁等的盐类受热后易附着于容器内的金属表面上形成水垢,进而会降低金属材料的导热能力,并加剧材料的腐蚀速率。阻垢剂能够有效阻止水垢的形成或除去水垢,从而提高金属材料的热交换效率,降低燃料的消耗。

目前,低分子量的聚羧酸类物质(相对分子质量 103~106)常作为工业水循环系统中的阻垢剂使用。例如,聚丙烯酸、聚丙烯酰胺这类阻垢剂在水中发生部分解离,解离出 H^+ 和聚合物负离子。聚合物负离子中的含氧酸根或其他含氧基团可通过螯合作用与水中的成垢离子(如 Ca^{2+}、Mg^{2+}、Fe^{3+} 等)形成稳定的螯合物,从而显著降低水中成垢离子的浓度,有效抑制水垢的生成。

5) 染料

在染料工业中,某些染料分子可与金属离子(如 Cr^{3+}、Cu^{2+}、Co^{3+} 等)在络合作用下形成配位化合物,这类配合物可称为金属络合染料。金属络合染料一般包括酸性络合染料、1∶2 金属络合偶氮中性染料及金属络合偶氮型活性染料等。与传统的植物染料相比,在使用金属络合染料染色时,染料中的金属与织物以配位共价键相连接,并通过将光吸收移到可见区的方式增强光吸收的强度,从而增强染料在织物上的附着力,使颜色更加鲜艳明亮。

此外,某些染料在织物上染色后,也可用金属媒染剂对其进行处理,通过金属媒染剂与织物纤维上的染料发生配位作用,生成金属络合物,进而加强染料与织物间的附着力,并提高染料的耐晒度及耐晒湿度。例如,在使用酸性媒介深黄 GG 染色后的羊毛制品中加入 $K_2Cr_2O_7$ 金属媒染剂进行处理时,羊毛纤维中的胱氨酸分解,所产生的 H_2S 与 $Cr_2O_7^{2-}$ 在酸性溶液中发生反应,其化学反应方程式如下:

$$Cr_2O_7^{2-} + 3H_2S + 8H^+ \longrightarrow 2Cr^{3+} + 7H_2O + 3S$$

在该反应的作用下,胱氨酸不断分解,使 Cr^{3+} 与羊毛纤维上的酸性媒介深黄 GG 染料不断发生配位反应,形成黄色金属络合物,从而显著提升染色效果。

6) 催化工业

催化剂在现代工业中占据极其重要的地位,通过催化剂与反应物间的催化作用可有效降低化学反应所需的活化能,加快化学反应速率,进而提高生产效率。配位催化的概念是由意大利科学家 Giulio Natta 于 1957 年提出的,是指由反应物与催化剂(通常为过渡金属化合物)所形成的配合物引起的催化作用。当发生催化作用时,反应物与过渡金属化合物生成配合物,此时反应物将以过渡金属原子为中心包围在其外部,使反应物处于活化状态,从而加速反应的进行。例如,在乙醛的工业生产过程中,常将乙烯和空气通入含有 $PdCl_2$-HCl 的水溶液中,借助 $K[Pt(C_2H_4)Cl_3]$ 配合物的生成,使反应物活化,加快反应速率,该过程中相关的化学反应方程式如下:

$$[PdCl_4]^{2-} + C_2H_4 \longrightarrow [Pd(C_2H_4)Cl_3]^- + Cl^-$$

$$[Pd(C_2H_4)Cl_3]^- + H_2O \longrightarrow [Pd(C_2H_4)(H_2O)Cl_2] + Cl^-$$

$$[Pd(C_2H_4)(H_2O)Cl_2] \longrightarrow [Pd(C_2H_4)(OH)Cl_2]^- + H^+$$

$$[Pd(C_2H_4)(OH)Cl_2]^- \longrightarrow HO-CH_2-CH_2-Pd-Cl + Cl^-$$

$$HO-CH_2-CH_2-Pd-Cl \longrightarrow CH_3CHO + Pd + HCl$$

$$总反应: 2C_2H_4 + O_2 \xrightarrow{[PdCl_4]^{2-},Cl^-} 2CH_3CHO$$

由上述反应式可见,利用配位催化作用可使乙烯转化为乙醛,通过产物中的 Pd 与体系中的 Cl^- 及 O_2 之间的反应可使催化剂恢复到原来的状态,从而实现烯类化合物向醛类化合物的转化。

3. 配位化合物在医药、生物等方面的应用

1) 配位化合物在医药方面的应用

配位化合物在医药学方面也具有重要的应用价值。一方面，配位化合物可直接作为药物来治疗疾病。某些金属离子具一定的治疗作用，但它们一般存在毒性大、刺激性强、吸收性差等缺点，不能直接在临床中应用。通过将这类金属离子转变为相应配合物的方式可有效降其低毒性、刺激性，并有利于吸收。例如，酒石酸锑钾配合物不仅可以治疗糖尿病，而且和维生素 B_{12} 等含钴螯合物一样可用于血吸虫病的治疗；在抗风湿炎症方面，阿司匹林及水杨酸的衍生物等抗风湿药物与铜配合后可显著增加疗效；在抗菌方面，8-羟基喹啉和铜、铁单独存在时均无抗菌活性，但形成配合物却有很强的抗菌作用。

另一方面，配位化合物也可作为解毒剂使用。环境污染、职业性中毒及金属代谢障碍等因素易造成人体内有毒金属元素（如 Hg、Pb、Cd 等）的积累，此时可选择合适的配体，使其与有毒金属形成水溶性大、稳定且无毒的配位化合物，经肾排出体外，从而达到治疗的目的。例如，2,3-二巯基丙醇可与进人体内的 Hg、Au、Cd 等重金属形成配合物而排出体外；柠檬酸钠可与 Pb 形成稳定的配合物，防治职业性铅中毒；EDTA 可与人体内的 U、Th、Pu 等放射性元素形成稳定的配合物，从而将其排出体外。

此外，在治疗癌症方面，配位化合物也具有重要地位。常规化疗药物是以对细胞的毒害的方式而发挥作用，属于大规模、无目的性的攻击，由于不能准确识别出肿瘤细胞，因此在杀灭肿瘤细胞的同时也会殃及正常细胞。靶向药物是一种先进的抗癌药物，其目的是使药物或其载体能瞄准特定的病变部位，并在目标部位蓄积或释放有效成分，具有针对性、准确性及目的性。通过与肿瘤细胞相结合（或类似的其他机制），靶向药物可有效阻断肿瘤细胞内控制细胞生长、增殖的信号传导通路，从而杀灭肿瘤细胞，阻止其增殖，同时能够在最大程度上减少对正常组织、细胞的伤害。例如，一些靶向抗癌药物的主要成分由配位化合物组成，其中心离子多为稀有金属元素，如以 Pt、Rh、Ir 等元素为中心离子的配位化合物能准确地与病变部位的肿瘤细胞结合，从而起到治疗癌症的作用，为高效靶向药物的研发奠定了基础。

2) 配位化合物在生物方面的应用

生物体内有一类重要的物质——酶，不少酶含有金属元素。酶主要是 Fe^{2+}、Zn^{2+}、Mg^{2+}、Co^{2+}、Mo^{2+}、Mn^{2+}、Cu^{2+}、Cu^+ 和 Ca^{2+} 等金属离子和氨基酸侧链基团形成的金属配位化合物。这些配位化合物在生物体内能量的转换、传递、电荷的转移、化学键的形成或断裂以及伴随这些过程出现的能量变化和分配等过程中起着重要的作用。例如，植物中起光合作用的叶绿素是 Mg^{2+} 的配位化合物；在动物血液中起输送氧气作用的血红素是 Fe^{2+} 的配位化合物。在固氮菌中，能够固定大气中氮的固氮酶实际上是铁钼蛋白，这是以 Fe 和 Mo 为中心的复杂配位化合物——相对分子质量约 5 万的铁蛋白及分子量约 27 万的钼蛋白。

近几十年来在研究金属配位化合物基础上发展起来的生物无机化学是一门新兴的边缘学科，它将为早日解决科学研究三大前沿问题之一——生命的起源，发挥巨大的作用。

习   题

【4-1】 命名下列配合物,并指出中心离子、配体、配位原子和配位数。

配合物	名 称	中心离子	配 体	配位原子	配位数
$Cu[SiF_6]$					
$K_3[Cr(CN)_6]$					
$[Zn(OH)(H_2O)_3]NO_3$					
$[COCl_2(NH_3)_3(H_2O)]Cl$					
$[Cu(NH_3)_4][PtCl_4]$					

【4-2】 0.1g 固体 AgBr 能否完全溶解于 100mL 1mol·L^{-1} 氨水中?

【4-3】 通过计算比较 1L 6mol·L^{-1} 氨水和 1L 1mol·L^{-1} KCN 溶液,哪一个可溶解较多的 AgI?

【4-4】 在 50.0mL 0.2mol·L^{-1} AgNO$_3$ 溶液中加入等体积的 1.0mol·L^{-1} NH$_3$·H$_2$O,计算达平衡时溶液中 Ag$^+$、$[Ag(NH_3)_2]^+$ 和 NH$_3$·H$_2$O 的浓度。

【4-5】 10mL 0.1mol·L^{-1} CuSO$_4$ 溶液与 10mL 6mol·L^{-1} NH$_3$·H$_2$O 混合并达平衡,计算溶液中 Cu^{2+}、NH$_3$·H$_2$O 及 $[Cu(NH_3)_4]^{2+}$ 的浓度各是多少? 若向此混合溶液中加入 0.01mol NaOH 固体,问是否有 Cu(OH)$_2$ 沉淀生成?

【4-6】 在 50.0mL 0.1mol·L^{-1} AgNO$_3$ 溶液中加入密度为 0.932g·L^{-1} 含 NH$_3$ 18.2% 的氨水 30.0mL 后,再加水冲稀到 100mL。

(1) 计算溶液中 Ag$^+$、$[Ag(NH_3)_2]^+$ 和 NH$_3$·H$_2$O 的浓度。

(2) 向此溶液中加 0.0745g 固体 KCl,有无 AgCl 沉淀析出? 如欲阻止 AgCl 沉淀生成,在原来 AgNO$_3$ 和 NH$_3$·H$_2$O 的混合溶液中,NH$_3$·H$_2$O 的最低浓度应是多少?

(3) 如加入 0.120g 固体 KBr,有无 AgBr 沉淀生成? 如欲阻止 AgBr 生成,在原来 AgNO$_3$ 和氨的混合溶液中 NH$_3$·H$_2$O 的最低浓度是多少? 根据(2)、(3)的计算结果,可得出什么结论?

【4-7】 计算下列反应的平衡常数,并判断反应进行的方向。

(1) $[HgCl_4]^{2-} + 4I^- \rightleftharpoons [HgI_4]^{2-} + 4Cl^-$

已知:$K_{稳[HgCl_4]^{2-}} = 1.17 \times 10^{15}$, $K_{稳[HgI_4]^{2-}} = 6.76 \times 10^{29}$

(2) $[Cu(CN)_2]^- + 2NH_3·H_2O \rightleftharpoons [Cu(NH_3)_2]^+ + 2CN^- + 2H_2O$

已知:$K_{稳[Cu(CN)_2]^-} = 1.0 \times 10^{24}$, $K_{稳[Cu(NH_3)_2]^+} = 7.24 \times 10^{10}$

(3) $[Fe(NCS)_2]^+ + 6F^- \rightleftharpoons [FeF_6]^{3-} + 2SCN^-$

已知:$K_{稳[Fe(NCS)_2]^+} = 2.29 \times 10^3$, $K_{稳[FeF_6]^{3-}} = 2.04 \times 10^{14}$

【4-8】 通过计算说明下列反应能否向右进行。

(1) $2[Fe(CN)_6]^{3-} + 2I^- \rightleftharpoons 2[Fe(CN)_6]^{4-} + I_2$

(2) $[Cu(NH_3)_4]^{2+} + Zn \rightleftharpoons [Zn(NH_3)_4]^{2+} + Cu$

实　验　篇

第 5 章

普通化学实验基础知识和常用仪器

5.1 普通化学实验基础知识

5.1.1 学生实验室守则

1. 实验前必须认真预习实验内容,写出实验预习报告。进入实验室后,首先熟悉实验室环境及各种设施的位置,清点好仪器。

2. 实验时保持肃静,集中精力,认真操作。仔细观察实验现象,如实、详细记录结果。积极思考问题,独立完成各项实验任务,不得妨碍他人。

3. 实验仪器、设备是公共财产,务必爱护,小心使用。

(1) 使用玻璃仪器要小心谨慎,若有损坏,必须及时报告教师。

(2) 使用精密仪器时,必须严格按照操作规程进行操作,遵守注意事项;若发现异常情况或故障,应立即停止使用并报告指导教师,及时排除故障。

4. 药品应按规定量取用,自瓶中取出药品后,不应倒回原瓶中,以免带入杂质而引起瓶中药品变质;取用药品后,应立即盖上瓶塞,放回原处,以免搞错瓶塞,污染药品。

5. 注意安全操作,遵守安全守则。化学实验室有易燃、易爆、易腐蚀及有毒等多种危险药品,应先了解其性质,注意安全操作,听从教师的指导,出现意外伤害应及时正确处理。

6. 实验时应保持实验室和台面清洁整齐。火柴梗、废纸屑、废液、金属颗粒等应倒入废物桶或回收瓶中,严禁投入或倒入水槽内,以防水槽和下水管道淤塞或腐蚀。

7. 实验完毕后将仪器洗刷干净,放回原来的位置;整理好桌面,把实验台擦净,清扫地面。

5.1.2 化学实验室安全守则

化学药品中有很多是易燃、易爆炸、有腐蚀性或有毒的药品。在化学实验前应充分了解安全注意事项。在实验过程中要集中注意力,遵守操作规程,以避免事故的发生。

1. 一切有毒气体或有恶臭的物质的实验,都应在通风橱中进行。

2. 一切易挥发的或易燃的物质的实验,都应在离火较远的地方进行,并应尽可能在通风橱中进行。

3. 使用酒精灯,应随用随点,不用时盖上灯罩。不要用已点燃的酒精灯去点燃别的酒精灯,以免酒精溢出而失火。

4. 加热试管时,不要将试管口指向自己和别人,也不要俯视正在加热的液体,以免溅出的液体把人烫伤。

5. 在闻瓶中气体的气味时,鼻子不能直接对着瓶口(或管口),而应用手把少量气体轻轻扇向自己的鼻孔。

6. 浓酸、浓碱具有强腐蚀性,切勿溅在衣服、皮肤,尤其是眼睛上。稀释浓硫酸时,应将浓硫酸慢慢地注入水中,并不断搅动,切勿将水注入浓硫酸中,以免迸溅。

7. 有毒药品(如重铬酸钾、钡盐、铅盐、砷的化合物等,特别是氰化物)不得进入口内或接触伤口。不许将有毒药品随便倒入下水道,应回收统一处理。

8. 实验完毕,应将实验台整理干净,洗净双手,关闭水、电、煤气等阀门后方可离开实验室。

9. 实验室内严禁饮食、吸烟。

5.1.3　实验室意外事故的处理

在实验中如果不慎发生意外事故,不要慌张,应沉着、冷静,迅速处理。

1. 火灾:如酒精、苯或醚等引起着火时,应立即用湿布或沙土等扑灭;如火势较大,可使用 CCl_4 灭火器或 CO_2 泡沫灭火器;如遇电气设备着火,必须先切断电源,再用 CO_2 或 CCl_4 灭火器灭火。

2. 烫伤:可用高锰酸钾或苦味酸溶液揩洗灼烧处,再搽上凡士林或烫伤油膏。

3. 若在眼睛或皮肤上溅着强酸(浓硫酸除外)或强碱,应立即用大量水冲洗,然后相应地用碳酸氢钠溶液或硼酸溶液冲洗(溅在皮肤上最后还可涂些凡士林)。

4. 若吸入氯气、氯化氢气体,可立即吸入少量酒精和乙醚的混合蒸气以解毒;若吸入硫化氢气体而感到不适或头晕时,应立即到室外呼吸新鲜空气。

5. 被玻璃割伤时,伤口内若有玻璃碎片,须先挑出,然后抹上消毒药水并包扎。

6. 遇有触电事故,首先应切断电源,然后在必要时,进行人工呼吸。

7. 对伤势较重者,应立即送医院治疗。

5.1.4　化学实验中"三废"的处理

在化学实验中会产生各种有毒的废气、废液和废渣(这些废弃物又称"三废"),如果对其不加处理而任意排放,不仅污染周围环境,造成公害,而且"三废"中的有用或贵重成分未能回收,在经济上也是一种浪费。为了减少对环境的污染,化学实验室应对产生的"三废"按照国家要求的排放标准进行处理。

1. 有毒气体的处理

做少量有毒气体产生的实验,应在通风橱中进行。通过排风设备把有毒废气排到室外,利用室外的大量空气来稀释有毒废气。如果实验产生大量的有毒气体,应该安装气体吸收装置来吸收这些气体,例如,产生的二氧化硫气体可以用氢氧化钠水溶液吸收后排放,一氧化碳可点燃转化为二氧化碳气体后排放。

2. 有毒废渣的处理

有毒废渣应埋在指定的地点,但是溶解于地下水的废渣必须经过处理后才能深埋。有回收价值的废渣应该回收利用。

3. 废液的处理

对于实验室中产生的废液要根据具体情况决定是否直接排放。若产生的废液对环境没有太大的影响,则可以直接倒入下水道;如果化学实验中产生的废液含有某些重金属离子,则必须经过处理才能排放。

(1) 废酸和废碱溶液:经过中和处理,使 pH 达到 $6 \sim 8$ 的范围,并用大量水稀释后方可排放。

(2) 含六价铬化合物(致癌):加入还原剂($FeSO_4$、Na_2SO_3)使之还原为三价铬后,再加入碱($NaOH$ 或 Na_2CO_3),调 pH 至 $6 \sim 8$,使之形成氢氧化铬沉淀除去。

(3) 含氰化物的废液:方法有两个:一是加入 $FeSO_4$,使之变为氰化亚铁沉淀除去;二是将废液调节成碱性后,加入 $NaClO$,使氰化物分解为二氧化碳和氮气而除去。

(4) 含汞化物的废液:加入 Na_2S,使之生成难溶的 HgS 沉淀而除去。

(5) 含砷化物的废液:加入 $FeSO_4$,并用 $NaOH$ 调 pH 至 9,以便使砷化物生成亚砷酸钠或砷酸钠与氢氧化铁共沉淀而除去。含铅等重金属的废液:加入 Na_2S,使之生成硫化物沉淀而除去。

不具备独立进行相应有毒废液处理的条件时,应将废液分类集中,交专门的处理机构处理。

5.1.5　实验预习、实验记录和实验报告

实验课对培养学生独立从事科学研究工作的能力具有重要的作用。学生应该在实验过程中勤于动手,开动脑筋,钻研问题,做好每个实验。

1. 实验预习

实验前的预习,是保证做好实验的一个重要环节。预习应达到下列要求:
(1) 阅读实验教材和教科书中的有关内容。
(2) 明确实验的目的。
(3) 了解实验内容、有关原理、步骤、操作过程和实验时应注意的地方。
(4) 认真思考实验前应准备的问题,做到心中有数。
(5) 写好预习报告。

2. 实验记录

记录实验数据和现象必须诚实、准确。记录数据时,不能只拣"好"的数据记,不能随意涂抹数据。
(1) 认真操作,细心观察,把观察到的现象或实验数据如实地详细记录在实验报告中。
(2) 如果发现记录的实验数据和现象与理论不符合,应认真检查其原因,必要时应补做

实验。

（3）在实验过程中,实验者必须养成一边进行实验一边直接在记录本上做记录的习惯,不准事后凭记忆补写,或以零星纸条暂记再转抄。

（4）记录测定数据时,应注意有效数字的位数。

（5）实验记录要表格化,字迹要整齐清楚。

3. 实验报告

实验结束后应及时撰写实验报告,要对实验进行总结,讨论观察到的现象,分析出现的问题,整理归纳实验数据等。这是完成整个实验的一个重要组成部分,是概括和总结实验过程的文献性质资料。实验报告的质量,在较大程度上反映了学生的学习态度、实际水平和能力。

（1）实验报告的基本格式包括:实验目的,实验原理,仪器、试剂及材料,实验装置,实验现象和观测数据,实验结果与讨论。

（2）做完实验后,应解释实验现象,并作出结论,或根据实验数据进行处理和计算,独立完成实验报告,交给指导教师审阅。若有实验现象、解释、结论、数据等不符合要求,应重做实验或重写报告。

（3）实验报告的书写应字迹端正,简明扼要,整齐清洁。

（4）在实验报告中应根据自己实验中的成败得失提出改进本实验的意见、回答指定的思考题等。

5.1.6　化学计算中的有效数字

在化学实验中,经常要根据实验测得的数据进行化学计算,但是在测定实验数据时,应该用几位数字? 在化学计算时,计算的结果应该保留几位数字? 这些都是需要首先解决的问题。为了解决这两个问题,需要了解有效数字的概念及其运算规则。

1. 有效数字的概念及其位数的确定

具有实际意义的有效数字位数,是根据测量仪器和观察的精确程度来决定的。

例如在测量液体的体积时,在最小刻度为 1mL 的量筒中测得该液体的弯月面最低处是在 25.3mL 的位置,如图 5-1(a)所示,其中 25 是直接由量筒的刻度读出的,是准确的,而 0.3mL 是由肉眼估计的,它可能有 ±0.1mL 的出入,是可疑的。而该液体的液面在量筒中的读数 25.3mL 均为有效数字,故有效数字为三位。如果该液体在最小刻度为 0.1mL 的滴定管中测量时,它的弯月面最低处是在 25.35mL 的位置,如图 5-1(b)所示,25.3mL 是直接从滴定管的刻度读出的,是准确的,而 0.05mL 是由肉眼估计的,它可能有 ±0.01mL 的出入,是可疑的,而该液体的液面在

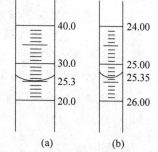

图 5-1　不同仪器的精确程度不同

(a) 量筒;(b) 滴定管

滴定管中的读数 25.35mL 均为有效数字,故有效数字为四位。从以上例子可知,从仪器上能直接读出(包括最后一位估计读数在内)的几位数字叫做有效数字。实验数据的有效数字

与测量用的仪器的精确度有关。由于有效数字中的最后一位数字已经不是十分准确的,因此任何超过或低于仪器精确程度的有效位数的数字都是不恰当的。例如在台秤上读出的 5.6g,不能写作 5.6000g;在电子分析天平上读出的数值恰巧是 5.6009g,也不能写 5.6g,这是因为前者夸大了实验的精确度,后者缩小了实验的精确度。

移液管只有一根刻度,其精确度如何? 例如 25mL 移液管,其精确度规定为 ±0.01mL,即读数为 25.00mL,不能读作 25mL。同样,容量瓶也只有一根刻度,如 50mL,容量瓶其精确度规定为 ±0.01mL,其读数为 50.00mL。

由上述可知,有效数字与数学上的数有着不同的含义,数学上的数仅表示大小,有效数字则不仅表示量的大小,而且还反映了所用仪器的精确度,各种仪器,由于测量的精确度不同,其有效数字表示的位数也不同。

我们经常需要知道别人报出的测量结果的有效数字的位数,现以下例推断说明。

【例 5-1】　某教师要求学生称量一金属块,在学生报告的质量记录中有下列数据:

　　20.03g;　　0.02003kg;　　20.0g;　　20g。

上述情况各是几位有效数字?

解:报告 20.03g 的学生显然相信,四位数字的每一位都是有意义的,他给出了四位有效数字。

报告 0.02003kg 的学生也给出了四位有效数字。紧靠小数点两侧的"0"没有意义,它的存在,只不过是因为此处质量是用"kg"而不是用"g"表示罢了。

报告 20.0g 的学生给出了三位有效数字,他将"0"放在小数点之后,说明金属块称准至 0.1g。

我们无法确认"20g"所具有的有效数字。有可能这个学生将金属块称准至克并想表示两位有效数字,但也可能他想告诉我们他的天平只称到 17g,在这种情况下,"20g"中只有第一位数是有效的,为避免这种混淆,可用指数表示法给出质量,即:2.0×10^{1}g(两位有效数字);2×10^{1}g(一位有效数字)。

采用指数表示法表示数量时,测量所得的有效数字位数就等于给出数字的位数。

可见"0"在数字中是否是有效数字与"0"在数字中的位置有关。

(1)"0"在数字前,仅起定位作用,"0"本身不是有效数字,如 0.0275 中,数字 2 前的两个"0"都不是有效数字,所以 0.0275 是三位有效数字。

(2)"0"在数字中,是有效数字,如 2.0065 中的两个"0"都是有效数字,2.0065 是五位有效数字。

(3)"0"在小数点的数字后,是有效数字,如 6.5000 中的三个"0"都是有效数字,6.5000 是五位有效数字。

问:0.0030 是几位有效数字?

(4)如 54000g 或 2500mL 等以"0"结尾的正整数中,就很难说"0"是有效数字或非有效数字,有效数字的位数不确定,如 54000 可能是两位、三位、四位、甚至五位有效数字。这种数应根据有效数字情况用指数形式表示,以 10 的方次前的数字代表有效数字。

如:两位有效数字则写成 5.4×10^{4},三位有效数字则写成 5.40×10^{4},等等。

此外,在化学计算中一些不需经过测量所得的数值如倍数或分数等的有效数字位数,可认为无限制,即在计算中需要几位就可以写几位。

2. 有效数字的运算规则

1) 加减法

在计算几个数字相加或相减时,所得的和或差的有效数字中小数的位数应与各加减数中小数的位数最少者相同。

例如: $2.0114+31.25+0.357=33.62$

$$
\begin{array}{r}
2.0114 \\
? \\
31.25 \\
? \\
+\quad 0.357 \\
? \\
\hline
33.6184 \rightarrow 33.62 \\
???
\end{array}
$$

可疑数以"?"标出。

可见小数位数最少的数是 31.25,其中的"5"已是可疑,相加后使得和 33.6184 中的"1"也可疑,因此再多保留几位已无意义,也不符合有效数字只保留一位可疑数字的原则,这样相加后,按"四舍五入"的规则处理,结果应是 33.62。一般情况下,可先取舍后运算,即

$$
\begin{array}{r}
2.0114 \rightarrow\ 2.01 \\
31.25\ \ \ \rightarrow 31.25 \\
+\quad 0.357 \rightarrow\ 0.36 \\
\hline
33.62
\end{array}
$$

2) 乘除法

在计算几个数相乘或相除时,其积或商的有效数字位数,应与各数值中有效数字位数最少者相同,而与小数点的位置无关。

例如: $1.202 \times 21 = 25$

$$
\begin{array}{r}
1.202 \\
? \\
\times\quad 21 \\
? \\
\hline
1202 \\
???? \\
2404 \\
? \\
\hline
25.242 \rightarrow 25 \\
????
\end{array}
$$

显然,由于 21 中的"1"是可疑的,使得积 25.242 中的"5"也可疑,所以保留两位即可,其余按"四舍五入"处理,结果是 25。也可先取舍后运算,即:

$$
\begin{array}{r}
1.202 \rightarrow 1.2 \\
\times \quad\quad 21 \\
\hline
12 \\
24 \\
\hline
25.2 \rightarrow 25
\end{array}
$$

3）对数

进行对数运算时，对数值的有效数字只由尾数部分的位数决定，首数部分为 10 的幂数，不是有效数字。

如：2345 为四位有效数字，其对数 lg2345＝3.3701，尾数部分仍保留四位。首数"3"不是有效数字，故不能记成：lg2345＝3.370，这只有三位有效数字，就与原数 2345 的有效数字位数不一致了。

例如 pH 的计算。若 $c_{(H^+)}=4.9\times10^{-11}\,\mathrm{mol\cdot L^{-1}}$，是两位有效数字，所以 $pH=-\lg c_{(H^+)}=10.31$，有效数字仍是两位；反之，由 pH＝10.31 计算氢离子浓度时，也只能记作 $c_{(H^+)}=4.9\times10^{-11}\,\mathrm{mol\cdot L^{-1}}$，而不能记成 $4.898\times10^{-11}\,\mathrm{mol\cdot L^{-1}}$。

现有根据"四舍六入五成双"来处理的。即凡末位有效数字后边的第一位数字大于 5，则在其前一位上增加 1；小于 5 则弃去不计；等于 5 时，如前一位为奇数，则增加 1，如前一位偶数，则弃去不计。例如对 21.0248，取四位有效数字时，结果为 21.02；取五位有效数字时，结果为 21.025；但将 21.025 与 21.035 取四位有效数字时，则分别为 21.02 与 21.04。

5.1.7　误差与数据处理

1. 误差

化学实验中经常使用仪器对一些物理量进行测量，常见的测量方法可归纳为直接测量（如温度计测定反应温度、量筒量出某液体体积等）和间接测量（如平衡常数测定、滴定分析等）两类。实验证明，由于实验方法、实验仪器、实验条件和操作人员之间差异等局限，任何测量都无法得到绝对准确的结果，或者说，存在某种程度上的不可靠性。这种测量结果与"真实值"之间的差距就是误差。

在实验过程中，一方面要有目的地拟定实验方案，选择一定精度的仪器和适当的方法；另一方面，必须在处理实验数据时，了解误差产生的原因，科学地分析并寻求被研究变量间的规律，以获得可靠的测量结果。为了减少误差，评价实验结果的准确性，需了解准确度与精密度的概念。

1）准确度和误差

准确度是指某一测量值或一组测量值的平均值与"真实值"接近的程度，一般以误差来表征。误差越小，说明测量结果的准确度越高。

严格说来，"真实值"是无法测知的。在实际工作中，常用专门机构提供的数据，如公认的手册上的数据作为真实值，或进行多次平行测定（即完全相同条件下进行的测定），求得其算术平均值，以此作为真实值。

误差又分为绝对误差和相对误差。绝对误差是实验测量值与真实值的差值，一般用 E

表示：

$$绝对误差\ E = 测量值\ X - 真实值$$

相对误差是绝对误差与真实值的商，表示误差在真实值中所占的比例，常用百分数表示：

$$相对误差\ E\% = \frac{绝对误差\ E}{真实值} \times 100\%$$

绝对误差和相对误差都有正、负值。正值表示测量结果偏高；负值表示测量结果偏低。

2）精密度和偏差

精密度是指在相同条件下，几次平行测量结果相互接近的程度。精密度的高低一般用偏差来衡量，也有绝对偏差和相对偏差之分。

单次测量结果与多次测量结果的平均值之间的差值称为绝对偏差，即

$$绝对偏差 = 单次测量值 - 多次测量结果的平均值$$

绝对偏差与多次测量结果的平均值之比为相对偏差，即

$$相对偏差 = \frac{绝对偏差}{多次测量结果的平均值} \times 100\%$$

精密度是在无法求得准确度时，从重现性角度来表达实验结果的量。偏差越大，表示测量结果的精密度越低。显然，测量结果的精密度高，准确度不一定高；测量结果的精密度低，其准确度也不会高。因此，要求准确度高，精密度也一定要高，精密度是保证准确度的先决条件。

2. 引起误差的原因

引起误差的原因有很多，一般分为两类：系统误差和偶然误差。

1）系统误差

系统误差是由某种固定原因造成的，又称可测误差。它使测定结果偏高或偏低，在样品多次测定中会重复出现，对分析结果的影响比较固定。系统误差是可以通过检定和校正的，使其减少到几乎可以忽略的程度。系统误差产生的原因一般有如下几方面：

（1）方法误差：由测定方法本身造成。例如在密度的测定中，由于体积与温度有关，因而选择的方法不同，所产生的误差就可能不同。

（2）仪器误差：由于使用的测量仪器精度不够，或精度足够，但由于使用不当，或由于腐蚀、磨损等原因使精度降低所造成。

（3）试剂误差：由于使用的试剂或蒸馏水等不纯造成。

（4）读数误差：由于取得数据的方式不妥使数据包含误差。

2）偶然误差（即随机误差）

偶然误差是由一些预先估计不到，因而难以控制的偶然因素造成的。例如，测量过程中压力、温度及仪器中某些活动部件的微小变化，机械振动及磁场的干扰等。由于引起的原因具有偶然性，所以造成的误差是可变的，时大时小，时正时负，但这种误差的大小和正负出现的概率是有一定规律的，因而如果重复多次平行实验，取其平均值，则正负偶然误差可以相互抵消，平均值就比较接近真实值。

此外，由于工作粗心大意、过度疲劳或情绪不好等原因引起的误差，即过失误差。例如，

称量时搞错了砝码的数值,滴定时读错了滴定液体的体积,或记录错了或计算错了。这种错误有时无法找到原因。这一类误差在工作上应该属于责任事故,是不允许存在的,是可以避免的。

3．实验数据的处理

取得实验数据后,应进行整理、归纳,并以简明的方法表达实验结果,通常有列表法、作图法和解析法(方程式法)三种,可根据具体情况选择使用。以下只介绍前两种方法。

1) 列表法

将一组实验数据中的自变量和因变量的数值,按一定形式和顺序一一对应列成表格,这种表达方式称为列表法。此法简单、直观、不引入处理误差。实验的原始数据一般采用列表法记录。列表时应注意以下事项:

(1) 数据表应包括表的序号、名称、实验条件说明及数据来源。

(2) 表格中的纵表头一般为实验编号或因变量,横表头为自变量。每一变量占一行,首行或首列应标明名称和单位,名称尽可能用符号表示,单位的写法采用斜线制。如该列数据表示温度 T,则该列首应写成"T/K"。每行中的数据应尽量化为最简单的形式,一般为纯数。

(3) 数据应以规律的递增或递减的顺序排列,最好等间隔。数据的有效数字的位数应取舍适当,位数和小数点一一对齐,数值为零时应记为"0",空缺时应记作"——"。

2) 作图法

作图法可以形象、直观地显示各个数据连续变化的规律性,以及如极大、极小、转折点等特征,进而求得内插值、外推值、切线的斜率以及掌握周期性变化等。为了能将实验数据正确地用图形表示出来,需注意以下作图要点。

(1) 图纸和坐标。坐标纸常用的是直角坐标纸,有时也用半对数坐标纸或全对数坐标纸。习惯以横坐标表示自变量,纵坐标表示因变量,坐标轴应注明该轴代表变量的名称及单位,如 T/K、t/s 等。选择合理的比例尺,使各数值的精度与实验测量的精度相当。坐标分度应便于从图上读出任一点的坐标值,且能表示测量的有效数字,每格所代替的值以 1、2、5、10 等的倍数为好,切忌采用 3、7、9 的倍数或小数,坐标起点可以不为 0。

(2) 点和线的绘制。将实验测得数据绘于图上成为点,可用 $\odot$、$\triangle$、$\times$、$\square$ 等符号表示,一张图上若有数组不同的测量值,应以不同符号表示,且加以注明。用直尺或曲线尺将各点连成光滑的线,一般不必要求通过图上所有的点,应力求使各点均匀地分布在线的两侧,确切地说,应使各点与曲线距离的平方和为最小。若作直线斜率,应尽量使直线呈 45°。

(3) 每图应有简明的标题,并注明取得数据的主要实验条件及实验日期。

5.1.8　普通化学实验的基本操作

1．常用玻璃仪器的洗涤和干燥

1) 玻璃仪器的洗涤

为了使实验得到正确的结果,实验所用的仪器必须是清洁、干净的。洗涤玻璃仪器的方法很多,应根据实验的要求、污物的性质和仪器沾污的程度选择适宜的洗涤方法。一般说来,附着在仪器上的污物既有可溶性物质,也有尘土和其他不溶性物质,还有油污和有机物质。常用的洗涤方法有以下几种。

(1)冲洗法:可溶性污物可用水冲洗,这主要是利用水把可溶性污物溶解而除去。为了加速污物的溶解,冲洗时应振荡仪器。

(2)刷洗法:仪器内壁附着不易冲洗掉的污物时,可用毛刷刷洗,利用毛刷对器壁的摩擦将污物除掉。

(3)药物洗涤法:对于用刷洗法刷洗不掉的不溶性污物,通常用洗涤剂或药剂进行洗涤。常用毛刷蘸取肥皂液或合成洗涤剂刷洗,主要是除去油污或一些有机污物。用肥皂液或合成洗涤剂仍刷洗不掉的污物,或者因仪器口小、管细而不便用毛刷刷洗时,就要用铬酸洗液洗涤。

用铬酸洗液洗涤时,可向仪器内注入少量洗液,倾斜仪器并慢慢转动,使仪器内壁全部被洗液润湿。再转动仪器,使洗液在内壁流动,流动几圈后,将洗液倒回原瓶内。对沾污严重的仪器可用洗液浸泡一段时间,或者用热洗液洗涤,效果更好。倾出洗液后,再用自来水将仪器内壁残留的洗液洗去。决不允许将毛刷放入洗液中!能用别的洗涤方法洗干净的仪器,就不要用铬酸洗液洗。因为铬酸洗液有毒,流入下水道后对环境有严重污染。铬酸洗液的吸水性很强,应随时把装洗液的瓶子盖严,以防吸水而降低去污能力。洗液可以反复使用到出现绿色,这时就失去了去污能力,不能继续使用。

洗涤后的玻璃仪器加少量水振荡,将水倒出后把仪器倒置,如果仪器透明,内壁不挂水珠,说明已洗净;如果仪器不清晰或内壁挂有水珠,则说明未洗净。未洗净的仪器必须重新洗涤,直到洗净为止。洗净的仪器再用少量清水刷洗数次,必要时还要用少量蒸馏水或去离子水刷洗三遍。已经洗净的仪器不能再用布或试纸去擦拭内壁,否则,布或纸的纤维会留在内壁上,再沾污仪器。

2)玻璃仪器的干燥

玻璃仪器的干燥方法有晾干法、烤干法、快干法和烘干法等。

(1)晾干法:让仪器上残存的水自然挥发而使仪器干燥。通常是将洗涤后的仪器倒置在干净的仪器或搪瓷盘中,对于倒置不稳的仪器应倒插在仪器柜里的格栅板中,或插在实验室的干燥板上,干燥板应挂在空气流通又无灰尘的墙壁上。

(2)烤干法:通过加热使残存的水迅速蒸发而使仪器干燥。此法常用于干燥可加热或耐高温的玻璃仪器,如试管、烧杯、锥形瓶等。在加热前先将仪器外壁擦干,烧杯、锥形瓶可置于石棉网上用小火烤干;试管则可以直接用火烤干,但必须使试管口向下倾斜,以免水珠倒流炸裂试管,加热时火焰不要集中在一个部位,应从试管底部开始,缓慢移至管口,如此反复烘烤到不见水珠后,再将管口朝上,把水汽赶净。

(3)快干法:快干法一般只在实验中临时使用。将仪器洗净后倒置稍控干,加入少量(3~5mL)能与水互溶且挥发性较大的有机溶剂(如无水乙醇、丙酮等),将玻璃仪器转动使溶剂在内壁流动,待内壁全部浸湿后倾出有机试剂(应回收),擦干仪器外壁,再用吹风机的热风迅速将仪器内壁残留的挥发物赶走,达到快干的目的。

(4)烘干法:如需要干燥较多的玻璃仪器,通常使用电烘箱。将洗净的仪器倒置稍控后,放在电烘箱内的隔板上,关好烘箱门,将电烘箱内温度控制在105℃左右,恒温加热约30min即可。

2.化学试剂的取用

根据试剂中杂质含量的多少,可以把化学试剂分为优级纯(GR)、分析纯(AR)和化学纯(CR)等级别。实验时,应根据实验的要求,选用不同级别的试剂。

化学试剂在实验准备室分装时,一般常把固体试剂装在易于拿取的广口瓶中,液体试剂或配制好的溶液则盛在易于倒取的细口瓶或带有滴管的滴瓶中,见光易分解的试剂应盛放在棕色瓶内。每一个试剂瓶上都应贴有标签,上面写明试剂的名称、浓度(溶液)和日期,并在标签上涂一薄层石蜡。

取用试剂时应看清标签,先打开瓶塞,将瓶塞倒置在实验台上。如果瓶塞顶不是扁平的,可用食指和中指将瓶塞夹住或放在清洁的表面皿上,绝不能将它横置在实验台面上。不能用手接触化学试剂。取完试剂后,一定要把瓶塞盖严,绝不允许将瓶塞"张冠李戴"。最后把试剂瓶放回原处,以保持实验台整齐干净。

1)固体试剂的取用

(1)要用清洁、干燥的药匙取用试剂。药匙的两端为大、小两个匙,分别用于取大量固体试剂和少量固体试剂。用过的药匙洗净晾干后,存放在干净的器皿中。

(2)不要多取试剂,多取的试剂不能倒回原试剂瓶,可放在指定的容器内以供他用。

(3)称取一定质量的固体试剂时,应把固体放在称量纸上称量。具有腐蚀性或易潮解的固体试剂,必须放在表面皿或玻璃容器内称量。

(4)往试管(特别是湿试管)中加入粉末状固体试剂时,可用药匙或将取出的试剂放在对折的纸条上,伸进平放的试管中约 2/3 处,然后直立试管,把试剂放下去。

(5)向试管中加入块状固体试剂时,应将试管倾斜,使试剂沿管壁缓慢滑下,不能垂直悬空投入,以免击破管底。

(6)固体试剂的颗粒较大时,可在研钵中研碎后取用。

(7)有毒的试剂要在教师指导下取用。

2)液体试剂的取用

(1)从试剂瓶取用液体试剂时要用倾注法。先将瓶塞倒放在实验台面上,将试剂瓶上贴标签一面握在手心,逐渐倾斜试剂瓶,让试剂沿着洁净的试管壁流入试管,或沿着洁净的玻璃棒注入烧杯中。取出所需量后,应将试剂瓶口在容器或玻璃棒上靠一下,再逐渐竖起试剂瓶,以免遗留在瓶口的液滴流到试剂瓶的外壁。

(2)从滴瓶中取少量试剂时,应提起滴管,使滴管口离开液面,用手指紧捏滴管上部的橡皮胶头,赶出滴管中的空气,然后把滴管伸入试剂里,放松手指吸入试剂,再提起滴管,垂直地放在试管口或烧杯的上方将试剂逐滴滴入(图 5-2)。

使用滴瓶时要注意以下几点:

① 滴加试剂时禁止将滴管伸入试管中。

② 滴瓶上的滴管使用后应立即插回到原来的滴瓶中,不得将滴管乱放,以免沾污。

③ 用滴管从滴瓶中取出试剂后,应保持橡皮

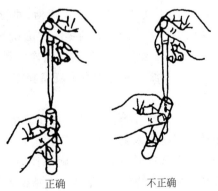

正确　　　　不正确

图 5-2　用滴管将试剂加入试管中

胶头在上,不能平放或斜放,以防滴管中的试剂流入腐蚀胶头,玷污试剂。

④ 滴加完毕后,应将滴管中剩余的试剂挤入滴瓶中,不能捏着胶头将滴管放回滴瓶,以免滴管中充有试剂。

(3) 定量取用时,可根据需要选用不同容量的量筒或移液管。多取的试剂不能倒回原瓶,应倒入指定容器内以供他用。

3. 玻璃量器的使用

化学实验中常用的玻璃量器有量筒、滴定管、容量瓶、移液管和吸量管等。

1) 量筒的使用

量筒是用于量取一定体积的液体物质的玻璃量器。量筒的容量有 5mL、10mL、20mL、25mL、50mL、100mL、200mL、1000mL 等,实验时可根据所取溶液的体积选用。量筒的使用方法如下:

(1) 量取液体时,量筒应竖直放置或持直,读数时视线应与液面水平,读取弯月面最低处刻度,视线偏高或偏低都会产生误差。

(2) 量筒不可加热,也不能用作实验(如溶解、稀释等)容器,不允许量取热的液体,以防破裂。

2) 滴定管的使用

滴定管是滴定时准确测量标准溶液体积的量器,它是具有精确刻度、内径均匀的细长玻璃管。常量分析的滴定管容积有 50mL 和 25mL,最小刻度为 0.1mL,读数可估计到 0.01mL。

滴定管一般可分为酸式滴定管[图 5-3(a)]和碱式滴定管[图 5-3(b)]。酸式滴定管下端有玻璃旋塞开关,它用于盛装酸性或氧化性溶液,不宜盛装碱性溶液,这是因为碱性溶液能腐蚀玻璃使旋塞粘住。碱式滴定管的下端连接一橡皮管,管内有玻璃球控制溶液的流出,橡皮管下端再连一尖嘴玻璃管。凡是能腐蚀橡皮管的氧化性溶液(如 $KMnO_4$ 溶液等),都不能盛装在碱式滴定管中。

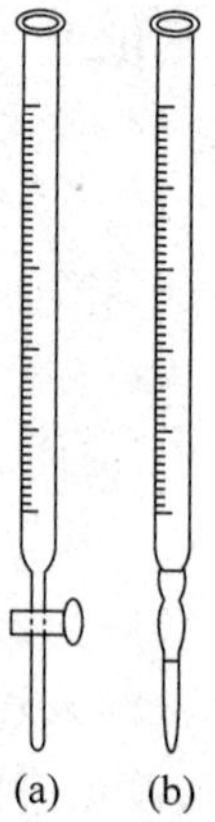

(1) 酸式滴定管的准备

① 使用前,首先应检查玻璃旋塞是否配合紧密,如不紧密,将会出现漏液现象。其次,应进行充分洗涤,洗净的滴定管内壁应完全被水均匀润湿而不挂水珠。如内壁挂有水珠,则应重新洗涤。

② 为了使玻璃旋塞转动灵活,并防止漏液,须将旋塞涂凡士林或真空旋塞油脂。涂凡士林油的操作方法如下:

(i) 取下旋塞小头处的固定橡皮圈,取下旋塞。

(ii) 用滤纸片将旋塞和旋塞套擦干,擦拭时可将滴定管放平,以免管壁上的水进入旋塞套中。

(iii) 用手指蘸少许凡士林在旋塞的两头涂上薄薄一层,在旋塞孔的两旁少涂一些。凡士林不能涂得太多。

(iv) 涂好凡士林后,将旋塞直接插入旋塞套中,插入时旋塞孔应与滴定管平行,此时不要转动旋塞,这样可避免将凡士林挤入旋塞孔中。然后,向同一方向不断旋转旋塞,直到旋塞呈透明状为止。旋转旋塞时,应有向旋塞小头方向挤的力,以免来回移动旋塞,堵塞旋塞

(a) (b)

图 5-3 滴定管
(a) 酸式滴定管;
(b) 碱式滴定管

孔。最后将橡皮圈套在旋塞小头部分的沟槽内。

③ 用水充满滴定管，安置在滴定管架上直立静置 2min，观察有无水滴漏下，然后，将旋塞旋转 180°，再在滴定管架上直立静置 2min，观察有无水滴漏下。如果漏水，则应重新进行涂油操作。

若旋塞孔或滴定管尖被凡士林堵塞，可将滴定管插入热水中温热片刻，然后打开旋塞，使管内的水突然流下，冲出软化的凡士林，凡士林排出后可关闭旋塞。最后，再用蒸馏水洗滴定管三次，备用。

（2）碱式滴定管的准备

使用前，应检查橡皮管是否老化、变质，检查玻璃球是否适当，玻璃球过大，则不便操作；玻璃球过小，则会漏液。如不符合要求，应及时更换。滴定管要进行充分洗涤，洗净的滴定管内壁为一均匀润湿水层，不挂水珠。否则，应重新洗涤。

（3）装入标准溶液

装入标准溶液时，应先将试剂瓶中的标准溶液摇匀，使凝结在瓶内壁的水珠混入溶液，用该溶液刷洗滴定管三次，以除去管内残留的水膜，确保标准溶液的浓度不变。每次刷洗时，标准溶液用量约为 10mL。具体操作要求是：先关闭旋塞，倒入溶液，两手平端滴定管，右手拿住滴定管上端无刻度部分，左手拿住旋塞上部无刻度部分，边转动边向管口倾斜，使溶液流遍全管。打开旋塞，冲洗出口，使涮洗液从下端流出。

在装入标准溶液时，应由试剂瓶直接倒入滴定管中，不得借用其他容器（如烧杯、漏斗等），以免标准溶液的浓度改变或造成污染。装满溶液的滴定管，应检查尖嘴内有无气泡，如有气泡，将影响溶液体积的准确测量，必须排出。对于酸式滴定管，可用右手拿住滴定管无刻度部分使其倾斜约 30°，左手迅速打开旋塞，使溶液快速冲出，将气泡带走；对于碱式滴定管，可将橡皮管向上弯曲，出口上斜，挤捏玻璃球右上方，使溶液从尖嘴快速喷出，即可排出气泡（图 5-4）。

（4）滴定管的读数

滴定管读数前，应注意管尖上是否挂着水珠。若在滴定后挂有水珠，则不能准确读数。读数一般应遵循以下原则：

① 读数时，滴定管应垂直放置。

② 由于水的附着力和内聚力的作用，滴定管内的液面呈弯月形。无色溶液或浅色溶液的弯月面比较清晰，应读弯月下缘实线的最低点。为此，读数时视线应与弯月下缘实线的最低点相切，即视线应与弯月面下缘实线的最低点在同一水平面上，如图 5-5 所示。有色溶液的弯月面不清晰，读数时视线与液面两侧的最高点相切，这样才容易读准。

图 5-4　碱式滴定管排气泡的方法

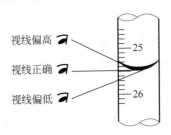

图 5-5　读数时视线的位置

③ 为了使读数准确,在滴定管装满溶液或放出溶液后,必须等 1~2min,使附着在内壁的溶液流下来后再读数。

④ 读数时,要读至小数点后第二位,即要求估计到 0.01mL。

(5)滴定管的操作方法

滴定管应垂直地夹在滴定管架上。

使用酸式滴定管时,左手握滴定管,无名指和小指向手心弯曲,轻轻贴着出口部分,用其余三指控制旋塞的转动。但应注意,不要向外用力,以免推出旋塞造成漏液,应使旋塞有一点向手心的回力。

使用碱式滴定管时,仍以左手握管,拇指在前,食指在后,其余三指辅助夹住出口管。用拇指和食指捏住玻璃球所在部位,向右边挤橡皮管,使玻璃球移至手心一侧,这样溶液可从玻璃球旁的空隙流出。不要用力捏玻璃球处橡皮管,也不要使玻璃球上下移动。不要捏玻璃球下部橡皮管,以免空气进入形成气泡而影响读数。滴定可在锥形瓶或烧杯内进行。在锥形瓶中进行时,用右手的拇指、食指和中指拿住锥形瓶,其余两指辅助在下侧,使瓶底离滴定台高 2~3cm,滴定管尖伸入瓶口内约 1cm。两手操作姿势如图 5-6 所示。

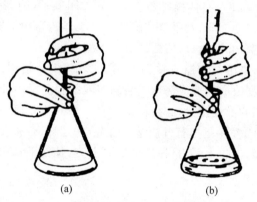

图 5-6 两手操作姿势
(a)酸式滴定管;(b)碱式滴定管

进行滴定操作时,应注意以下几点:

① 每次滴定最好都从 0.00mL 开始,或从接近 0 的同一刻度开始,这样可以减少滴定误差。

② 滴定时,左手不能离开旋塞而任溶液自流。

③ 摇动锥形瓶时,应微动腕关节,使溶液向同一方向旋转,不能前后振动,以免溶液溅出。摇瓶时,不要使瓶口碰到滴定管口上,一定要使溶液旋转出现一漩涡,不能摇动太慢,以免影响化学反应的进行。

④ 滴定时,要观察液滴落点周围颜色的变化,不要只看滴定管上部的体积,而不顾滴定反应的进行。

⑤ 开始时,滴定速率可稍快,为 3~4 滴/s。接近终点时,应改为一滴一滴加入,最后是每加半滴,摇几下锥形瓶,直至溶液出现明显的颜色变化为止。

滴加半滴溶液的方法如下:

对酸式滴定管,可微微转动旋塞,使溶液悬挂在出口管嘴上形成半滴,用锥形瓶内壁将其沾落,再用洗瓶以少量蒸馏水吹洗瓶壁。

对碱式滴定管,应先松开拇指和食指,将悬挂的半滴溶液沾在锥形瓶内壁上,再放开无名指与小指。

滴定结束后,滴定管内的溶液应弃去,不要倒回原试剂瓶中,以免沾污瓶内溶液。然后,洗净滴定管,用蒸馏水充满滴定管,垂直夹在滴定台上,下尖口距底座 $1\sim2\mathrm{cm}$,备用。

3) 容量瓶的使用

容量瓶是一种细颈梨形的平底玻璃瓶,带有磨口瓶塞,瓶颈上刻有环形标线,表示在指定温度下(一般为 20℃)液体到达标线时的体积,这种容量瓶一般是"量入"的容器。容量瓶主要用于把准确称量的试剂配制成准确浓度的溶液,或是将准确浓度的浓溶液稀释成准确浓度的稀溶液。常用容量瓶的体积有 $25\mathrm{mL}$、$50\mathrm{mL}$、$100\mathrm{mL}$、$250\mathrm{mL}$、$1000\mathrm{mL}$ 等多种规格。

容量瓶的正确使用方法如下。

(1) 容量瓶的检查:容量瓶使用前,必须检查瓶塞是否漏水,环形标线的位置距离瓶口是否太近。如果漏水或标线离瓶口太近(不能混匀溶液),则不宜使用。检查瓶塞是否漏水的方法是加水至标线附近,盖好瓶塞后,左手用食指按住瓶塞,其余手指拿住瓶颈标线以上部分,右手用指尖托住瓶底边缘,如图 5-7 所示。将容量瓶倒立 2min,如不漏水,将瓶直立,转动瓶塞 180°后,再倒立 2min,仍不漏水方可使用。不要把容量瓶瓶塞随意放在桌面上,以免沾污或搞错。

(2) 容量瓶的洗涤:洗涤容量瓶时,先用自来水冲洗几次,倒出水后内壁不挂水珠,即可用蒸馏水荡洗三次后,备用。否则,必须用铬酸洗液洗涤,再用自来水充分冲洗,最后用蒸馏水刷洗三次,每次用蒸馏水 $15\sim20\mathrm{mL}$。

(3) 溶液的配制:将准确称量的试剂放在小烧杯中,加入少量蒸馏水,搅拌使其溶解后,沿玻璃棒把溶液转移到容量瓶里,如图 5-8 所示。用蒸馏水刷洗小烧杯内壁三次,每次的洗液按同样操作转移到容量瓶中。当加入的溶液的体积增加至容量瓶容积的 2/3 时,应将容量瓶初步混匀(注意,不能倒转容量瓶!),在接近标线时,可用滴管或洗瓶逐滴加水至弯月面最低点恰好与标线相切。盖紧瓶塞,用食指压住瓶塞,另一只手托住容量瓶底部(图 5-7)。然后,倒转容量瓶,使瓶内气泡上升到顶部,边倒转边摇动,如此反复多次,使瓶内溶液充分混匀。

图 5-7　检查漏水和混匀溶液的操作

图 5-8　转移溶液的操作

容量瓶是量器而不是容器,不宜长期存放溶液。若溶液需保存一段时间,应将溶液转移到试剂瓶中。试剂瓶应先用该溶液刷洗三次,以保证浓度不变。容量瓶不得在烘箱内烘烤,也不允许以任何方式加热。

4)移液管和吸量管的使用

移液管是中间有膨大部分(称为球部)的玻璃管,球部的上部和下部均为较细窄的管径,管径上刻有标线,如图 5-9(a)所示。在标明的温度下,使溶液的弯月面与移液管标线相切,让溶液按一定方式自由流出,则流出溶液的体积与管上标明的体积相同。移液管是用来准确移取一定体积溶液的仪器,常用的有 5mL、10mL、25mL、50mL 等规格。

吸量管是具有分刻度的玻璃管,如图 5-9(b)、(c)、(d)所示。吸量管一般只用于量取小体积的溶液,常用的有 1mL、2mL、5mL、10mL 等规格。有些吸量管的分刻度不是刻到管尖,而是离管尖尚差 1～2cm[图 5-9(d)]。吸量管的准确度不如移液管高。

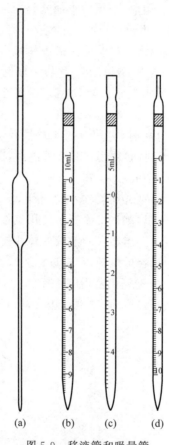

图 5-9　移液管和吸量管

(a)移液管;(b)～(d)吸量管

使用前,移液管和吸量管都应用蒸馏水洗至整个内壁和其下部的外壁不挂水珠,用滤纸将尖端内外的水吸去,然后用欲移取的溶液刷洗三次,以确保所移取溶液的浓度不变。

用移液管移取溶液时,用右手的大拇指和中指拿住管颈上方,将下部的尖端插入溶液中。左手拿洗耳球,先把球中空气压出,然后将球的尖端接在管口上,慢慢松开左手使溶液

吸入管内。当溶液的液面升高到标线以上时,移去洗耳球,立即
用右手的食指按住管口,将移液管下口提出溶液,用干净滤纸片
擦去管下端外部的溶液,然后略放松食指,用拇指和中指轻轻捻
转管身,使液面平稳下降。到溶液的弯月面与标线相切时,立即用
食指压紧管口,使溶液不再流出。取出移液管,插入承接溶液的
器皿中,管的下端靠在器皿内壁,此时移液管应垂直,而承接的器
皿倾斜,松开食指,让管内溶液自然沿器壁流下,如图 5-10 所示。
待液面下降到管尖,约 15s 后拿出移液管。如移液管未注明"吹"
字,则残留在管尖的溶液不能吹入承接器皿中,因为在检定移液
管的体积时,没有把这部分体积计入。

　　用吸量管吸取溶液时,基本上与移液管的操作方法相同。但
吸量管上常标有"吹"字,特别是 1mL 以下的吸量管更是如此,管
尖的溶液必须吹出。实验中,要尽量使用同一支吸量管,以免带
来误差。

　　移液管或吸量管用完后,应放在指定的位置。实验完毕后,
将它分别用自来水、蒸馏水冲洗干净。

图 5-10　放出溶液的操作

5.2　普通化学实验常用仪器

5.2.1　电子天平

　　电子天平是新一代的天平,按照称量的精度,实验室中通常使用 0.1g 精度的电子台秤
(见图 5-11)和 0.1mg 精度的电子天平(见图 5-12)。

　　电子天平利用电子装置完成电磁力补偿的调节,是物体在重力场中实现力的平衡;或
通过电磁矩的调节,使物体在重力场中实现力矩的平衡。电子天平最基本的功能是自动调
零、自动校准、自动扣除空白和自动显示称量结果。

1. 电子天平的外观

　　常用的电子天平如图 5-11、图 5-12 所示。

图 5-11　电子台秤

图 5-12　电子分析天平

2. 电子天平的使用方法

（1）调水平。调整地脚螺栓的高度，使水平仪内空气气泡位于圆环中央。

（2）预热。天平在初次接通电源或长时间断电之后，至少应预热 30min。

（3）开机。接通电源，按开关键，天平显示自检，当显示器显示零时，自检过程即告结束，此时天平准备工作就绪。

（4）校准。首次使用天平之前必须进行校准。

（5）简单称量。将样品放在秤盘上，关上天平门，当显示器上出现为稳定标记的"g"时，准确读数并记录。称量结束，将样品从天平中取出，关上天平门。检查天平是否显示为零。

（6）去皮称量。将洁净干燥的空容器放在天平秤盘上，关上天平门，当显示器上出现为稳定标记的"g"时，显示其重量值；使用去皮键"TARE"，除皮清零。用药匙往天平秤盘上的容器逐渐加入样品直至与要称的重量相近，关上天平门，当显示器上出现为稳定标记的"g"时，则显示样品净重值，准确读数并记录。称量结束，将容器从天平中取出，关上天平门，按"TARE"键归零。

（7）关机。称量完毕，检查天平显示器显示为零。按开关键，关闭电源，登记天平的使用情况。

3. 电子天平的维护和保养

（1）将天平至于稳定的工作台上避免振动、气流及阳光照射。

（2）在使用前调整水平仪气泡至中间位置。

（3）电子天平应按说明书的要求进行预热。

（4）称量易挥发和具有腐蚀性的物品时，要盛放在密闭的容器中，以免腐蚀和损坏电子天平。

（5）经常对电子天平进行校准，保证其处于最佳状态。

（6）如果电子天平出现故障应及时检修，不可带"病"工作。

（7）天平称量操作时，切不可过载称量，以免损坏天平。

（8）若长期不用电子天平时应暂时收藏为好。

4. 电子分析天平

1）电子分析天平基本结构

FA2004 电子分析天平的基本结构见图 5-13。

2）工作原理

电子天平的称量是依据电磁力平衡原理。称量过程是通过支架连杆与一个线圈相连接，该线圈置于固定的永久磁铁——磁钢之中，当线圈通电时自身产生的电磁力与磁钢磁力作用，产生向上的作用力，该力与称量盘中称量物的向下重力达到平衡时，此线圈通入的电流与该物重力成正比。利用该电流大小可计量称量物的重量。其线圈上电流大小的自动控制与计量是通过该天平的位移传感器、调节器和放大器来实现的。当称量盘内物质重量变化时，与称量盘相连的支架连杆带动线圈同步下移，位移使传感器将此信号检出并传递，经调节器和电流放大器调节线圈电流大小，使其产生向上力，推动称量盘及称量物恢复原位置

图 5-13　电子分析天平基本结构

1—秤盘；2—称量座（在秤盘下）；3—气流罩；4—显示窗；5—M 键
6—C 键；7—1/⏻键；8—TARE 键；9—水平泡；10—水平调整脚；11—门玻璃

为止，重新达到线圈电磁力与物重力平衡，此时的电流可计量物重。

电子天平是物质质量计量中唯一可以自动测量、显示并能自动记录、共享和打印结果的天平。其最大程量和精度与分析天平相同，最高读数精度可达 $\pm 0.01\text{mg}$，适用范围很宽。但应注意其称量原理是电磁力与物质的重力相平衡，即直接检出值是 mg 而非物质的质量 m。故该天平使用时，要随时根据当地的纬度和海拔高度校正 g 值，方可获取准确的物质质量数。常量和半微量电子天平一般内部配有标注砝码和质量的校正装置，供随时校正电子天平以便获取准确的质量读数使用。

3）称量方法

（1）固定质量称量法

又称增量法，如图 5-14 所示。此法用于称某一固定质量的试剂或试样。适于称量不易吸潮、在空气中能稳定存在的粉末状或小颗粒（最大颗粒质量小于 0.1mg）样品。

用小烧杯或表面皿（也可用称量纸）放入天平托盘的正中央，关好天平门，待显示平衡后使用除皮键"TARE"，除皮清零，显示屏显示"0.0000g"。然后打开天平门，用药匙往天平托盘上的容器中逐渐加入样品直至与要称的质量相近（样品过多时可取出。注意：取出的样品不能放回原试剂瓶），关上天平门，当显示器上出现为稳定标记的"g"时，则显示样品净重值，准确读数并记录。称量结束，将容器从天平中取出，关上天平门，按"TARE"键归零。

注意：在称量过程中，不能将试剂散落在称量容器以外的地方，称好的试剂必须定量地由称量容器直接转入接收器。

（2）递减称量法

又称减量法。此法用于称量一定质量范围的样品或试剂。在称量过程中样品易吸水、易氧化，或易与 CO_2 反应时，可选择此法。由于称量试样的质量是由两次称量之差求得，故又称差减法。其步骤如下：

从干燥器中取出称量瓶（注意：不要手指直接触及称量瓶和瓶盖），用小纸片夹住称量瓶盖柄，打开瓶盖，用药匙加入适量试样（一般为称一份试样的整数倍），盖上瓶盖。将称量瓶置于天平盘上，待天平稳定后，轻按去皮键，呈现全零状态。称量瓶取出，在接收器的上方，倾斜瓶身，用称量瓶盖轻敲瓶口上部使试样慢慢落入容器中，如图 5-15 所示。当倾出的试样接近所需量时,一边继续用瓶盖轻敲瓶口,一边逐渐将瓶身竖直,使黏附在瓶口上的试样落下,盖好瓶盖,把称量瓶放回天平盘上,准确称量其质量。此时,天平读数显示"－×.××××"字样,其绝对值即为试样的质量。

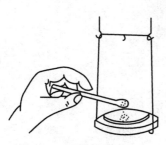

图 5-14　固定质量称量法

图 5-15　试样的敲击方法

4) 使用电子分析天平注意事项

(1) 开关天平侧门,放取被称物时,其动作要轻、缓、稳,切不可用力过猛、过快,以免损坏天平。

(2) 读取称量读数时,要关好天平门。称量读数要立即记录在实验报告本中。

(3) 对于热的或过冷的被称物,应置于干燥器中直至其温度同天平室温度一致后才能进行称量。

(4) 天平的上面门仅供安装、检修和清洁使用,通常不要打开。

(5) 通常在天平箱内放置变色硅胶作干燥剂,当变色硅胶失效后应及时更换。注意保持天平、天平台和天平室的安全、整洁和干燥。

(6) 称量时必须使用指定的天平。如果发现天平不正常,应及时报告老师或实验室工作人员,不得自行处理。称量完成后,应及时对天平进行清理并在天平使用登记本上登记。

5.2.2　磁力搅拌器

磁力搅拌器是实验室工作人员对各种液体进行匀和与搅拌的基础必备仪器,如图 5-16 所示。

1. 磁力搅拌器的使用方法

当使用该仪器时,应首先检查随机配件是否配全,然后按顺序将立柱、连接头、夹具固定在机壳上。把所需搅拌的溶液(瓶)放在工作盘上,并将搅拌子放入溶液中接通电源线,合上电源开关,指示灯亮即开始工作。调速由低速逐步调制高速,不允许高速直接启动,以免搅拌子不同步引起跳动。

2. 使用磁力搅拌器的注意事项

(1) 搅拌时如发现搅拌子跳动或不搅拌时,检查调速旋钮是否在高速或低速,烧瓶烧杯

图 5-16　磁力搅拌器

器皿底面是否平整；

（2）加热时间一般不宜过长，间歇使用可延长寿命；

（3）电源进线是三角插头，接地线应妥善接地，以免漏电伤人。

5.2.3　酸度计

用酸度计进行电位测量是测量 pH 最精密的方法。酸度计由三个部件构成：一个参比电极、一个玻璃电极（图 5-17，其电位取决于周围溶液的 pH）、一个电流计，电流计能在电阻极大的电路中测量出微小的电位差。由于采用最新的电极设计和固体电路技术，现在最好的酸度计可分辨出 0.005pH 单位。

1. 酸度计的基本原理

酸度计中参比电极的基本功能是维持一个恒定的电位，作为测量各种电极电位的对照。甘汞电极（见图 5-18）是目前 pH 中最常用的参比电极。玻璃电极的功能是建立一个对所测量溶液的氢离子活度发生变化作出反应的电位差。玻璃电极一般是用一种导电玻璃吹制成极薄的空心小球，球中装有 $0.1 mol \cdot L^{-1}$ HCl（或一定 pH 的缓冲溶液）和 AgCl（覆盖有 AgCl 的 Ag 丝）。把它插入一待测溶液中，便组成了原电池的一极，例如，

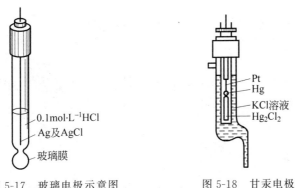

图 5-17　玻璃电极示意图　　　图 5-18　甘汞电极

$$Ag、AgCl(固) \mid HCl\,(0.1mol \cdot L^{-1}) \mid 玻璃 \mid 待测溶液$$

此导电薄玻璃膜把两种溶液隔开,小球内氢离子浓度是固定的,所以该电极的电位随待测溶液 pH 的不同而改变。在 25℃时,

$$\varphi_G = \varphi_G^* - 0.05917pH$$

式中,φ_G、φ_G^* 分别表示上述电极的电位、标准电位。

把对 pH 敏感的电极和参比电极(如甘汞电极)组成一个原电池,并与电压表连接,就可以测定该电池的电动势 E。在 25℃时,

$$E = \varphi_{正} - \varphi_{负} = \varphi_{甘汞} - \varphi_G = \varphi_{甘汞} - (\varphi_G^* - 0.05917pH)$$

$$pH = \frac{E - \varphi_{甘汞} + \varphi_G^*}{0.05917}$$

式中,$\varphi_{甘汞}$ 表示甘汞电极的电极电位,常用的是饱和甘汞电极,在 25℃时其电位为 0.2415V。

若知道了 φ_G^* 的数值,即可从电动势 E 求出 pH;而 φ_G^* 的数值是可以用一已知 pH 的标准缓冲溶液代替待测溶液,从组成原电池的电动势求得的。如果温度恒定,这个电池的电位随待测溶液的 pH 变化而变化,而测量酸度计中的电池产生的电位是困难的,因其电动势非常小,且电路的阻抗又非常大(1～100MΩ);因此,必须把信号放大,使其足以推动标准毫伏表或毫安表。电流计的功能就是将原电池的电位放大若干倍,放大了的信号通过电表显示出,电表指针偏转的程度表示其推动的信号的强度,为了使用上的需要,pH 电流表的表盘刻有相应的 pH 数值;而数字式酸度计则直接以数字显出 pH。

常用的 pH 电极是由玻璃电极和甘汞电极组合在一起的复合电极,这种复合电极使用起来更为方便。

2. pHS-3C 型数显酸度计

PHS-3C 型酸度计是一种数字显示酸度计,它采用蓝色背光、双排数字显示液晶,可同时显示 pH、温度值或电位(mV)、温度值。该仪器级别 0.01 级,测量范围(pH):0.000～14.000,最小显示单位 0.01pH,温度补偿范围:(0～60.0)℃。

1) pHS-3C 型酸度计的外部结构

pHS-3C 型酸度计的外部结构如图 5-19 所示。

2) pHS-3C 型酸度计的使用方法

连接电源线,按"On/Off"键开机,仪器应显示 7.00pH。

(1)设置温度

用温度计测出被测溶液的温度,按"Temp"键,再按 "▲"键或"▼"键调节温度显示为被测溶液的温度,按 "Enter"键完成溶液温度的设置。

(2)标定

准备两种标准溶液。

在 pH 测量状态下,把用蒸馏水清洗过的电极插入第一种缓和溶液中(如 pH=4.00 的

图 5-19 pHS-3C 酸度计

标准缓冲溶液中)。待仪器显示值稳定后,按"Calib"键,仪器上面显示溶液测量值,下面显示仪器自动识别的标准溶液标称值"4.00",并显示"Cali1(标定1)",按"Enter"键,仪器显示"Cali2(标定2)"进入两点标定。

此时如果不需要两点标定,则按"pH/mV"键,仪器完成一点标定,仪器返回测量状态。

用蒸馏水清洗电极,并插入第二种pH缓冲溶液中(如pH=9.18的标准缓冲溶液中),仪器上面显示溶液测量值,下面显示仪器自动识别的标准溶液标称值"9.18",待仪器显示值稳定后,按"Enter"键完成标定,仪器进入测量状态。

(3) 测量

将pH测量电极浸入被测溶液中,用玻璃棒搅拌溶液,使溶液均匀,仪器显示被测溶液的pH。

注意:如果仪器使用中出现死机等不正常现象,先将仪器关机;然后按住"Enter"键不放,再按"On/Off"开机,仪器显示7.00pH和25℃,恢复出厂状态;用户按上述流程进行标定后,仪器即可使用。

(4) 维护

测量结束后,应及时将电极保护套套上。保护套内应放少量外参比溶液,切忌浸泡在蒸馏水中。

复合电极的外参比溶液应高于被测溶液液面10mm以上,注意及时补充外参比溶液。

5.2.4 分光光度计

分光光度法是用于测量待测物质对光的吸收程度,并进行定性、定量分析的仪器。可见分光光度计是实验室常用的仪器,种类、型号较多,按功能分为自动扫描型和非自动扫描型。前者配置计算机可自动测量绘制物质的吸收曲线;后者需手动选择测量波长。

1. 基本原理

物质对光具有选择性吸收,当照射光的能量与分子中的价电子跃迁能级差 ΔE 相等时,该波长的光被吸收。吸光度(也称消光度)A 与该物质的浓度 c 和溶液的厚度 l 的乘积成正比。这叫做朗伯-比尔定律,其数学表达式为:

$$A = k \cdot c \cdot l$$

式中,k 为比例系数,叫做吸光系数,其数值与入射光的波长、溶液的性质及温度有关。

若入射光的波长、温度和比色皿均一定(l 不变)。则吸光度 A 只与物质的浓度 c 成正比。

分光光度计虽然种类、型号较多,但都包括光源、色散系统、样品池及检测显示系统。光源所发出的光经色散装置分成单色光后通过样品池,利用检测装置来测量并显示光的被吸收程度。通常以钨灯作为可见光区光源,波长范围 $360\sim800\mathrm{nm}$。紫外光区以氢灯作为光源。

2. 722型光栅分光光度计

722型光栅分光光度计采用光栅自准式色散系统和单光束结构光路,使用波长范围为 $330\sim800\mathrm{nm}$。

1）722型光栅分光光度计的光学系统

722型光栅分光光度计的光学系统示意图如图5-20所示。

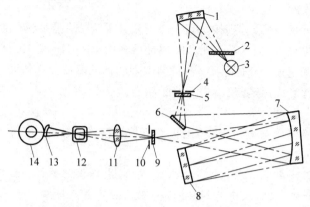

图5-20　722型光栅分光光度计光学系统图

1—聚光镜；2—滤光片；3—钨灯；4—进狭缝；5—保护玻璃；6—反射镜；7—准直镜；

8—光栅；9—保护玻璃；10—出狭缝；11—聚光镜；12—试样；13—光门；14—光电管

钨灯发出的光经滤光片滤光，聚光镜聚光后从进狭缝投向单色器，进狭缝正好处在聚光镜及单色器内准直镜的焦平面上，因此进入单色器的复合光通过平面反射镜反射及准直镜准直变成平行光射向色散元件光栅，光栅将入射的复合光通过衍射作用按照一定顺序均匀排列成连续单色光谱。此单色光谱重新回到准直镜上，由于仪器出射狭缝设置在准直镜的焦平面上，从光栅色散出来的光谱经准直镜后利用聚光原理成像在出射狭缝上，出射狭缝选出指定带宽的单色光通过聚光镜落在试样室被测试样中心，试样吸收后透射的光经光门射向光电管阴极面，由光电管产生的光电流经微电流放大器、对数放大器放大后，在数字显示器上直接显示出试样溶液的透光率、吸光度或浓度数值。

2）722-2000型分光光度计的按键组成

722-2000型分光光度计的按键组成见图5-21。

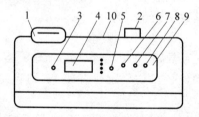

图5-21　722-2000型分光光度计

1—样品室；2—波长控制键；3—电源开/关指示器；4—液晶数字显示；5—方式选择键；

6—"100"控制键；7—"0"控制键；8—打印键；9—浓度/系数键；10—波长读数窗

3）722-2000型分光光度计的使用方法

（1）接通电源，预热仪器15min。

（2）通过波长控制键选择分析波长。

（3）通过按"方式"选择键,选择测定模式(吸光度、透光率、浓度等)。

（4）根据测试方式,选择合适的比色皿。注意:空白、标准样品必须使用相同厚度的比色皿。

（5）把水和其他配制溶液分别装入相应的比色皿中,并按浓度由小到大依次摆放在样品室的比色皿架上。

（6）关闭样品室,通过"100"键,设置空白,直至显示 100.0%或 0.000A。

（7）拉动控制杆(需听到清脆的"咔"声),通过液晶数字显示,分别读出各待测液的吸光度或其他参数。

（8）重复(5)～(7)操作,直至测定结束。

4）比色皿使用注意事项

（1）比色皿包括两个光面(光线通过)、两个毛面,手只能接触毛面。

（2）比色皿须用蒸馏水和待测液洗涤数次。

（3）比色皿装入液不应低于比色皿高度的 2/3。

习　　题

【5-1】　分别指出下列各数有效数字的位数:

9.6000；　23.14；　0.0173；　78；　0.002；　39000；　46005；
0.06010%；　1.56×10^{-10}；　0.00050；　5×10^5；　1000

【5-2】　计算

(1) $0.0121 + 1.0568 + 25.64 = ?$

(2) $10.21 + 0.2 + 256 = ?$

(3) $4.6051 \times 21 = ?$

(4) $c_{(H^+)} = 1.4 \times 10^{-5}$, $pH = -\lg c_{(H^+)} = ?$

(5) $pH = 3.72$, $c_{(H^+)} = ?$

(6) 铝的密度为 $2.70 g/cm^3$,试计算重为 35g 的铝块的体积是多少?

(7) 某学生通过测定 25℃时水的密度以检验水的纯度(从手册查得纯水的密度为 0.9970g/mL),他用量筒量出 25.0mL 水样,并测得其质量为 25.0245g,他应该报告的密度值是多少? 所测得密度的精确程度受到了何种限制?

【5-3】　下列各种仪器,其质量(以"g"计)或体积(以"mL"计)的实际测量读数可读到小数点后几位? 分别举例表示之。

　(1)台秤；　　　　　(2)分析天平；　　　(3)50mL 量筒；

　(4)50mL 滴定管；　(5)25mL 移液管；　　(6)50mL 容量瓶。

第6章

普通化学实验

6.1　电子分析天平的使用

【实验目的】

1. 学习电子分析天平的使用方法，了解电子分析天平的工作原理。

2. 掌握电子分析天平的注意事项。

3. 初步掌握递减称量法的称样方法。

【实验原理】

参见 5.2.1 节。

【仪器、试剂及材料】

仪器：电子分析天平、干燥器、称量瓶、药匙。

试剂及材料：$CuSO_4 \cdot 5H_2O$ 试样(AR)、称量纸、手套。

【实验内容】

1. 电子天平称量操作前准备

(1) 称量前取下防尘布罩，叠好放在天平台上。

(2) 检查天平是否水平，若不水平则需调节水平地脚螺丝，直到气泡位于水平圆圈的中央。

(3) 电子天平连接到交流电源后，预热至少 30min。

2. 开启天平

(1) 按电源开关键，等待天平出现"0.0000g"即可称量。

(2) 若天平未出现"0.0000g"，按"TARE"键清零，当天平出现"0.0000g"时方可称量。

3. 用递减称量法称取 0.8760g(要求称量范围 0.8755～0.8764g)$CuSO_4 \cdot 5H_2O$ 试样

(1) 戴上手套，从干燥器中取出盛有 $CuSO_4 \cdot 5H_2O$ 的称量瓶，拿一张称量纸，放到桌子上待用。将称量瓶置于天平盘上，关上天平门，当显示器上出现为稳定数字时，则显示称量瓶+$CuSO_4 \cdot 5H_2O$ 试样质量 m，准确读数并记录；按"TARE"键去皮清零。

(2) 称量瓶取出，在称量纸的上方，倾斜瓶身，用称量瓶盖轻敲瓶口上部使试样慢慢落入称量纸上(参照图 5-15)。当倾出的试样接近所需量时，一边继续用瓶盖轻敲瓶口，一边逐渐将瓶身竖直,使黏附在瓶口上的试样落下,盖好瓶盖,把称量瓶放回天平盘上,此时,天平读数显示"一×.××××"字样,其绝对值即为倒出试样的质量,其质量记为 m_1。如果所倒试样不够要求的质量,取出称量瓶再向称量纸倾倒试样,再次称量称量瓶,其质量记为 m_2,直到倒出试样满足所要求的质量。

　　如果倒出的试样太多,超出实验要求的范围,只能弃去,再重称一份,千万不要把多倒出的试样再倒回试剂瓶,以免污染试剂瓶里的试剂。

4．称量结束

将称量瓶从天平中取出,关上天平门,按"TARE"键归零。关机,登记天平的使用情况。

【数据记录】

称量瓶＋$CuSO_4 \cdot 5H_2O$ 试样质量记为 m,m：××、××××g

第一次倾出 $CuSO_4 \cdot 5H_2O$ 试样质量记为 m_1,m_1：×、××××g

第二次倾出 $CuSO_4 \cdot 5H_2O$ 后试样质量记为 m_2,m_2：×、××××g

……

【思考题】

递减称量法称量时,从称量瓶中向器皿或称量纸中转移试样时,能否用药匙取?为什么?如果转移试样时,有少许样品未转移到器皿中而撒落到外边,此次称量数据还能否使用?

6.2　化学反应焓变的测定

【实验目的】

1．掌握测定化学反应焓变的原理和方法。

2．学会利用外推法处理实验数据。

3．进一步练习称量、配制溶液和溶液的移取等基本操作。

【实验原理】

在定压下发生化学反应时,系统吸收或放出的热量称为反应热(也称反应的焓变),用 ΔH 表示。系统吸收热量时,ΔH 为正值;系统放出热量时,ΔH 为负值。本实验测定锌粉与硫酸铜反应的焓变。其反应为:

$$Zn + Cu^{2+} =\!=\!= Zn^{2+} + Cu$$

在 298.15K 下,$\Delta H_{298.15}^{\ominus} = -218.67\text{kJ} \cdot \text{mol}^{-1}$。

　　若实验不考虑量热计吸收的热量,则反应放出的热量等于系统中溶液吸收的热量。由溶液的比热和反应前后溶液的温度变化,可求得上述反应的焓变。计算公式如下:

$$\Delta H = -\Delta T \cdot c \cdot V \cdot d \cdot \frac{1}{n} \cdot \frac{1}{1000} (\text{kJ} \cdot \text{mol}^{-1})$$

式中,ΔH——反应的焓变,$\text{kJ} \cdot \text{mol}^{-1}$;

　　　ΔT——反应前后溶液的温度变化,K;

　　　c——溶液的比热近似为水的比热,为 $4.18\text{J} \cdot \text{g}^{-1} \cdot \text{K}^{-1}$;

V——溶液的体积为 100mL；

d——溶液的密度为 $1.0g \cdot mL^{-1}$；

n——V 毫升溶液中溶质的物质的量，mol。

【仪器、试剂及材料】

仪器：电子天平、磁力搅拌器、温度计（$0 \sim +50℃$，具有 0.1℃ 刻度）、烧杯（250mL）、容量瓶（250mL）、量筒（100mL）、反应器。

试剂及材料：硫酸铜 $CuSO_4 \cdot 5H_2O(AR)$、锌粉（CR）。

【实验内容】

1. 准确浓度的硫酸铜溶液的配制

实验前计算好配制 250mL $0.200mol \cdot L^{-1}$ $CuSO_4$ 溶液所需 $CuSO_4 \cdot 5H_2O$ 的质量。

在电子天平上称取所需的 $CuSO_4 \cdot 5H_2O$ 晶体，将其倒入烧杯中，加入 $100 \sim 150mL$ 蒸馏水，放入搅拌子，把烧杯放到磁力搅拌器搅拌。待硫酸铜完全溶解后，将此溶液注入洁净的 250mL 容量瓶中。用少量蒸馏水水淋洗烧杯 $2 \sim 3$ 次，洗涤溶液一并注入容量瓶中（注意：不要超过容量瓶刻度），最后加蒸馏水至刻度。盖紧瓶塞，将瓶内溶液混合均匀。

2. 化学反应焓变的测定

（1）用电子天平称取 3g 锌粉待用。

（2）用量筒量取 100mL 配制好的 $CuSO_4$ 溶液，注入反应器（要求干净）中，放入搅拌子，盖上反应器盖子。

（3）打开磁力搅拌器，调节适当速度搅拌溶液，并用秒表每隔 30s 记录一次温度读数，直至溶液与反应器达到热平衡，即温度保持恒定（约需 1min）。

（4）关闭磁力搅拌器，打开反应器胶塞，迅速将 3g 锌粉倒入反应器中，立即旋紧胶塞，随即打开磁力搅拌器，调速旋钮调至适当转速，充分搅拌溶液，每隔 30s 记录一次温度。记录温度至上升到最高温度数值后再继续测定 3min。以时间 t/min 为横坐标，温度 $T/℃$ 为纵坐标作图。用外推法[①]求得反应前后溶液的温度变化 ΔT，如图 6-1 所示。

（5）实验结束后，小心打开反应器的胶塞，取出搅拌子洗净擦干，等待老师收回。把反应器中反应剩余废液倒入废液回收桶中，将反应器及实验中用过的其他仪器洗净，放回原处。

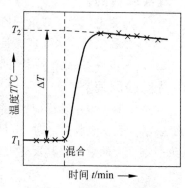

图 6-1   温度校正曲线

【实验前准备的问题】

1. 为什么实验中所用锌粉只需用电子天平称取；而对于所用 $CuSO_4$ 溶液的浓度与体

---

① 由于反应后的温度需要一定时间才能达到最高值，而本实验所用简易反应器又非严格的绝热体系，因此在这段时间内，反应器不可避免地会与环境发生少量热交换。为了校正这部分因素所造成的测定影响，需要通过外推法作图画出温度校正曲线，求出温度的真实改变值 ΔT。

积则要求比较精确?

2. 在做温度校正曲线图时纵坐标温度 T 的单位直接用实验测得的摄氏温度而没有用开氏温度,会影响 ΔH 的计算吗?

3. 如何配制 250mL 0.200mol·L^{-1} $CuSO_4$ 溶液? 操作中有哪些应注意之处?

4. 对于所用反应器是否允许有残留的洗涤水滴? 为什么?

6.3 乙酸解离度和解离常数的测定

【实验目的】

1. 掌握 pH 法测定弱酸解离平衡常数的原理和方法。

2. 加深对弱电解质解离平衡的理解。

3. 学习 pH 计的使用方法。

4. 练习滴定管和移液管的基本操作。

【实验原理】

乙酸是弱电解质,在水溶液中存在着下列解离平衡:

$$HAc \rightleftharpoons H^+ + Ac^-$$

起始时浓度/(mol·L^{-1}) c 0   0

平衡时浓度/(mol·L^{-1}) $c - c\alpha$ $c\alpha$ $c\alpha$

其解离常数的表达式为:

$$K_a = \frac{[H^+][Ac^-]}{[HAc]} = \frac{(c\alpha)^2}{c - c\alpha} = \frac{c\alpha^2}{1-\alpha}$$

式中,c 表示乙酸的起始时浓度,α 表示乙酸的解离度。

在一定温度下,用 pH 计(酸度计)测定一系列已知浓度的乙酸的 pH,根据 pH = $-\lg[H^+]$,换算出 $[H^+]$。根据 $[H^+] = c\alpha$,即可求得一系列对应乙酸的解离度 α 和 $\frac{c\alpha^2}{1-\alpha}$ 值。在一定温度下,$\frac{c\alpha^2}{1-\alpha}$ 值近似为一常数,取所得的一系列 $\frac{c\alpha^2}{1-\alpha}$ 的平均值,即为该温度时乙酸的解离常数 K_a。

【仪器、试剂及材料】

仪器:pH 计、酸式滴定管(50mL、100mL)、碱式滴定管(50mL)、移液管(25mL)、锥形瓶(250mL)、小烧杯(100mL)、滴定管夹、吸气橡皮球、温度计。

试剂及材料:HAc(约 0.1mol·L^{-1})、缓冲溶液(定位液 pH = 4.00)、标准 NaOH 溶液、酚酞(1%)。

【实验内容】

1. HAc 溶液浓度的标定

用移液管精确量取 2 份 25.00mL 约 0.1mol·L^{-1} HAc 溶液,分别注入 2 只 250mL 锥形瓶中,各加入 2 滴酚酞指示剂。

分别用标准 NaOH 溶液滴定至溶液呈浅红色经摇荡后半分钟不消失为止。分别记下滴定前和滴定终点时滴定管中 NaOH 液面的读数,算出所用 NaOH 溶液的体积,从而求得 HAc 溶液的精确浓度。

2. 不同浓度的 HAc 溶液的配制和 pH 的测定

在干燥的 100mL 小烧杯中,用酸式滴定管加入已标定的 HAc 溶液 15.00mL,接近所要刻度时应一滴一滴地加入。再用另一只盛有蒸馏水的滴定管(酸式滴定管均可),往此烧杯中加入 15.00mL 蒸馏水,摇匀。求出上述 HAc 溶液的精确浓度。另取干燥的 100mL 小烧杯,用酸式滴定管加入已标定的 HAc 溶液 30.00mL。

将上述两溶液由稀到浓,分别用酸度计测定它们的 pH,记录各份溶液的 pH 及实验时的温度。计算各溶液中 HAc 的解离常数。

【实验前准备的问题】

1. 本实验测定 HAc 解离常数的原理是什么?
2. 若改变所测 HAc 溶液的浓度或温度,对解离常数有无影响?
3. 怎样配制不同浓度的 HAc 溶液? 如何计算?
4. 弱电解质的解离度与溶液的 $[H^+]$ 和溶液浓度之间的关系如何? 如何知道 pH 计已校正好?

6.4　配合物的形成和性质

【实验目的】

1. 了解几种不同类型的配离子的形成。
2. 从配离子的解离平衡及其移动,了解稳定常数的意义。
3. 熟悉试管的使用等基本操作。

【实验原理】

1. 配合物和配离子的形成

由一个简单的正离子和几个中性分子或负离子结合而形成的复杂离子叫做配离子。带有正电荷的配离子叫做正配离子,带有负电荷的配离子叫做负配离子,含有配离子的化合物叫做配合物。

2. 配离子的解离平衡

配离子在溶液中也能或多或少地解离成简单离子或分子。溶液中存在下列解离平衡:

$$Cu^{2+} + 4NH_3 \rightleftharpoons [Cu(NH_3)_4]^{2+}$$

$$K_稳 = \frac{[Cu(NH_3)_4^{2+}]}{[Cu^{2+}][NH_3]^4}$$

此平衡常数叫做稳定常数 $K_稳$,表示该配离子解离成简单离子的趋势的大小,也就是表示该配离子的稳定程度。

配离子的解离平衡也是一种离子平衡,能向着生成更难解离或更难溶解的物质的方向移动。例如,在$[Fe(SCN)]^{2+}$配离子溶液中加入F^-,则反应向着生成稳定常数更大的$[FeF_6]^{3-}$配离子方向进行。

【仪器、试剂及材料】

仪器:试管、试管架、滴瓶、洗瓶。

试剂:

酸:HCl(浓)、H_2SO_4($1mol \cdot L^{-1}$);

碱:$NH_3 \cdot H_2O$($2mol \cdot L^{-1}$,$6mol \cdot L^{-1}$)、$NaOH$($0.1mol \cdot L^{-1}$);

盐:$AgNO_3$($0.1mol \cdot L^{-1}$)、$CuCl_2$($1mol \cdot L^{-1}$)、

$CuSO_4$($0.1mol \cdot L^{-1}$)、$FeCl_3$($0.1mol \cdot L^{-1}$)、

KI($0.1mol \cdot L^{-1}$)、KBr($0.1mol \cdot L^{-1}$)、

$NaCl$($0.1mol \cdot L^{-1}$)、$KSCN$($0.1mol \cdot L^{-1}$)、

Na_2CO_3($0.1mol \cdot L^{-1}$)、Na_2S($0.1mol \cdot L^{-1}$)、

NaF($0.1mol \cdot L^{-1}$)、$Na_2S_2O_3$($1mol \cdot L^{-1}$,饱和溶液)。

【实验内容】

1. 配合物的制备(含正配离子的配合物)

往试管中加入约$2mL$ $0.1mol \cdot L^{-1}$ $CuSO_4$溶液,逐滴加入$2mol \cdot L^{-1}$氨水溶液,直到最初生成的沉淀溶解为止。保留此溶液供下面实验用。

2. 配离子的解离平衡及其移动

1) 配离子的解离

把上述实验中所得的$[Cu(NH_3)_4]SO_4$溶液平均分装在 3 支试管中,向第 1 支试管中滴入 1~2 滴 $0.1mol \cdot L^{-1}$ Na_2S溶液,第 2 支试管中滴入 1~2 滴 $0.1mol \cdot L^{-1}$ $NaOH$溶液,第 3 支试管中,逐滴加入 $1 mol \cdot L^{-1}$ H_2SO_4溶液。观察现象并简单解释之。

2) 配离子的形成与转化

(1) 向 1 支试管中加入$0.5mL$ $1mol \cdot L^{-1}$ $CuCl_2$溶液,逐滴加入浓 HCl,观察溶液颜色的变化;然后再逐滴加蒸馏水稀释,观察现象。

(2) 向 1 支试管中加入 2 滴 $0.1mol \cdot L^{-1}$ $FeCl_3$溶液,加水稀释至无色,加入 1~2 滴 $0.1mol \cdot L^{-1}$ $KSCN$溶液,再逐滴加入 $0.1mol \cdot L^{-1}$ NaF溶液。观察现象并简单解释之。

3) 稳定常数与溶度积对平衡的影响

向 1 支试管中,加入 5 滴 $0.1mol \cdot L^{-1}$ $AgNO_3$溶液,然后按下列次序进行试验[①],并写出每一步骤的反应现象及生成物的化学式。

(1) 滴加 $0.1mol \cdot L^{-1}$ Na_2CO_3溶液至生成沉淀;

(2) 滴加 $2mol \cdot L^{-1}$氨水溶液至沉淀刚溶解;

---

① 进行本实验时,凡是生成沉淀的步骤,沉淀量要少,即到刚生成沉淀为宜。凡是使沉淀溶解的步骤,加入溶液量越少越好,即使沉淀刚溶解为宜。因此,溶液必须逐滴加入,且边滴边摇。

（3）加入 1 滴 $0.1mol \cdot L^{-1}$ NaCl 溶液至生成沉淀；

（4）滴加 $6mol \cdot L^{-1}$ 氨水溶液至沉淀刚溶解；

（5）加入 1 滴 $0.1mol \cdot L^{-1}$ KBr 溶液至生成沉淀；

（6）滴加 $1mol \cdot L^{-1}$ $Na_2S_2O_3$ 溶液，边滴边剧烈摇荡至沉淀刚溶解；

（7）加入 1 滴 $0.1mol \cdot L^{-1}$ KI 溶液至生成沉淀；

（8）滴加 $Na_2S_2O_3$ 饱和溶液至沉淀刚溶解；

（9）滴加 $0.1mol \cdot L^{-1}$ Na_2S 溶液至生成沉淀。

【实验前准备的问题】

1. 配离子是怎样形成的？它与简单离子有什么区别？如何证明？

2. 本实验中有哪些因素能使配离子的平衡发生移动？举例说明。

若往 $[Ag(NH_3)_2]^+$ 或 $[Ag(S_2O_3)_2]^{3-}$ 溶液中，加入 KI 溶液，情况如何？试分别讨论之。

6.5 三价铁离子与磺基水杨酸配合物的组成与稳定常数的测定

【实验目的】

1. 了解用比色法测定配合物的组成和稳定常数的原理和方法。

2. 学习分光光度计的使用方法。

3. 学习用计算机处理有关实验数据的方法。

【实验原理】

当一束波长一定的单色光通过盛在比色皿中的有色溶液时，有一部分光被有色溶液吸收，一部分透过。设 c 为有色溶液浓度，l 为有色溶液（比色皿）厚度，则吸光度（也称消光度）A 与有色溶液的浓度 c 和溶液的厚度 l 的乘积成正比。这叫做朗伯-比尔定律，其数学表达式为：

$$A = k \cdot c \cdot l$$

式中，k 为比例系数，叫做吸光系数，其数值与入射光的波长、溶液的性质及温度有关。

若入射光的波长、温度和比色皿均一定（l 不变）。则吸光度 A 只与有色溶液浓度 c 成正比。

设中心离子 M 和配位体 L 在给定条件下反应，只生成一种有色配离子或配合物 ML_n（略去配离子电荷数），即：

$$M + nL \rightleftharpoons ML_n$$

若 M 与 L 都是无色的，则此溶液的吸光度 A 与该有色配离子或配合物的浓度成正比。据此可用浓比递变法（或称等摩尔系列法）测定该配离子或配合物的组成和稳定常数，具体方法如下：

配制一系列含有中心离子 M 与配位体 L 的溶液，M 与 L 的总摩尔数相等，但各自的摩尔分数连续改变，例如 L 的摩尔分数依次为 0.00、0.10、0.20、0.30、…、0.90、1.00。在一定波长的单色光中分别测定这系列溶液的吸光度 A，有色配离子或配合物的浓度越大，溶液颜色越深,其吸光度越大,当 M 和 L 恰好全部形成配离子或配合物时(不考虑配离子的解离),ML_n 的浓度最大,吸光度也最大,若以吸光度 A 为纵坐标,以配位体的摩尔分数为横坐标作图,可以求得最大的吸光度处。

例加,从图 6-2 可以看出,延长曲线两边的直线部分,相交于 O 点,O 点即为最大吸收处,对应配位体的摩尔分数为 0.5,则中心离子的摩尔分数为:$1-0.5=0.5$。所以

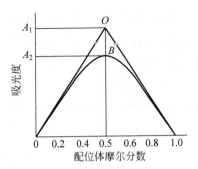

图 6-2　配位体摩尔分数与吸光度 A 关系图

$$\frac{配位体摩尔数}{中心离子摩尔数}=\frac{配位体摩尔分数}{中心离子摩尔分数}=\frac{0.5}{0.5}=1$$

由此可知,该配离子或配合物的组成为 ML 型。

配离子的稳定常数可根据图 6-2 求得。从图 6-2 还可以看出,对于 ML 型配离子或配合物,若它全部以 ML 形式存在,则其最大吸光度在 O 处,对应的吸光度为 A_1;但由于配合物有一部分解离,其浓度要稍小一些,实际测得的最大吸光度在 B 处,相应的吸光度为 A_2。此时配合物或配离子的解离度为:

$$\alpha=\frac{A_1-A_2}{A_1}$$

配离子或配合物 ML 的稳定常数与解离度的关系如下:

$$ML \Longleftrightarrow M+L$$

起始时浓度$(mol \cdot L^{-1})$　　　　　c　　　　0　　　0

平衡时浓度$(mol \cdot L^{-1})$　　$c-c\alpha$　　$c\alpha$　　$c\alpha$

$$K_{稳}^{\ominus}=\frac{c_{(ML)}}{c_{(M)}c_{(L)}}=\frac{1-\alpha}{c\alpha^2}$$

式中,c 表示 O 点对应的中心离子的摩尔浓度,$c_{(Fe^{3+})}=2.50\times10^{-4}\ mol \cdot L^{-1}$。

磺基水杨酸与 Fe^{3+} 离子形成的螯合物的组成因 pH 不同而不同,pH $=2\sim3$ 时,生成紫红色的螯合物(有一个配位体),反应可表示如下:

$$Fe^{3+}+HO_3S\!\!-\!\!\bigcirc\!\!-OH \Longleftrightarrow HO_3S\!\!-\!\!\bigcirc\quad +2H^+$$

pH 为 $4\sim9$ 时,生成红色的螯合物(有两个配位体);pH 为 $9\sim11.5$ 时,生成黄色螯合物(有三个配位体);pH 大于 12 时,有色螯合物将被破坏而生成 $Fe(OH)_3$ 沉淀。

本实验是在 $HClO_4$ 做介质、pH 小于 2.5 的条件下进行测定的。

【仪器、试剂及材料】

仪器:烧杯(50mL,11 只;600mL,1 只)、分光光度计、移液管(10mL,5 只)、吸耳球、玻璃棒。

试剂:高氯酸 $HClO_4(0.0100mol \cdot L^{-1})$;$0.00100mol \cdot L^{-1}$ Fe^{3+} 标准溶液;

$0.00100mol \cdot L^{-1}$ 磺基水杨酸标准溶液。

【实验内容】

1. 系列溶液的配制

用 3 只 10mL 刻度移液管按表 6-1 的数量分别移取 $0.0100mol \cdot L^{-1}$ $HClO_4$、$0.00100mol \cdot L^{-1}$ Fe^{3+}、$0.00100mol \cdot L^{-1}$ 磺基水杨酸标准溶液注入已编号的干燥的 50mL 小烧杯中,摇匀各溶液。

表 6-1 系列溶液的配制表

溶液编号	$0.0100mol \cdot L^{-1}$ $V_{(HClO_4)}/mL$	$0.00100mol \cdot L^{-1}$ $V_{(Fe^{3+})}/mL$	$0.00100mol \cdot L^{-1}$ $V_{(磺基水杨酸)}/mL$
[1]	10.0	10.0	0.0
[2]	10.0	9.0	1.0
[3]	10.0	8.0	2.0
[4]	10.0	7.0	3.0
[5]	10.0	6.0	4.0
[6]	10.0	5.0	5.0
[7]	10.0	4.0	6.0
[8]	10.0	3.0	7.0
[9]	10.0	2.0	8.0
[10]	10.0	1.0	9.0
[11]	10.0	0.0	10.0

2. 浓比递变法测定配离子或配合物的吸光度

(1) 接通分光光度计电源,并调整好仪器,选定波长为 500nm。

(2) 取 4 只 1cm 的比色皿,往一只中加入蒸馏水(用做参比溶液,放在比色皿框中第一个格内),其余 3 只分别加入上面配制的[1]、[2]和[3]号溶液至 2/3 处;测定各溶液吸光度,并记录(每次测定,需等数字稳定 30s,并且注意核对记录数据)。

(3) 保留装蒸馏水的比色皿,供校零点使用,其余 3 只分别换入编号为[4]、[5]和[6]号溶液,直至测完所有编号溶液。

3. 用 Excel 电子表格处理实验数据

利用 Excel 电子表格绘制出配位体摩尔分数与所测吸光度 A 关系图,并根据关系图中得到有关数据计算出配合物或配离子的组成和稳定常数。

【实验前准备的问题】

1. 本实验测定配合物或配离子组成及稳定常数的原理如何? 能否用 $0.0100mol \cdot L^{-1}$ Fe^{3+} 代替 $0.00100mol \cdot L^{-1}$ Fe^{3+} 进行测定? 为什么?

2. 浓比递变法的测定原理如何? 如何用作图法计算出配合物或配离子组成及稳定常数?

3. 移液管在使用时,应注意哪些问题?

4. 比色皿在使用时,应注意哪些问题?

6.6　解离平衡与沉淀反应研究

【实验目的】

1. 加深对解离平衡、同离子效应、盐类水解等理论的理解。
2. 学习缓冲溶液的配制并了解它的缓冲作用。
3. 了解沉淀的生成和溶解的条件。
4. 练习 pH 计的使用。
5. 练习离心机的使用。

【实验原理】

弱电解质(弱酸或弱碱)在水溶液中都发生部分解离,解离出来的离子与未电离的分子间处于平衡状态,例如醋酸(HAc):

$$HAc \longrightarrow H^+ + Ac^-$$

如果往溶液中增加更多的 Ac^-(比如加入 NaAc)或 H^+ 都可以使平衡向左方移动,降低 HAc 的解离度,这种作用称为同离子效应。

在 H^+ 浓度($mol \cdot L^{-1}$)小于 1 的溶液中,其酸度常用 pH 表示,其定义为:

$$pH = -lg[H^+]$$

25℃时,在中性溶液和纯水中,$[H^+] = [OH^-] = 10^{-7} \ mol \cdot L^{-1}$,pH = pOH = 7,在碱性溶液中 pH > 7,在酸性溶液中 pH < 7。

如果溶液中同时存在着弱酸以及其盐,例如 HAc 和 NaAc,这时加入少量的酸可被 Ac^- 结合为解离度很小的 HAc 分子,加入少量的碱则被 HAc 所中和,溶液的 pH 始终改变不大,这种溶液称为缓冲溶液;同理,弱碱及其盐也可组成缓冲溶液。

弱酸和强碱,或弱碱和强酸以及弱酸和弱碱所生成的盐,在水溶液中都发生水解,例如,

$$NaAc + H_2O \longrightarrow NaOH + HAc \quad 或 \quad Ac^- + H_2O \longrightarrow OH^- + HAc$$

$$NH_4Cl + H_2O \longrightarrow NH_3 \cdot H_2O + HCl$$

或　　　　$$NH_4^+ + H_2O \longrightarrow H^+ + NH_3 \cdot H_2O$$

根据同离子效应,往溶液中加入 H^+ 或 OH^- 就可以阻止它们(NH_4^+ 或 Ac^-)水解,另外,由于水解是吸热反应,所以加热则可促使盐的水解。

难溶强电解质在一定温度下与它的饱和溶液中的相应离子处于平衡状态,例如:

$$AgCl \longrightarrow Ag^+ + Cl^-$$

它的平衡常数就是饱和溶液中两种离子浓度的乘积,称为溶度积 $K_{sp}^{\ominus}(AgCl)$。只要溶液中两种离子浓度乘积大于其溶度积,便有沉淀产生,反之如果能降低饱和溶液中某种离子的浓度,使两种离子浓度乘积小于其溶度积,则沉淀便会溶解。例如,在上述饱和溶液中加入 $NH_3 \cdot H_2O$,使 Ag^+ 转为 $[Ag(NH_3)_2]^+$,AgCl 沉淀便可溶解。根据类似的原理,往溶液中加入 I^-,它便与 Ag^+ 结合为溶解度更小的 AgI 沉淀,这时溶液中 Ag^+ 浓度减小了,对于 AgCl 来说已成为不饱和溶液,而对于 AgI 来说,只要加入足够量的 I^-,便是过饱和溶液。结果,一方面 AgCl 不断溶解;另一方面不断有 AgI 沉淀生成,最后 AgCl 沉淀全部转化为 AgI 沉淀。

【仪器、试剂及材料】

仪器：pH 计、离心机、试管、烧杯(100mL)。

试剂及材料：NaAc(固)、NH_4Cl(固)、$Fe(NO_3)_3 \cdot 9H_2O$(固)、HCl($0.1mol \cdot L^{-1}$，$2mol \cdot L^{-1}$，$6mol \cdot L^{-1}$)、HAc($0.1mol \cdot L^{-1}$，$2mol \cdot L^{-1}$)、HNO_3($6mol \cdot L^{-1}$)、NaOH($0.1mol \cdot L^{-1}$，$2mol \cdot L^{-1}$)、$NH_3 \cdot H_2O$($0.1mol \cdot L^{-1}$，$2mol \cdot L^{-1}$)、$FeCl_3$($0.1mol \cdot L^{-1}$)、$Pb(NO_3)_2$($0.1mol \cdot L^{-1}$)、Na_2SO_4($0.1mol \cdot L^{-1}$)、K_2CrO_4($0.1mol \cdot L^{-1}$)、$AgNO_3$($0.1mol \cdot L^{-1}$)、NaAc($0.1mol \cdot L^{-1}$)、NaCl($0.1mol \cdot L^{-1}$)、NH_4Cl($0.1mol \cdot L^{-1}$、饱和)、$NaCO_3$($0.1mol \cdot L^{-1}$)、NH_4Ac($0.1mol \cdot L^{-1}$)、$SbCl_3$($0.1mol \cdot L^{-1}$)、$NH_4C_2O_4$(饱和)、$CaCl_2$($0.1mol \cdot L^{-1}$)、$MgCl_2$($0.1mol \cdot L^{-1}$)、$NaHCO_3$($0.1mol \cdot L^{-1}$)、$Al_2(SO_4)_3$($0.1mol \cdot L^{-1}$)、广泛 pH 试纸和精密 pH 试纸($3.8 \sim 5.4$；$7.4 \sim 9.0$)、甲基橙、酚酞。

【实验内容】

1. 溶液的 pH

在点滴板上，用 pH 试纸测试浓度各为 $0.1mol \cdot L^{-1}$ 的 HCl、HAc、NaOH、$NH_3 \cdot H_2O$ 溶液的 pH，并与计算值作一比较(HAc 和 $NH_3 \cdot H_2O$ 的解离常数均为 1.8×10^{-5})。

2. 同离子效应和缓冲溶液

(1) 在一小试管中加入约 2mL $0.1mol \cdot L^{-1}$ HAc 溶液，加入 1 滴甲基橙，观察溶液的颜色，然后加入少量固体 NaAc，观察颜色有何变化？解释之。

(2) 在一小试管中加入约 2mL $0.1mol \cdot L^{-1}$ $NH_3 \cdot H_2O$ 溶液，加入 1 滴酚酞，观察溶液的颜色，然后加入少量固体 NH_4Cl，观察颜色变化，并解释之。

(3) 在一小烧杯中加入 5mL $0.1mol \cdot L^{-1}$ HAc 和 5mL $0.1mol \cdot L^{-1}$ NaAc，搅拌均匀后，用 pH 计或精密 pH 试纸测试溶液的 pH。然后将溶液分成两份：第一份加入 3 滴 $0.1mol \cdot L^{-1}$ NaOH 溶液，摇匀，用 pH 计或 pH 试纸测试其 pH；第二份中加入 3 滴 $0.1mol \cdot L^{-1}$ HCl 溶液，用 pH 计或 pH 试纸测其 pH。解释所观察到的现象。

(4) 在一小烧杯中加入 10mL 蒸馏水，用 pH 试纸测其 pH。再将其分成两份，在一份中加入 3 滴 $0.1mol \cdot L^{-1}$ HCl 溶液，测其 pH；在另一份中加入 3 滴 $0.1mol \cdot L^{-1}$ NaOH 溶液，测其 pH。与上一实验作一比较，得出什么结论？

3. 盐类水解和影响水解平衡的因素

(1) 在点滴板上，用精密 pH 试纸和广泛 pH 试纸测浓度为 $0.1mol \cdot L^{-1}$ 的 NaCl、NH_4Cl、Na_2CO_3 和 NH_4Ac 溶液的 pH，解释所观察到的现象，pH 有什么不同？

(2) 取少量(两粒绿豆大小)固体 $Fe(NO_3)_3 \cdot 9H_2O$，用 6mL 水溶解后观察溶液的颜色，然后分成三份，第一份留作比较，第二份加几滴 $6mol \cdot L^{-1}$ HNO_3，第三份小火加热煮沸，观察现象，加入 HNO_3 或加热对水解平衡有何影响？试加以说明。

(3) 取约 0.5mL $SbCl_3$ 溶液加水稀释，观察有无沉淀生成？加入 $6mol \cdot L^{-1}$ HCl，沉淀

是否溶解？再加水稀释，是否再有沉淀生成？加以解释。$SbCl_3$ 的水解过程总反应式：

$$SbCl_3 + H_2O \longrightarrow SbOCl\downarrow + HCl$$

（4）用 pH 试纸测 $0.1mol \cdot L^{-1} Al_2(SO_4)_3$ 和 $0.1mol \cdot L^{-1} NaHCO_3$ 溶液的 pH，并取 $1mL \ NaHCO_3$ 溶液于小试管中，逐滴加入 $Al_2(SO_4)_3$ 溶液，观察有何现象，试从水解平衡的移动解释所看到的现象。

4．沉淀的生成和溶解

（1）在两支小试管中分别加入约 $0.5mL$ 饱和 $(NH_4)_2C_2O_4$ 溶液和 $0.5mL$ $0.1mol \cdot L^{-1} CaCl_2$ 溶液，观察白色 CaC_2O_4 沉淀的生成，然后在一支试管内加入 $2mol \cdot L^{-1} HCl$ 溶液约 $2mL$，搅拌，看沉淀是否溶解？在另一支试管中加入 $2mol \cdot L^{-1} HAc$ 溶液约 $2mL$，沉淀是否溶解？加以解释。

（2）在两支小试管中分别加入约 $0.5mL$ $0.1mol \cdot L^{-1} MgCl_2$ 溶液，并逐滴加入 $2mol \cdot L^{-1} NH_3 \cdot H_2O$ 至有白色沉淀 $Mg(OH)_2$ 生成，然后在第一支试管中加入 $2mol \cdot L^{-1} HCl$ 溶液，沉淀是否溶解？在第二支试管中加入饱和 NH_4Cl 溶液，沉淀是否溶解？加入 HCl 和 NH_4Cl 对平衡各有何影响？

（3）$Ca(OH)_2$、$Mg(OH)_2$ 和 $Fe(OH)_3$ 的溶解度比较。

（4）在三支试管中分别取约 $0.5mL$ $0.1mol \cdot L^{-1} CaCl_2$、$MgCl_2$ 和 $FeCl_3$ 溶液，各加入 $2mol \cdot L^{-1} NaOH$ 溶液数滴，观察并记录三支试管中有无沉淀生成。

（5）用 $2mol \cdot L^{-1} NH_3 \cdot H_2O$ 取代 $2 \ mol \cdot L^{-1} NaOH$，重复实验（4）。

（6）在三支试管中分别取约 $0.5mL$ $0.1mol \cdot L^{-1} CaCl_2$、$MgCl_2$ 和 $FeCl_3$ 溶液，分别加入 $0.5mL$ 饱和 NH_4Cl 和 $2mol \cdot L^{-1} NH_3 \cdot H_2O$ 的混合溶液（体积比为 $1:1$），观察并记录三支试管中有无沉淀产生。

通过（4）～（6）三个试验比较 $Ca(OH)_2$、$Mg(OH)_2$ 和 $Fe(OH)_3$ 的溶解度的相对大小，并与手册中查得的数值比较，看是否一致？

5．沉淀的转化

（1）在一支试管中加入 4 滴 $0.1mol \cdot L^{-1} Pb(NO_3)_2$ 溶液，再加入 4 滴 $0.1mol \cdot L^{-1} Na_2SO_4$，观察白色沉淀生成，然后再加入几滴 $0.1mol \cdot L^{-1} K_2CrO_4$ 溶液，搅拌，观察白色 $PbSO_4$ 沉淀转化为黄色 $PbCrO_4$ 沉淀，写出反应式并根据溶度积原理解释。

（2）在离心试管中加入 2 滴 $0.1mol \cdot L^{-1} AgNO_3$，再加入 1 滴 $0.1mol \cdot L^{-1} K_2CrO_4$ 溶液，观察砖红色 Ag_2CrO_4 沉淀生成，沉淀经离心，洗涤，然后加入 $0.1mol \cdot L^{-1} NaCl$ 溶液，观察砖红色沉淀转化为白色 AgCl 沉淀，写出反应式并解释。

6.7　电化学分析法测定饮料中糖的含量

【实验目的】

1．了解电化学分析法，熟悉循环伏安法的基本原理和测量技术。

2．掌握 LK2010 电化学分析系统的基本操作。

3. 学会用循环伏安法进行样品测定的实验方法。

【实验原理】

电化学分析法是根据物质的电化学性质进行化学表征和测量的分析方法。它通常是将待测对象形成一个化学电池,通过直接测定电流、电势、电导等物理量,从而实现对待测物质的分析。其中,循环伏安法是指以测定电解过程中的电流 - 电势参量变化(伏安曲线)来进行定量、定性分析的电化学分析方法。

循环伏安法是一种特殊的氧化还原分析方法,其特殊性主要表现在实验是在三电极电解池里进行,如图 6-3 所示。w 为工作电极(本实验中用铜电极),s 为参比电极(本实验中用饱和氯化银电极),a 为辅助电极(本实验中用铂电极)。当将一快速变化的电势信号作用于工作电极和参比电极之间,在正向扫描(电势变负)时,在工作电极上发生还原反应,产生阴极电流而指示电极表面附近待测组分浓度变化的信息;工作电极电势达到开关电势时,将扫描方向反向(电势

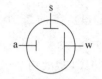

图 6-3   三电极工作
原理示意图

为正)时,被还原的物质重新氧化产生阳极电流,这样所得到的电流-电势(I/E)曲线成为循环伏安曲线。循环伏安曲线显示一对峰,称为氧化还原峰。在一定的操作条件下,氧化还原峰高度与氧化还原组分的浓度成正比,可利用其进行物质的定量分析。

【仪器、试剂及材料】

仪器:LK2010 电化学分析系统(天津兰力科仪器有限公司)、三电极工作体系(Ag/AgCl 电极、Pt 电极、Cu 电极)、电子天平、超声波清洗仪、烧杯、玻璃棒。

试剂及材料:葡萄糖(分析纯)、NaOH 溶液($0.10mol \cdot L^{-1}$)、市售各种饮料、砂纸、滤纸。

【实验内容】

1. 铜电极的处理

电化学实验的灵敏度极高,电极上任何杂质的存在都会影响实验结果。未处理的铜电极表面是粗糙的,并且有杂质附着,所以在实验前必须对电极表面进行处理。电极处理步骤如下:砂纸打磨光亮→超声水浴清洗→利用电化学分析系统对电极进行循环扫描,最后得到如图 6-4 所示的循环伏安曲线图,电极即可使用。

实验参数设置:起始电势为 $-1.0V$,电势扫描上限为 $0.8V$,电势扫描下限为 $-1.0V$,扫描方向从起始电势向下,电势扫描速度为 $0.02V/s$,扫描段数为 2,平衡时间为 $3s$,灵敏度设定为 $1mA/V$,滤波设置为 $50Hz$。

2. 葡萄糖标准溶液的配置

先称取 $0.99g$ 葡萄糖固体,用 $0.10mol \cdot L^{-1}$ NaOH 溶液溶解后,配置成 $0.10mol \cdot L^{-1}$ 葡萄糖溶液。再按照一定的比例,用 $0.10mol \cdot L^{-1}$ NaOH 溶液将其稀释成浓度分别为 $0.5mmol \cdot L^{-1}$、$1.0mmol \cdot L^{-1}$、$5.0mmol \cdot L^{-1}$、$8.0mmol \cdot L^{-1}$、$10.0mmol \cdot L^{-1}$、$15.0mmol \cdot L^{-1}$ 的待测溶液,备用。

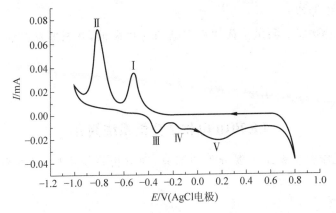

图 6-4 常温下铜电极在 $NaOH(0.10mol \cdot L^{-1})$ 溶液中的循环伏安曲线

3. 葡萄糖标准曲线的绘制

将三电极分别插入电极夹中,要保证电极浸入电解质溶液中。将电化学工作站的绿色夹子接铜电极,黄色夹子接饱和氯化银电极,红色夹子接铂电极。采用扫描铜电极时的参数设置,按照从低浓度到高浓度的顺序进行测量。以浓度为横坐标、电流为纵坐标作图,得出如图 6-5 所示的标准曲线。

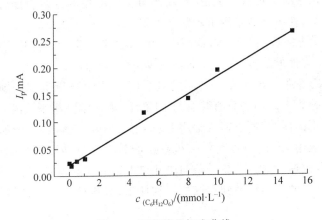

图 6-5 葡萄糖的标准曲线

4. 市售饮料葡萄糖的测定

实验时先准备几种含糖分的饮料,市售饮料中的糖分一般都比较高,实验前用 $0.10mol \cdot L^{-1}$ 的 NaOH 溶液按体积比 1∶100 的比例稀释,再用铜电极通过循环伏安法进行实验,得到稀释后饮料的峰电流值。对比图 6-5 的标准曲线,得到稀释后各种饮料的浓度,最后将该浓度乘以 100,即得到该种饮料的葡萄糖浓度。比较各种饮料含糖量的高低,并与包装上的成分含量进行比较。

【实验预习题】

1. 循环伏安法定量分析的理论依据是什么?

2. 如何作标准曲线?

3. 如何用循环伏安法测量市售饮料中糖的含量高低,并根据自己的需要选择合适的饮品?

【附】

LK2010 电化学分析系统简介

LK2010 电化学分析系统主要分为四部分,即分析系统主机、操作系统、三电极和电解池。

具体操作步骤如下:

(1)打开计算机,同时启动操作系统。

(2)单击桌面上的"LK2010"图标,稳定后出现系统界面(LK98BⅡ系统需自检)。

(3)选择操作系统菜单中"当前实验",单击后出现对话框。在此,依据实验本身的需要选择一种实验方法,本实验选择"电势伏安方法"下的"循环扫描伏安"。

(4)方法设定完成后,出现对话框,单击"实验研究",选择"当前实验参数",单击后在对话框中设定实验条件。实验条件根据实验所采用的系统和电极确定,这需要实验者自行进行确定。需要注意控制条件中的"灵敏度""放大倍数"和"滤波装置",其中"放大倍数"一般不变,设为 1;"滤波装置"多数情况下也没有太大变化,50 Hz 基本足够;"灵敏度"比较重要,必须设置,如果出现实验曲线不光滑,重新调节灵敏度控制参数就能解决。其中开关控制参数根据需要选择,在大多数情况下不需要设置。

(5)实验条件设置完成后,单击对话框中"做实验"进行实验。实验完成后,将实验所得曲线保存,设置保存文件的位置,自定义名称后单击"确定"即可。

(6)实验结果的处理。通常情况下,用 LK2010 电化学分析系统得到的曲线不直接运用在对实验结果的分析中。因为只有装有与 LK2010 电化学分析系统配套软件的计算机才能识别该系统所绘出的曲线,所以需要运用 Excel 或 Origin 软件将系统所绘出的曲线转化成图片形式。可以应用 LK2010 电化学分析系统的数据拷贝功能将数据导出,即单击数据处理菜单下的"查看数据"选项,选择一条曲线并单击该曲线的编号,在出现的对话框中单击"拷贝",而后将拷贝出的数据粘贴到数据处理软件中,分析处理作出曲线图,以备实验结果分析时使用。

电子分析天平的使用

班级_____ 姓名_____ 日期_____ 学号_____

1. 开启天平

2. $CuSO_4 \cdot 5H_2O$ 的称量

用递减称量法称量 $CuSO_4 \cdot 5H_2O$ 试剂 0.8760g，要求称量范围在 0.8755～0.8764g 之间。

3. 数据记录

化学反应焓变的测定

班级_____　　姓名_____　　日期_____　　学号_____

1. 数据记录

室温 $T/℃$：_____
$CuSO_4 \cdot 5H_2O$ 晶体的质量($CuSO_4 \cdot 5H_2O$)/g _____
$CuSO_4$ 溶液的浓度($CuSO_4$)/(mol·L^{-1})_____
反应温度记录：

t/min									
$T/℃$									

2. 作图求 ΔT 值

根据上表数据作图绘制温度校正曲线，求出 ΔT。

3. 反应焓变 ΔH 的计算

相对误差 $E\% =$

4. 误差原因的分析

乙酸解离度和解离常数的测定

班级_____   姓名_____   日期_____   学号_____

1. 乙酸溶液浓度的标定

项　　目	数　据	
	1	2
滴定管起始读数/mL 滴定管终了读数/mL 消耗 NaOH 体积/mL		
两次滴定用去 NaOH 体积平均值 V_1/mL NaOH 溶液浓度 c_1/(mol·L^{-1}) 滴定中取用 HAc 体积 V_2/mL		
HAc 溶液浓度 $c_2 = \dfrac{c_1 V_1}{V_2}$/(mol·L^{-1})		

2. HAc 溶液的 pH 及解离常数

编号	HAc 体积 /mL	H_2O 体积 /mL	HAc 浓度 /(mol·L^{-1})	pH	$c_{(H^+)}$ /(mol·L^{-1})	解离度 α	解离常数 $K_a = c\alpha^2$
1	15.00	15.00					$K_a' =$
2	30.00	0.00					$K_a'' =$

温度：_____ $K_a = \dfrac{K_a' + K_a''}{2} =$ _____

实验几

配合物的形成和性质

班级_____　　姓名_____　　日期_____　　学号_____

1. 配合物的制备（含正配离子的配合物）

现象：

反应式：

2. 配离子的解离平衡及其移动

1）配离子的解离（[Cu(NH$_3$)$_4$]SO$_4$ 的试验）

解释各个反应现象：

2）配离子的形成与转化

(1) CuCl$_2$＋HCl（浓），然后再加 H$_2$O，写出各步反应现象、生成物及离子方程式。

(2) FeCl$_3$＋KSCN，然后再加 NaF，写出各步反应现象及离子方程式。

3）稳定常数与溶度积对平衡的影响

序号	添加试剂	试验现象	生成物
A			
B			
C			
D			
E			
F			
G			
H			
I			

弱酸(弱碱)在水溶液中的解离常数(298.15K)

物质	pK_i	K_i
H_3AsO_4	2.223	$K_{a_1}=6.0\times10^{-3}$
	6.76	$K_{a_2}=1.7\times10^{-7}$
	(11.29)	($K_{a_3}=5.1\times10^{-12}$)
$HAsO_2$	9.28	5.2×10^{-10}
H_3BO_3	9.236	$K_{a_1}=5.8\times10^{-10}$
H_2CO_3	6.352	$K_{a_1}=4.5\times10^{-7}$
	10.329	$K_{a_2}=4.7\times10^{-11}$
HCN	9.21	6.2×10^{-10}
HF	3.20	6.3×10^{-4}
$HClO_4$	-1.6	39.8
$HClO_2$	1.94	1.1×10^{-2}
$HClO$	7.534	2.9×10^{-8}
$HBrO$	8.55	2.8×10^{-9}
HIO	10.5	3.2×10^{-11}
HIO_3	0.804	1.6×10^{-1}
HIO_4	1.64	2.3×10^{-2}
H_2CrO_4	0.74	$K_{a_1}=1.8\times10^{-1}$
	6.488	$K_{a_2}=3.3\times10^{-7}$
HNO_2	3.14	7.2×10^{-4}
H_2S	6.97	$K_{a_1}=1.1\times10^{-7}$
	12.9	$K_{a_2}=1.3\times10^{-13}$
H_3PO_4	2.148	$K_{a_1}=7.1\times10^{-3}$
	7.198	$K_{a_2}=6.3\times10^{-8}$
	12.32	$K_{a_3}=4.8\times10^{-13}$

物质	pK_i	K_i
H_2PHO_3	1.43	$K_{a_1} = 3.7 \times 10^{-2}$
	6.68	$K_{a_2} = 2.1 \times 10^{-7}$
$H_4P_2O_7$	0.91	$K_{a_1} = 1.2 \times 10^{-1}$
	2.10	$K_{a_2} = 7.9 \times 10^{-3}$
	6.70	$K_{a_3} = 2.0 \times 10^{-7}$
	9.35	$K_{a_4} = 4.5 \times 10^{-10}$
H_4SiO_4	9.60	$K_{a_1} = 2.5 \times 10^{-10}$
	11.8	$K_{a_2} = 1.6 \times 10^{-12}$
	(12)	$(K_{a_3} = 1.0 \times 10^{-12})$
HOAc	4.75	1.8×10^{-5}
HCOOH	3.75	1.8×10^{-4}
HSCN	-1.8	63
$NH_3 \cdot H_2O$	(4.75)	$(K_b = 1.8 \times 10^{-5})$

难溶电解质溶度积常数(298.15K)

难溶电解质	K_{sp}	难溶电解质	K_{sp}
AgCl	1.77×10^{-10}	$CaC_2O_4 \cdot H_2O$	2.32×10^{-9}
AgBr	5.35×10^{-13}	$Ca_3(PO_4)_2$	2.07×10^{-29}
AgI	8.52×10^{-17}	$Cd(OH)_2$	7.2×10^{-15}
AgOH	2.0×10^{-8}	CdS	8.0×10^{-27}
Ag_2SO_4	1.20×10^{-5}	$Cr(OH)_3$	6.3×10^{-31}
Ag_2SO_3	1.50×10^{-14}	$Co(OH)_2$	5.92×10^{-15}
Ag_2S	6.3×10^{-50}	$Co(OH)_3$	1.6×10^{-44}
Ag_2CO_3	8.46×10^{-12}	$CoCO_3$	1.4×10^{-13}
$Ag_2C_2O_4$	5.4×10^{-12}	$\alpha\text{-}CoS$	4.0×10^{-21}
Ag_2CrO_4	1.12×10^{-12}	$\beta\text{-}CoS$	2.0×10^{-25}
Ag_2CrO_7	2.0×10^{-7}	$Cu(OH)$	1×10^{-14}
Ag_3PO_4	8.89×10^{-17}	$Cu(OH)_2$	2.2×10^{-20}
$Al(OH)_3$	1.3×10^{-33}	CuCl	1.72×10^{-7}
As_2S_3	2.1×10^{-22}	CuBr	6.27×10^{-9}
BaF_2	1.84×10^{-7}	CuI	1.27×10^{-12}
$Ba(OH)_2 \cdot 8H_2O$	2.55×10^{-4}	Cu_2S	2.5×10^{-48}
$BaSO_4$	1.08×10^{-10}	CuS	6.3×10^{-36}
$BaSO_3$	5.0×10^{-10}	$CuCO_3$	1.4×10^{-10}
$BaCO_3$	2.58×10^{-9}	$Fe(OH)_2$	4.87×10^{-17}
BaC_2O_4	1.6×10^{-7}	$Fe(OH)_3$	2.79×10^{-39}
$BaCrO_4$	1.17×10^{-10}	$FeCO_3$	3.13×10^{-11}
$Ba_3(PO_4)_2$	3.4×10^{-23}	FeS	6.3×10^{-18}
$Be(OH)_2$	6.92×10^{-22}	$Hg(OH)_2$	3.0×10^{-26}
$Bi(OH)_3$	6.0×10^{-31}	Hg_2Cl_2	1.43×10^{-18}
BiOCl	1.8×10^{-31}	Hg_2Br_2	6.4×10^{-23}
$BiO(NO)_3$	2.82×10^{-3}	Hg_2I_2	5.2×10^{-29}
Bi_2S_3	1×10^{-97}	Hg_2CO_3	3.6×10^{-17}
$CaSO_4$	4.93×10^{-5}	$HgBr_2$	6.2×10^{-20}

续表

难溶电解质	K_{sp}	难溶电解质	K_{sp}
$CaSO_3 \cdot \frac{1}{2}H_2O$	3.1×10^{-7}	HgI_2	2.8×10^{-29}
$CaCO_3$	2.8×10^{-9}	Hg_2S	1.0×10^{-47}
$Ca(OH)_2$	5.5×10^{-6}	$HgS(红)$	4×10^{-53}
CaF_2	5.2×10^{-9}	$HgS(黑)$	1.6×10^{-52}
$K_2[PtCl_6]$	7.4×10^{-6}	$PbSO_4$	2.53×10^{-8}
$Mg(OH)_2$	5.61×10^{-12}	$PbCO_3$	7.4×10^{-14}
$MgCO_3$	6.82×10^{-6}	$PbCrO_4$	2.8×10^{-13}
$Mn(OH)_2$	1.9×10^{-13}	PbS	8.0×10^{-28}
$MnS(无定型)$	2.5×10^{-10}	$Sn(OH)_2$	5.45×10^{-28}
$MnS(结晶)$	2.5×10^{-13}	$Sn(OH)_4$	1.0×10^{-56}
$MnCO_3$	2.34×10^{-11}	SnS	1.0×10^{-25}
$Ni(OH)_2(新析出)$	5.5×10^{-16}	$SrCO_3$	5.60×10^{-10}
$NiCO_3$	1.42×10^{-7}	$SrCrO_4$	2.2×10^{-5}
$\alpha\text{-}NiS$	3.2×10^{-19}	$Zn(OH)_2$	3.0×10^{-17}
$Pb(OH)_2$	1.43×10^{-15}	$ZnCO_3$	1.46×10^{-10}
$Pb(OH)_4$	3.2×10^{-66}	$\alpha\text{-}ZnS$	1.6×10^{-24}
PbF_2	3.3×10^{-8}	$\beta\text{-}ZnS$	2.5×10^{-22}
$PbCl_2$	1.70×10^{-5}	$Au(OH)_3$	5.5×10^{-3}
$PbBr_2$	6.60×10^{-6}	$La(OH)_3$	2.0×10^{-19}
PbI_2	9.8×10^{-9}	LiF	1.84×10^{-3}

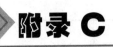

标准电极电势(298.15K 在酸性溶液中)

电对	电极反应	$\varphi^{\ominus}/V$
Li^+/Li	$Li^+ + e^- \rightleftharpoons Li$	-3.040
K^+/K	$K^+ + e^- \rightleftharpoons K$	-2.924
Ba^{2+}/Ba	$Ba^{2+} + 2e^- \rightleftharpoons Ba$	-2.92
Ca^{2+}/Ca	$Ca^{2+} + 2e^- \rightleftharpoons Ca$	-2.84
Na^+/Na	$Na^+ + e^- \rightleftharpoons Na$	-2.714
Mg^{2+}/Mg	$Mg^{2+} + 2e^- \rightleftharpoons Mg$	-2.356
Be^{2+}/Be	$Be^{2+} + 2e^- \rightleftharpoons Be$	-1.99
Al^{3+}/Al	$Al^{3+} + 3e^- \rightleftharpoons Al$	-1.676
Mn^{2+}/Mn	$Mn^{2+} + 2e^- \rightleftharpoons Mn$	-1.18
Zn^{2+}/Zn	$Zn^{2+} + 2e^- \rightleftharpoons Zn$	-0.7626
Cr^{3+}/Cr	$Cr^{3+} + 3e^- \rightleftharpoons Cr$	-0.74
Fe^{2+}/Fe	$Fe^{2+} + 2e^- \rightleftharpoons Fe$	-0.44
Cd^{2+}/Cd	$Cd^{2+} + 2e^- \rightleftharpoons Cd$	-0.403
$PbSO_4/Pb$	$PbSO_4 + 2e^- \rightleftharpoons Pb + SO_4^{2-}$	-0.356
Co^{2+}/Co	$Co^{2+} + 2e^- \rightleftharpoons Co$	-0.277
Ni^{2+}/Ni	$Ni^{2+} + 2e^- \rightleftharpoons Ni$	-0.257
AgI/Ag	$AgI + e^- \rightleftharpoons Ag + I^-$	-0.1522
Sn^{2+}/Sn	$Sn^{2+} + 2e^- \rightleftharpoons Sn$	-0.136
Pb^{2+}/Pb	$Pb^{2+} + 2e^- \rightleftharpoons Pb$	-0.126
H^+/H_2	$2H^+ + 2e^- \rightleftharpoons H_2$	0
$AgBr/Ag$	$AgBr + e^- \rightleftharpoons Ag + Br^-$	0.0711
$S_4O_6^{2-}/S_2O_3^{2-}$	$S_4O_6^{2-} + 2e^- \rightleftharpoons 2S_2O_3^{2-}$	0.08
$S/H_2S(aq)$	$S + 2H^+ + 2e^- \rightleftharpoons H_2S$	0.144
Sn^{4+}/Sn^{2+}	$Sn^{4+} + 2e^- \rightleftharpoons Sn^{2+}$	0.154
SO_4^{2-}/H_2SO_4	$SO_4^{2-} + 4H^+ + 2e^- \rightleftharpoons H_2SO_3 + H_2O$	0.158
Cu^{2+}/Cu^+	$Cu^{2+} + e^- \rightleftharpoons Cu^+$	0.159
$AgCl/Ag$	$AgCl + e^- \rightleftharpoons Ag + Cl^-$	0.2223
Cu^{2+}/Cu	$Cu^{2+} + 2e^- \rightleftharpoons Cu$	0.34

电对	电极反应	$\varphi^{\ominus}/V$
$[Fe(CN)_6]^{3-}/[Fe(CN)_6]^{4-}$	$[Fe(CN)_6]^{3-}+e^- \Longrightarrow [Fe(CN)_6]^{4-}$	0.361
$H_2SO_3/S_2O_3^{2-}$	$2H_2SO_3+2H^++4e^- \Longrightarrow S_2O_3^{2-}+3H_2O$	0.400
Cu^+/Cu	$Cu^++e^- \Longrightarrow Cu$	0.52
I_2/I^-	$I_2+2e^- \Longrightarrow 2I^-$	0.5355
$Cu^{2+}/CuCl$	$Cu^{2+}+Cl^-+e^- \Longrightarrow CuCl$	0.559
$H_3AsO_4/HAsO_2$	$H_3AsO_4+2H^++2e^- \Longrightarrow HAsO_2+H_2O$	0.560
$HgCl_2/Hg_2Cl_2$	$2HgCl_2+2e^- \Longrightarrow Hg_2Cl_2+2Cl^-$	0.63
O_2/H_2O_2	$O_2+2H^++2e^- \Longrightarrow H_2O_2$	0.695
Fe^{3+}/Fe^{2+}	$Fe^{3+}+e^- \Longrightarrow Fe^{2+}$	0.771
Hg_2^{2+}/Hg	$Hg_2^{2+}+2e^- \Longrightarrow 2Hg$	0.7960
Ag^+/Ag	$Ag^++e^- \Longrightarrow Ag^-$	0.7991
Hg^{2+}/Hg	$Hg^{2+}+2e^- \Longrightarrow Hg$	0.8535
Cu^{2+}/CuI	$Cu^{2+}+I^-+e^- \Longrightarrow CuI$	0.86
Hg^{2+}/Hg_2^{2+}	$2Hg^{2+}+2e^- \Longrightarrow Hg_2^{2+}$	0.911
NO_3^-/HNO_2	$NO_3^-+3H^++2e^- \Longrightarrow HNO_2+H_2O$	0.94
NO_3^-/NO	$NO_3^-+4H^++3e^- \Longrightarrow NO+2H_2O$	0.957
HIO/I^-	$HIO+H^++2e^- \Longrightarrow I^-+H_2O$	0.985
HNO_2/NO	$HNO_2+H^++e^- \Longrightarrow NO+H_2O$	0.996
$Br_2(l)/Br^-$	$Br_2+2e^- \Longrightarrow 2Br^-$	1.065
IO_3^-/HIO	$IO_3^-+5H^++4e^- \Longrightarrow HIO+2H_2O$	1.14
IO_3^-/I_2	$IO_3^-+12H^++10e^- \Longrightarrow I_2+6H_2O$	1.195
ClO_4^-/ClO_3^-	$ClO_4^-+2H^++2e^- \Longrightarrow ClO_3^-+H_2O$	1.201
O_2/H_2O	$O_2+4H^++4e^- \Longrightarrow 2H_2O$	1.229
MnO_2/Mn^{2+}	$MnO_2+4H^++2e^- \Longrightarrow Mn^{2+}+2H_2O$	1.23
HNO_2/N_2O	$2HNO_2+4H^++4e^- \Longrightarrow N_2O+3H_2O$	1.297
Cl_2/Cl^-	$Cl_2+2e^- \Longrightarrow 2Cl^-$	1.3583
$Cr_2O_7^{2-}/Cr^{3+}$	$Cr_2O_7^{2-}+14H^++6e^- \Longrightarrow 3Cr^{3+}+7H_2O$	1.36
ClO_4^-/Cl^-	$ClO_4^-+8H^++8e^- \Longrightarrow Cl^-+4H_2O$	1.389
ClO_4^-/Cl_2	$2ClO_4^-+16H^++14e^- \Longrightarrow Cl_2+8H_2O$	1.392
ClO_3^-/Cl^-	$ClO_3^-+6H^++6e^- \Longrightarrow Cl^-+3H_2O$	1.45
PbO_2/Pb^{2+}	$PbO_2+4H^++2e^- \Longrightarrow Pb^{2+}+2H_2O$	1.46
ClO_3^-/Cl_2	$2ClO_3^-+12H^++10e^- \Longrightarrow Cl_2+6H_2O$	1.468
BrO_3^-/Br^-	$BrO_3^- \ 6H^++6e^- \Longrightarrow Br^-+3H_2O$	1.478
$BrO_3^-/Br_2(l)$	$2BrO_3^-+12H^++10e^- \Longrightarrow Br_2(l)+6H_2O$	1.5
MnO_4^-/Mn^{2+}	$MnO_4^-+8H^++5e^- \Longrightarrow Mn^{2+}+4H_2O$	1.51
$HClO/Cl_2$	$2HClO+2H^++2e^- \Longrightarrow Cl_2+2H_2O$	1.630
MnO_4^-/MnO_2	$MnO_4^-+4H^++3e^- \Longrightarrow MnO_2+2H_2O$	1.70

续表

电对	电极反应	$\varphi^{\ominus}/V$
H_2O_2/H_2O	$H_2O_2 + 2H^+ + 2e^- \rightleftharpoons 2H_2O$	1.763
$S_2O_8^{2-}/SO_4^{2-}$	$S_2O_8^{2-} + 2e^- \rightleftharpoons 2SO_4^{2-}$	1.96
FeO_4^{2-}/Fe^{3+}	$FeO_4^{2-} + 8H^+ + 3e^- \rightleftharpoons Fe^{3+} + 4H_2O$	2.20
BaO_2/Ba^{2+}	$BaO_2 + 4H^+ + 2e^- \rightleftharpoons Ba^{2+} + 2H_2O$	2.365
$XeF_2/Xe(g)$	$XeF_2 + 2H^+ + 2e^- \rightleftharpoons Xe(g) + 2HF$	2.64
$F_2(g)/F^-$	$F_2(g) + 2e^- \rightleftharpoons 2F^-$	2.87
$F_2(g)/HF(aq)$	$F_2(g) + 2H^+ + 2e^- \rightleftharpoons 2HF(aq)$	3.053
$XeF/Xe(g)$	$XeF + e^- \rightleftharpoons Xe(g) + F^-$	3.4

一些常见配离子的稳定常数

配离子	$K^{\ominus}_{稳}$	配离子	$K^{\ominus}_{稳}$
$[AgCl_2]^-$	1.1×10^5	$[Cu(en)_2]^{2+}$	1.0×10^{20}
$[AgI_2]^-$	5.5×10^{11}	$[Cu(NH_3)_2]^+$	7.24×10^{10}
$[Ag(CN)_2]^-$	1.26×10^{21}	$[Cu(NH_3)_4]^{2+}$	2.09×10^{13}
$[Ag(NH_3)_2]^+$	1.12×10^7	$[Fe(NCS)_2]^+$	2.29×10^3
$[Ag(SCN)_2]^-$	3.72×10^7	$[Fe(CN)_6]^{4-}$	1.0×10^{35}
$[Ag(S_2O_3)_2]^{3-}$	2.88×10^{13}	$[Fe(CN)_6]^{3-}$	1.0×10^{42}
$[AlF_6]^{3-}$	6.9×10^{19}	$[FeF_6]^{3-}$	2.04×10^{14}
$[Au(CN)_2]^-$	1.99×10^{38}	$[HgCl_4]^{2-}$	1.17×10^{15}
$[Ca(edta)]^{2-}$	1.0×10^{11}	$[HgI_4]^{2-}$	6.76×10^{29}
$[Cd(en)_2]^{2+}$	1.23×10^{10}	$[Hg(CN)_4]^{2-}$	2.51×10^{41}
$[Cd(NH_3)_4]^{2+}$	1.32×10^7	$[Mg(EDTA)]^{2-}$	4.37×10^8
$[Co(NCS)_4]^{2-}$	1.0×10^3	$[Ni(CN)_4]^{2-}$	1.99×10^{31}
$[Co(NH_3)6]^{2+}$	1.29×10^5	$[Ni(NH_3)_6]^{2+}$	5.50×10^8
$[Co(NH_3)6]^{3+}$	1.58×10^{35}	$[Zn(CN)_4]^{2-}$	5.01×10^{16}
$[Cu(CN)_2]^-$	1.0×10^{24}	$[Zn(NH_3)_4]^{2+}$	2.88×10^9

金属离子与 EDTA 络合物的形成常数(18~25℃)

金属离子	$\lg K_{MY}$	$\lg K_{MHY}$	$\lg K_{M(OH)Y}$
Ag^+	7.32	6.0	
Al^{3+}	16.3	2.5	8.1
Ba^{2+}	7.86	4.6	
Bi^{3+}	27.94		
Ca^{2+}	10.7	3.1	
Cd^{2+}	16.46	2.9	
Ce^{3+}	15.98		
Co^{2+}	16.31	3.1	
Co^{3+}	36	1.3	
Cr^{3+}	23.4	2.3	5.6
Cu^{2+}	18.80	3.0	2.5
Fe^{2+}	14.32	2.8	
Fe^{3+}	25.1	1.4	6.5
Hg^{2+}	21.80	3.1	4.9
La^{3+}	15.50		
Mg^{2+}	8.7	3.9	
Mn^{2+}	13.87	3.1	
Ni^{2+}	18.62	3.2	
Pb^{2+}	18.04	2.8	
Sn^{2+}	22.1		
Sn^{4+}	34.5		
Sr^{2+}	8.73	3.9	
Th^{4+}	23.2		
TiO^{2+}	17.3		
Zn^{2+}	16.50	3.0	
ZrO^{2+}	29.5		

历届诺贝尔化学奖获得者名单及贡献

1901 年：荷兰科学家范特霍夫因化学动力学和渗透压定律获诺贝尔化学奖。

1902 年：德国科学家费雪因合成嘌呤及其衍生物多肽获诺贝尔化学奖。

1903 年：瑞典科学家阿伦纽斯因电解质溶液电离解理论获诺贝尔化学奖。

1904 年：英国科学家拉姆赛因发现六种惰性气体，并确定它们在元素周期表中的位置获得诺贝尔化学奖。

1905 年：德国科学家拜耳因研究有机染料及芳香剂等有机化合物获得诺贝尔化学奖。

1906 年：法国科学家穆瓦桑因分离元素氟、发明穆瓦桑熔炉获得诺贝尔化学奖。

1907 年：德国科学家毕希纳因发现无细胞发酵获诺贝尔化学奖。

1908 年：英国科学家卢瑟福因研究元素的蜕变和放射化学获诺贝尔化学奖。

1909 年：德国科学家奥斯特瓦尔德因催化、化学平衡和反应速度方面的开创性工作获诺贝尔化学奖。

1910 年：德国科学家瓦拉赫因脂环族化合作用方面的开创性工作获诺贝尔化学奖。

1911 年：法国科学家玛丽·居里（居里夫人）因发现镭和钋，并分离出镭获诺贝尔化学奖。

1912 年：德国科学家格利雅因发现有机氢化物的格利雅试剂法、法国科学家萨巴蒂埃因研究金属催化加氢在有机化合成中的应用而共同获得诺贝尔化学奖。

1913 年：瑞士科学家韦尔纳因创立配位化学理论获诺贝尔化学奖。

1914 年：美国科学家理查兹因精确测定若干种元素的相对原子质量获诺贝尔化学奖。

1915 年：德国科学家威尔泰特因对叶绿素化学结构的研究获诺贝尔化学奖。

1916 年：未颁奖

1917 年：未颁奖

1918 年：德国科学家哈伯因氨的合成获诺贝尔化学奖。

1919 年：未颁奖

1920 年：德国科学家能斯特因发现热力学第三定律获诺贝尔化学奖。（1921 年补发）

1921 年：英国科学家索迪因研究放射化学、同位素的存在和性质获诺贝尔化学奖。

1922 年：英国科学家阿斯顿因用质谱仪发现多种同位素，并发现原子获诺贝尔化学奖。

1923 年：奥地利科学家普雷格尔因有机物的微量分析法获诺贝尔化学奖。

1924 年：未颁奖

1925 年：奥地利科学家席格蒙迪因阐明胶体溶液的复相性质获诺贝尔化学奖。

1926 年：瑞典科学家斯韦德堡因发明高速离心机并用于高分散胶体物质的研究获诺

贝尔化学奖。

1927年：德国科学家维兰德因发现胆酸及其化学结构获诺贝尔化学奖。

1928年：德国科学家温道斯因研究丙醇及其维生素的关系获诺贝尔化学奖。

1929年：英国科学家哈登、瑞典科学家奥伊勒歇尔平因有关糖的发酵和酶在发酵中作用的研究而共同获得诺贝尔化学奖。

1930年：德国科学家费歇尔因研究血红素和叶绿素、合成血红素获诺贝尔化学奖。

1931年：德国科学家博施、伯吉龙斯因研究化学上应用的高压方法而共同获得诺贝尔化学奖。

1932年：美国科学家朗缪尔因提出并研究表面化学获诺贝尔化学奖。

1933年：未颁奖

1934年：美国科学家尤里因发现重氢获诺贝尔化学奖。

1935年：法国科学家约里奥·居里因合成人工放射性元素获诺贝尔化学奖。

1936年：荷兰科学家德拜因X射线的偶极矩和衍射及气体中的电子方面的研究获诺贝尔化学奖。

1937年：瑞士卡勒和英国霍沃恩因研究维生素、胡萝卜素及碳水化合物而获诺贝尔化学奖。

1938年：德国科学家库恩因研究类胡萝卜素和维生素获诺贝尔化学奖。但因纳粹的阻挠而被迫放弃领奖。

1939年：德国科学家布特南特因性激素方面的工作、瑞士科学家卢齐卡因聚甲烯和性激素方面的研究工作而共同获得诺贝尔化学奖。布特南特因纳粹的阻挠而被迫放弃领奖。

1940—1942年：诺贝尔奖因第二次世界大战爆发的影响而中断。

1943年：匈牙利科学家赫维西因在化学研究中用同位素做示踪物获诺贝尔化学奖。

1944年：德国科学家哈恩因发现重原子核的裂变获诺贝尔化学奖。

1945年：芬兰科学家维尔塔宁因发明酸化法贮存鲜饲料获诺贝尔化学奖。

1946年：美国科学家萨姆纳因发现酶结晶，美国科学家诺思罗普、斯坦利因制出酶和病毒蛋白质纯结晶而共同获得诺贝尔化学奖。

1947年：英国科学家罗宾逊因研究生物碱和其他植物制品获诺贝尔化学奖。

1948年：瑞典科学家蒂塞利乌斯因研究电泳和吸附分析血清蛋白获诺贝尔化学奖。

1949年：美国科学家吉奥克因研究超低温下的物质性能获诺贝尔化学奖。

1950年：德国科学家狄尔斯、阿尔德因发现并发展了双烯合成法而共同获得诺贝尔化学奖。

1951年：美国科学家麦克米伦、西博格因发现超轴元素锝等共同获得诺贝尔化学奖。

1952年：英国科学家马丁、辛格因发明分红色谱法而共同获得诺贝尔化学奖。

1953年：德国科学家施陶丁格因对高分子化学的研究获诺贝尔化学奖。

1954年：美国科学家鲍林因研究化学键的性质和复杂分子结构获诺贝尔化学奖。

1955年：美国科学家迪维格诺德因第一次合成多肽激素获诺贝尔化学奖。

1956年：英国科学家欣谢尔伍德、苏联科学家谢苗诺夫因研究化学反应动力学和链式反应而共同获得诺贝尔化学奖。

1957年：英国科学家托德因研究核苷酸和核苷酸辅酶获诺贝尔化学奖。

1958 年：英国科学家桑格因确定胰岛素分子结构获诺贝尔化学奖。

1959 年：捷克斯洛伐克科学家海洛夫斯基因发现并发展极谱分析法、开创极谱学获诺贝尔化学奖。

1960 年：美国科学家利比因创立放射性碳测定法获诺贝尔化学奖。

1961 年：美国科学家卡尔文因研究植物光合作用中的化学过程获诺贝尔化学奖。

1962 年：英国科学家肯德鲁、佩鲁茨因研究蛋白质的分子结构获诺贝尔化学奖。

1963 年：意大利科学家纳塔、德国科学家齐格勒因合成高分子塑料而共同获得诺贝尔化学奖。

1964 年：英国科学家霍奇金因用 X 射线方法研究青霉素和维生素 B_{12} 等的分子结构获诺贝尔化学奖。

1965 年：美国科学家伍德沃德因人工合成类固醇、叶绿素等物质获诺贝尔化学奖。

1966 年：美国科学家马利肯因创立化学结构分子轨道学说获诺贝尔化学奖。

1967 年：德国科学家艾根、英国科学家波特因发明快速测定化学反应的技术而共同获得诺贝尔化学奖。

1968 年：美国科学家昂萨格因创立多种热动力作用之间相互关系的理论获诺贝尔化学奖。

1969 年：英国科学家巴顿、挪威科学家哈赛尔因在测定有机化合物的三维构相方面的工作而共同获得诺贝尔化学奖。

1970 年：阿根廷科学家莱格伊尔因发现糖核甙酸及其在碳水化合物的生物合成中的作用获诺贝尔化学奖。

1971 年：加拿大科学家赫茨伯格因研究分子结构、美国科学家安芬森因研究核糖核酸梅的分子结构而共同获得诺贝尔化学奖。

1972 年：美国科学家安芬森、穆尔和斯坦因研究核糖核酸酶的分子结构而共同获得诺贝尔化学奖。

1973 年：德国科学家费舍尔、英国科学家威尔金森因有机金属化学的广泛研究而共同获得诺贝尔化学奖。

1974 年：美国科学家弗洛里因研究高分子化学及其物理性质和结构获诺贝尔化学奖。

1975 年：英国科学家康福思因研究有机分子和酶催化反应的立体化学、瑞士科学家普雷洛洛因研究有机分子及其反应的立体化学而共同获得诺贝尔化学奖。

1976 年：美国科学家利普斯科姆因研究硼烷的结构获诺贝尔化学奖。

1977 年：比利时科学家普里戈金因提出热力学理论中的耗散结构获诺贝尔化学奖。

1978 年：英国科学家米切尔因生物系统中的能量转移过程获诺贝尔化学奖。

1979 年：美国科学家布朗、德国科学家维蒂希因在有机物合成中引入硼和磷而共同获得诺贝尔化学奖。

1980 年：美国科学家伯格因研究操纵基因重组 DNA 分子，美国科学家吉尔伯特、英国科学家桑格因创立 DNA 结构的化学和生物分析法而共同获得诺贝尔化学奖。

1981 年：日本科学家福井谦一因提出化学反应的前线轨道理论、美国科学家霍夫曼因提出分子轨道对称守恒原理而共同获得诺贝尔化学奖。

1982 年：英国科学家克卢格因以晶体电子显微镜和 X 射线衍射技术研究核酸蛋白复

合体获诺贝尔化学奖。

1983 年：美国科学家陶布因对金属配位化合物电子能移机理的研究获诺贝尔化学奖。

1984 年：美国科学家梅里菲尔德因对发展新药物和遗传工程的重大贡献获诺贝尔化学奖。

1985 年：美国科学家豪普特曼、卡尔勒因发展了直接测定晶体结构的方法而共同获得诺贝尔化学奖。

1986 年：美国科学家赫希巴赫、美籍华裔科学家李远哲因发现交叉分子束方法，德国科学家波拉尼因发明红外线化学研究方法而共同获得诺贝尔化学奖。

1987 年：美国科学家克拉姆因合成分子量低和性能特殊的有机化合物，法国科学家莱恩、美国科学家佩德森因在分子的研究和应用方面的贡献而共同获得诺贝尔化学奖。

1988 年：德国科学家戴森霍费尔、胡贝尔、米歇尔因第一次阐明由膜束的蛋白质形成的全部细节而共同获得诺贝尔化学奖。

1989 年：美国科学家切赫、加拿大科学家奥尔特曼因发现核糖核酸催化功能而共同获得诺贝尔化学奖。

1990 年：美国科学家科里因创立关于有机合成的理论和方法获诺贝尔化学奖。

1991 年：瑞士科学家恩斯特因对核磁共振波谱学方面作出重大贡献获诺贝尔化学奖。

1992 年：美国科学家马库斯因对化学系统中的电子转移反应理论作出贡献获诺贝尔化学奖。

1993 年：美国科学家穆利斯因发明"聚合酶链式反应"法，在遗传领域研究中取得突破性成就；加拿大籍英裔科学家史密斯因开创"寡聚核甙酸基定点诱变"方法而共同获得诺贝尔化学奖。

1994 年：美国科学家欧拉因在碳氢化合物即烃类研究领域作出了杰出贡献获得诺贝尔化学奖。

1995 年：德国科学家克鲁岑、莫利纳和美国科学家罗兰因阐述了对臭氧层产生影响的化学机理，证明了人造化学物质对臭氧层构成破坏作用获得诺贝尔化学奖。

1996 年：美国科学家柯尔、英国科学家克罗托因、美国科学家斯莫利因发现了碳元素的新形式——富勒氏球（也称布基球）C_{60} 获得诺贝尔化学奖。

1997 年：美国科学家博耶、英国科学家沃克尔、丹麦科学家斯科因发现人体细胞内负责储藏转移能量的离子传输酶获得诺贝尔化学奖。

1998 年：奥地利科学家科恩、英国科学家波普因提出密度泛函理论获得诺贝尔化学奖。

1999 年：美籍埃及科学家艾哈迈德-泽维尔因将毫微微秒光谱学应用于化学反应的转变状态研究获得诺贝尔化学奖。

2000 年：美国科学家黑格、麦克迪尔米德和日本科学家白川秀树因发现能够导电的塑料而获得诺贝尔化学奖。

2001 年：美国科学家威廉·诺尔斯、日本科学家野依良治和美国科学家巴里·夏普莱斯因在手性催化氧化反应领域取得的卓越成就获得诺贝尔化学奖。

2002 年：美国科学家约翰·贝内特·芬恩和日本科学家田中耕一因在生物高分子大规模光谱测定分析中发展了软解吸附作用电离方法；瑞士科学家库特·乌特里希因核电磁

共振光谱法确定了溶剂的生物高分子三维结构,获得诺贝尔化学奖。

2003 年:美国科学家彼得·阿格雷及罗德里克·麦金农因在细胞膜通道方面作出的开创性贡献而共同获得诺贝尔化学奖。

2004 年:以色列科学家阿龙·西查诺瓦、阿弗拉姆·赫尔什科及美国科学家伊尔温·罗斯三人因在蛋白质控制系统方面的重大发现而共同获得诺贝尔化学奖。

2005 年:法国科学家伊夫·肖万、美国科学家罗伯特·格拉布和理查德·施罗克因在烯烃复分解反应研究方面的贡献荣获诺贝尔化学奖。

2006 年:美国科学家罗杰·科恩伯格因在"真核转录的分子基础"研究领域作出的贡献而获诺贝尔化学奖。

2007 年:德国科学家格哈德·埃特尔因在表面化学研究领域作出的开拓性贡献而获诺贝尔化学奖。

2008 年:美国华裔科学家钱永健、美国科学家马丁·沙尔菲和日本科学家下村修因其在绿色荧光蛋白(GFP)研究和应用方面作出的突出贡献而获诺贝尔化学奖。

2009 年:英国科学家文卡特拉曼·拉马克里希南、美国科学家托马斯·施泰茨和以色列科学家阿达·约纳特因在核糖体结构和功能的研究方面的突出贡献而获诺贝尔化学奖。

2010 年:美国科学家理查德·赫克和日本科学家根岸荣一、铃木章因在有机合成领域中钯催化交叉偶联反应方面的卓越研究,共同获得 2010 年的诺贝尔化学奖。

2011 年:以色列科学家达尼埃尔·谢赫特曼因准晶体的发现获得诺贝尔化学奖。

2012 年:美国科学家罗伯特·莱夫科维茨和布莱恩·科比尔卡因其在 G 蛋白偶联受体方面的研究获得诺贝尔化学奖。

2013 年:美国科学家马丁·卡普拉斯、迈克尔·莱维特和阿里耶·瓦谢勒因其在开发多尺度复杂化学系统模型方面作出的贡献而获诺贝尔化学奖。

2014 年:美国科学家埃里克·贝齐格、威廉·莫纳和德国科学家斯特凡·黑尔因其在超分辨率荧光显微技术领域所取得的成就荣获诺贝尔化学奖。

2015 年:瑞典科学家托马斯·林达尔、美国科学家保罗·莫德里奇和土耳其科学家阿齐兹·桑贾尔因在 DNA 修复的细胞机制研究上的贡献而获得诺贝尔化学奖。

2016 年:法国科学家让-彼埃尔·索瓦、美国科学家詹姆斯·弗雷泽·司徒塔特和荷兰科学家伯纳德·费林加因分子机器的设计和合成而获得诺贝尔化学奖。

2017 年:瑞士科学家雅克·杜波切特、美国科学家约阿希姆·弗兰克和英国科学家理查德·亨德森因研发冷冻电镜,简化了生物细胞的成像过程、提高了成像质量,荣获诺贝尔化学奖。

2018 年:美国科学家弗朗西斯·阿诺德、乔治·史密斯及英国科学家格雷戈里·温特尔因其在肽类和抗体的噬菌体展示技术上作出的贡献而获得诺贝尔化学奖。

2019 年:美国科学家约翰·古迪纳夫、斯坦利·惠廷厄姆和日本科学家吉野彰因其在锂离子电池研发领域作出的贡献而获得诺贝尔化学奖。

2020 年:法国女科学家埃玛纽埃勒·沙尔庞捷和美国女科学家珍妮弗·道德纳因其在基因组编辑方法研究领域作出的贡献而获得诺贝尔化学奖。

2021 年:德国科学家本杰明·利斯特和美国科学家大卫·麦克米伦因其在不对称有机催化的发展中作出的突出贡献而获得诺贝尔化学奖。

参 考 文 献

[1] 华中师范大学,等. 分析化学[M]. 4 版. 北京：高等教育出版社,2011.

[2] 钟佩珩,郭璇华,等. 分析化学[M]. 北京：化学工业出版社,2001.

[3] 陈林根. 工程化学基础[M]. 2 版. 北京：高等教育出版社,2007.

[4] 浙江大学普通化学教研组. 普通化学[M]. 5 版. 北京：高等教育出版社,2002.

[5] 天津大学无机化学教研室. 无机化学[M]. 4 版. 北京：高等教育出版社,2010.

本书由理论篇和实验篇两部分组成。理论篇包括酸碱反应、沉淀反应、电化学基础、配位化合物与配位平衡4章；实验篇包括实验常用仪器介绍和7个实验。其中，酸碱反应着重介绍酸碱理论和缓冲溶液；沉淀反应介绍溶度积、溶解度、沉淀的生成和溶解及分步沉淀、沉淀的影响因素；电化学基础介绍氧化还原反应的基本概念、化学电池、电极电势及其应用；配位化合物与配位平衡主要介绍配位化合物、配位平衡及其影响因素。

本书可作为高等院校工科或与化学关系密切的各类专业少课时的普通化学课程教材。

清华社官方微信号

扫 我 有 惊 喜

ISBN 978-7-302-59765-0

9 787302 597650 >

定价：39.00元